导弹创新概论

目光团队◎著

PRELIMINARY THEORY AND METHOD FOR MISSILE INNOVATION

北京理工大学出版社
BEIJING INSTITUTE OF TECHNOLOGY PRESS

图书在版编目（CIP）数据

导弹创新概论/目光团队著．—北京：北京理工大学出版社，2020. 8（2024.11重印
ISBN 978 - 7 - 5682 - 8880 - 4

Ⅰ. ①导…　Ⅱ. ①目…　Ⅲ. ①导弹 - 概论　Ⅳ. ①TJ760. 1

中国版本图书馆 CIP 数据核字（2020）第 145751 号

出版发行 / 北京理工大学出版社有限责任公司
社　　址 / 北京市海淀区中关村南大街 5 号
邮　　编 / 100081
电　　话 / （010）68914775（总编室）
（010）82562903（教材售后服务热线）
（010）68944723（其他图书服务热线）
网　　址 / http：//www. bitpress. com. cn
经　　销 / 全国各地新华书店
印　　刷 / 北京虎彩文化传播有限公司
开　　本 / 710 毫米 ×1000 毫米　1/16
印　　张 / 20
字　　数 / 348 千字
版　　次 / 2020 年 8 月第 1 版　2024 年11月第 5 次印刷
定　　价 / 128. 00 元

责任编辑 / 王佳蕾
文案编辑 / 王佳蕾
责任校对 / 周瑞红
责任印制 / 李志强

前　　言

人类的历史是创新的发展史。没有创新，就没有人类的进化、科技的发展、文明的变革和社会的进步。创新是创造新价值。正因为对价值的永恒追求，创新的动力才源源不断。创新的本质是求变。正因为主动改变，人类社会才不断破茧成蝶，迈入新的文明。创新是一门科学，自有特点、规律可循，需要生态再生、环境孕育，过程中常遇挑战、阻力束缚，必须呼唤勇气、素质担当。历来的成功者，无论是政治家、科学家还是军事家，无不是创新的践行者、生态的创造者、披荆斩棘的奋斗者和百折不挠的探索者。他们的成功经验中，蕴含着创新实践的客观规律，饱含着历尽坎坷、坚忍不拔的气概。他们是人类发展进步的脊梁。

导弹武器装备的创新是一项特殊的创新活动，是在特殊的生态下创造特殊的产品，产生特殊的用途——战争。这种特殊性决定了导弹的创新，既具有一般创新的本质和规律，也具有鲜明的个性特点，会面临特殊的困难挑战，有特殊的素质要求，要遵循特殊的思路方法。本书中提出的十种创新方法，是在成功创新的实践中学习、总结的经验，对创新的践行者是一种思路上的参考和借鉴。

本书的重点是将“重新定义”作为思想的灵魂和创新实践的抓手。“重新定义”的产生来源于一个思想的追问：是谁定义了导弹？虽然经过四代装备的发展，为什么它的功能组成、产品形态、运用样式没有发生根本改革？思考的结果，正是这种原始定义成为束缚导弹创新的枷锁和牢笼；不是不能重新定义，而是没有勇气去质疑、挑战和颠覆被书本和前人灌输的“圣经”。沿着“重新定义”的道路，我们会发现一切均可以改变，那些习以为常的导弹形态，一下子成了“魔方”，会变换出千姿百态，拥有无限可能。本书从导弹全系统、全寿命的角度，自重新定义作战概念开始，依次展开对导弹装备、导弹武器系统、导弹作战体系、导弹流程和导弹作战运用的重新定义，给读者提供一些经验和方法，为读者开展创新打开了一扇“重新定义”的大门。

创新说起来重要，干起来难做到。原因在于创新活动中存在许多误区，使我们裹足不前。本书列举了常见的创新误区，分析了原因，指出了避免误区的途径。特别值得一提的是，在本书写作和征求意见过程中，我们对 100 位从事导弹研究的科技工作者进行问卷调查。我们将他们的意见稍加整理，近乎原封不动地展现给大家，相信一定会使读者产生共鸣。

本书是由目光率领的团队共同创作。目光是本书思想的提出者、内容的制定者、观点的提炼者、写作的领导者；航天科工二院和三院是写作的组织者；庞娟是第一章的执笔者，姜百汇是第二章的执笔者，李林林是第三章、第九章的执笔者，谷逸宇是第四章、第七章的执笔者，张承龙是第五章、第六章、第八章的执笔者，姜百汇、郭凤美是第十章的整理者。写作过程中，还得到了国内各导弹总体单位有关领导和专家的帮助支持，在此一并感谢。

导弹创新还是一个新生事物。我们创新的实践经验还不多，对于创新的本质和规律感悟还不够深透，书中的一些思想和观点还存在许多不足，今后还将继续学习、实践、深化研究，不断丰富和完善本书的内容。希望读者给予批评指正。

本书可供从事导弹创新的军地相关部门和人员参考，可作为大专院校相关专业教材，也可供其他军工行业、民用企业等参考借鉴。

目光

2020 年 3 月

目　录

CONTENTS

第一章

创新的理论与实践

温故而知新，忘记了过去将失去来路和方向。全面而系统地回顾和了解创新理论发展历程、创新大师的经典论述，对我们深刻理解创新概念和内涵、准确把握创新特点和规律、驾驭创新实践和活动，具有重要意义。

第一节　历史与发展

16 世纪中期，“innovatus”（创新）首次出现在拉丁语中。英语中“innovate”来自拉丁语，词义为“创造新价值”。1912 年，美籍奥地利经济学家约瑟夫·熊彼特（Joseph Alois Schumpeter）出版《经济发展理论》，首次提出创新概念和创造性破坏理论。后经一个多世纪的发展演变，创新概念内涵逐步丰富，创新理论体系趋于完善，创新领域从经济拓展到技术和社会。随着实践的发展相继出现了颠覆式创新、突破式创新、协同式创新、开放式创新、逆向式创新、引领式创新等概念，而且新的概念仍在涌现。创新的概念随时间的推移和实践的经验不断地丰富和完善，而创新的本质亘古不变。概念的发展源于人们对“创新蓝海”的不懈探索，本质的“定力”体现的则是创新活动的初心。

一、创造性破坏创新

1935 年，熊彼特从经济学角度将创新定义为“建立一种新的生产函数”，即把从没有使用过的生产要素和生产条件的新组合引入生产体系，形成新的生产能力，最终获得企业家利润或潜在利润。

熊彼特将企业家视为创新的主体，认为企业家是能够“实现生产要素的重新组合”的创新者，其作用在于创造性地破坏市场的均衡（即创造性破坏）。创造是指新产业兴起或生产力提高；破坏是指在一个达到均衡的经济里新产业占用旧产业的资源，以及新产业导致旧产业的消亡，如火车取代马车。通过创造性地打破市场均衡，企业家才有机会获取超额利润。这种创造性破坏是工业化的必然特征和产物。

创造性破坏理论开创性地提出资本主义依靠创新的竞争而不是价格竞争来实现经济结构的重建，开辟了创新理论研究的先河。全球经济所破坏和创造的巨大价值完美地印证了创造性破坏这一前瞻论断。英美等资本主义国家通过鼓励企业家创新，实现了创造性破坏发展，经济结构不断调整和发展，带来巨大的社会改变，成为发达的资本主义国家。

二、颠覆式创新

1995 年，哈佛大学克莱顿·克里斯滕森教授等人提出颠覆式创新概念。颠覆式创新是指利用颠覆性技术或颠覆性的应用方式，将以前非常昂贵、复杂且只有少数人才能拥有的产品进行改造，使产品变得更加廉价、更易于被接受，让更多人能够获得。

颠覆性技术是指颠覆了某一行业主流产品和市场格局的技术，可能给已有的技术和市场带来革命性影响，甚至改变世界力量平衡。颠覆性技术的核心是成熟技术的创新应用，典型的案例有网络、通信技术等。

颠覆式创新的典型案例有微信与脸书等社交网站的广泛应用等。腾讯用微信挑战 QQ，建立了依赖社交的“强关系链”，横跨社交、电商、搜索、移动分发、浏览器、在线视频等多个领域，最终无处不在，成为国内主流。当前，颠覆式创新概念的内涵已经扩展到市场和商业模式以外的领域。

三、突破式创新

1997 年，美国人 Wind 和 Mahajan 提出突破式创新概念。突破式创新是指改变现有产品、服务或流程，从而对业务产生重大影响，实则是游戏规则改变。突破式创新主要有两种形式，一是依赖现有商业模式的新技术突破，二是利用现有技术的新商业模式突破。突破式创新将导致企业原有生产资源沉没或者主要用户发生改变。如数字技术导致胶片相机的生产资源沉没，电子商务吸引了大量商场消费者等。

在依赖现有商业模式的新技术突破方面，苹果公司利用新技术，将第一款 iPhone 推向市场。虽然苹果公司此前从未涉足过手机通信领域，但其推出的 iPhone 智能手机融合了移动电话、个人计算机和互联网的特征，开启了通信行业的革命，不但传统的通信领军企业（如诺基亚、摩托罗拉等）纷纷让位，同时苹果公司也在与老对手微软的竞争中占据了有利地位，其发展动向成为行业新的风向标。

在利用现有技术的新商业模式突破方面，2011 年微软公司改变 Office 软件的一次性付费模式，以 Office 365 的形式提供订阅服务，以适应现有手机、平板和电脑等多平台使用需求。2017 财年第四季度，Office 365 收入首次超过微软 Office 软件的传统许可销售收入。

四、协同式创新

2004 年，印度哥印拜陀·克利修那·普拉哈拉德等人提出“共同创造”概念，实质上就是协同式创新。协同式创新是指以知识增值为核心，政府、大学、研究机构、中介机构、企业和用户等为了实现重大科技创新而开展的大跨度整合、各方优势互补的创新组织模式。

随着不同群体之间共享的创新信息越来越多、创新合作越来越密切，企业与供应商、经销商之间的关系将会变得模糊，与客户共同创造和创新的能力将成为新的能力领域。“我们正逐渐向一种新形式的价值创造转换。价值不是由企业创造后再与客户进行交换，而是由客户和企业共同创造。”“共同创造”支持客户积极参与创造新产品和服务，尤其是通过互联网，改变创造价值，实现创新。进入新信息时代后，有能力共同创造的企业，将会在创新及客户满意度方面拥有竞争优势。通过互联网，客户有机会参与创造新产品和服务的环节，这已成为企业竞争力的新来源，也改变了创造价值、实现创新的方式。

协同创新已经成为创新型国家、地区、企业提高自主创新能力的全新组织模式。美国硅谷成功的关键就在于依托拥有雄厚科研力量的美国顶尖大学，以高新技术中小企业群为基础，联合其他区域内研究机构、行业协会等形成联合创新网络，从而能够以较低的创新成本，获取较高的创新价值，使硅谷成为世界高新技术创新和发展的开创者和中心。2019 年 3 月，美国国防高级研究计划局（Defense Advanced Research Projects Agency，DARPA）正式推出“聚网”（Polyplexus）新型社交媒体平台，旨在利用其实时交互能力加速前沿科技领域新思想、新假设、新概念的形成与论证，快速将新创意转变为高价值解决方案，加速协同创新科技研发进程。

五、开放式创新

2003 年，哈佛大学教授亨利·伽斯柏提出开放式创新概念。开放式创新是指企业在发展新技术和产品时，能够借用外部的研究能力，以及使用自身渠道和外部渠道来共同发展新技术和产品，共同拓展市场，实现从以产品为中心到以服务为中心的转变。

开放式创新的核心是思想的开放，开放传统封闭式的创新模式，引入外部的创新能力。开放式创新思维建立在“不管企业的规模有多大、目标是什么，有用的知识会遍布社会的各个角落”的认识上。这一思维所做的是让车轮更快地向前滚动，而不是重新发明车轮。

开放式创新的典型案例是软件开源设计。通过在互联网上发布公开可见的计算机源代码，使程序员获得代码并对其进行改写，通过大规模的使用与反馈，加速功能完善与稳定。比如百度公司开放 Duer OS 应用平台，帮助汽车行业及自动驾驶领域的合作伙伴快速搭建一套属于自己的完整的自动驾驶系统。百度公司开放了 Duer OS 平台，为不同行业的合作伙伴赋能，广泛支持手机、电视、音响、汽车、机器人等多种硬件设备，同时支持第三方开发者的能力接入。比如安卓设立开源性平台，允许第三方增加各种应用功能。还有美国国防高级研究计划局在“进攻性集群战术”（OFFSET）项目中设立开放系统架构，允许第三方在系统架构中进行集群设计。

六、逆向式创新

2012 年，美国维贾伊·戈文达拉扬和克里斯·特伦布尔提出逆向创新概念。逆向式创新概念是指在发展中国家的新兴市场进行创新，然后将创新成果引入发达国家，而不是将创新成果由发达国家流向发展中国家的传统创新移植模式。

过去，企业将创新重点放在工业化国家，主要是西方国家，再将研发成果推向不发达国家。逆向创新是这一过程的逆化，企业在世界最贫穷的一些国家研发产品，之后推广到相对发达的国家。这是因为跨国企业巨头认识到发展中的经济体市场巨大，而且正以惊人的速度发展。逆向创新兼顾两种经济体的不同需求，实现了企业的利益扩张。

逆向创新的典型案例有通用电气公司在印度推出便携式低价医用超声机，之后将其引入美国市场。

七、引领式创新

2005 年，哈佛大学商学院华莱士·多纳姆教授提出知识型领导，强调知识型领导将引领组织的创新行为。引领式创新是指创新团队领导者指引创新，为创新提供最佳领导力。

领导力是创建人们心甘情愿并且有能力共同创新、解决问题的团队的能力。引领式创新实质上是指企业的组织模式和领导方式，强调组织体系如何影响创新行为及效果。

SpaceX 公司的埃隆·马斯克、苹果公司的乔布斯、阿里巴巴公司的马云、腾讯公司的马化腾等都是典型的知识型领导。

八、我国的创新发展

创新在中国革命和建设中并不是一个新鲜事物，毛泽东将马列主义理论与中国革命实践相结合，开创了中国革命和建设的崭新形态和局面，就是对马列主义理论的创新和发展。从西方定义的创新概念出发，我国的创新发展经历了三个历史时期。

改革开放时期。1990 年，何畏、易家详等人将熊彼特的《经济发展理论》译成中文，使得国外创新理论进入我国。之后，创新理论在我国快速演进发展。国内许多专家学者从经济学与马克思创新观点、企业技术创新和制度创新、国家创新体系和区域创新体系、理论与实践等不同角度对创新理论进行探索。

理论研究方面，创新概念进入我国初期，正值中国特色社会主义市场经济理论形成和市场经济体制开始正式建设和完善之际，我国专家学者侧重于企业技术创新和制度创新等的理论研究。1991 年，张春霖《企业组织与市场体制》一书研究宏观市场制度创新与企业制度创新的有机融合。1992 年，傅家骥、姜彦福等在《技术创新——中国企业发展之路》一书中，对技术创新的概念、机制、过程与管理及政策进行了系统的探讨。1994 年，常修泽在《现代企业创新论——中国企业制度创新研究》一书中，初步构建了一个比较完整的现代企业制度创新理论体系。

进入 21 世纪。随着社会经济和技术的飞速发展，我国对创新概念的研究趋向于理论与实践并重。清华大学陈劲教授提出整合式创新概念，其核心要素是“战略”“全面”“开放”和“协同”，即战略视野驱动下的全面创新、开放式创新与协同创新，四者相互联系、缺一不可，有机统一于整合式创新的整体范式中。

实践发展方面，当前创新在国家新发展理念中已经排在第一位。之所以要以创新引领我国发展全局，与历史的教训密不可分。回顾罗马帝国、波斯帝国、阿拉伯帝国、奥斯曼帝国等之所以最终走向衰败，除了政治、军事、地缘上的因素外，创新不足是重要原因。近代以来，英国、德国、美国等国家的先后崛起，一个重要原因在于抓住了科技革命带来的机遇。中华民族是勇于创新、善于创新的民族，曾经长期处于世界领先地位，到了近代却陷入被动挨打的境地，一个重要原因是错失了多次科技和产业革命的良机。

进入新时代。中国高度重视创新发展，做出一系列重要指示。

在创新的作用和意义方面，创新是一个民族进步的灵魂，是一个国家兴旺发达的不竭动力，也是中华民族最深沉的民族禀赋。发展是第一要务，人才是第一资源，创新是第一动力。中国如果不走创新驱动道路，新旧动能不能顺利转换，是不可能真正强大起来的，只能是大而不强。

在创新的内容方面，面对日益激烈的国际竞争，我们必须把创新摆在国家发展全局的核心位置，不断推进理论创新、制度创新、科技创新、文化创新等各方面创新。重大科技创新成果是国之重器、国之利器，必须牢牢掌握在自己手上，必须自力更生、自主创新。

在创新的要求方面，高度重视"创新思维"。要求走创新发展之路，首先要重视集聚创新人才，加快构建具有全球竞争力的人才制度体系，聚天下英才而用之。要着力破除体制机制障碍，向用人主体放权，为人才松绑，让人才的创新创造活力充分迸发，使各方面人才各得其所、尽展其长。要着力加强科技创新统筹协调，努力克服各领域、各部门、各方面科技创新活动中存在的分散封闭、交叉重复等碎片化现象，避免创新中的"孤岛"现象，加快建立健全各主体、各方面、各环节有机互动、协同高效的国家创新体系。

经过多年努力，我国创新能力和科技水平明显提高，正在由过去的跟跑为主，逐步地转向在更多领域中并跑、领跑。但从总体上看，创新能力依然是我国经济社会发展的一大短板，关键核心技术受制于人的局面尚未根本改变，互联网核心技术、芯片制造等领域被人"卡脖子"的现象时有发生。面对人口、资源、环境等方面越来越大的压力，拼投资、拼资源、拼环境的老路已经走不通。创新必然成为发展的第一动力。特朗普上台后发起的中美贸易战已使我们深刻认识到我国的"短板"所在，深切体会到被人"卡脖子"的滋味。核心关键技术缺失必然导致受制于人。

同时，在科技创新体制上，我国尚未建立完善以企业为主体、市场为导向、产学研深度融合的技术创新体系，科技创新中的"管理孤岛""资源孤岛""信息孤岛""技术孤岛"等"孤岛"现象依然存在。我国科技发展与发达国家相比仍有不小差距，到中华人民共和国成立100年时成为世界科技强国，任务依然艰巨，挑战依然巨大：一是世界级科学技术专家和战略科学家严重缺乏，顶尖人才带动的基础研究对技术创新的溢出效应发挥不足；二是科技和经济结合不通畅，市场化环境仍然是突出的薄弱环节，市场机制作为经济与社会系统配置资源的制度手段发挥不足，市场作为科技与经济之间结合的桥梁和纽带地位不突出；三是科学精神缺乏，自信心不足，习惯和满足于跟随式的发展与创新。科技创新制度安排不合理、体制机制僵化落后，以及各创新主体之间协作不强，导致科技资源配置相对分散、科研设施重复建设、投入产出效益不高、成果转化不顺畅。

第二节　本质与规律

一、创新的定义

综合国内外对创新概念和内涵的不同解读，从“创新”一词的本源出发，我们将创新定义为通过发展新技术、新模式，形成新产品、新服务、新流程、新手段、新形态、新方式、新能力等，从而对企业、社会、军队和国家产生政治、经济、文化、军事等方面的新价值。

这种定义强调了创新概念的四种内涵：一是从领域上看，创新主要包括技术创新和模式创新两个方面，技术创新主要包括应用新技术突破的成果和创新地应用现有技术，模式创新主要包括制度创新和管理创新；二是从主体上看，创新的主体包括个体、企业、社会、军队和国家等不同形态；三是从价值上看，创新体现在政治、经济、文化、军事等方面；四是从逻辑上看，新技术、新模式是手段，新产品、新服务、新流程、新手段、新形态、新方式、新能力等是间接成果，新价值是最终目的。

二、创新的本质

创新的本质在于求变。创新的本质主要体现在以下三个方面。

求变体现在创造新价值上。通过发展新技术创造新价值。通过在科学研究、技术研发、产品设计、商品生产等各个环节中创新的应用，最终进入市场实现商业成功，才算实现了创新。与科研院所和高校不同，此指企业覆盖从技术到生产产品，并将其推向市场变成商品、实现投资回报的全过程。发展新技术一方面要注重科学层面的基础研究，另一方面要注重现有技术的创新应用。通过发展新模式创造新价值。加强制度和管理创新，提高创新的效率和效用。强化范式和流程创新，适应创新的规律和特点。通过发展新生态创造新价值。研究创新的规律和特点，制定与之相适应的制度和规范。改变传统的文化和观念，营造适合创新发展的土壤和环境。

求变体现在解决新问题上。通过发展目标发现问题。满足现状就不会发现存在的问题，没有更新的发展目标也不会产生新的问题。通过设立新的发展目标，找到现实与目标的差距，找出存在的问题和不足，明确实现目标的途径和方法，就为创新提供了原始的动力。差距既是问题之所在，又是改变之动力。通过创新实践解决问题。“创新的本质就是解决问题。”创新过程实则是为“需要解决什么问题”“如何解决该问题”“能够创造什么价值”三个核心问题寻找答案的过程。没有问题导向就没有创新的出发点和落脚点。通过解决问题创造价值。创新的最终目标是“解决问题”，进而“创造价值”。创新并非为创新而创新。为创新而创新，实则闭门造车、脱离实际，根本不解决任何问题，也不是真正的创新。创新必须以解决问题为核心。如果不解决问题，再好的创新也没有价值和意义。

求变体现在改变未来上。要有求变的态度。这是一种主动想改变、谋改变的态度，是一种对真理不懈追求的态度，是一种对现状永不满足的态度。要有质疑的胆略。敢于质疑现有的理论和权威，敢于质疑成功的路径和经验，敢于质疑习惯的思维和做法，敢于质疑传统的体制和机制。要有改变的行动。既要敢想又要敢干，通过创新实践实现改变；既要追求成功又要包容失败，通过鼓励创新实现创新实践的勃勃生机；既要“种田”又要“耕地”，通过不断改变创新生态实现创新实践的健康发展。

三、创新的规律

创新的理论成果对创新规律的揭示越深刻、越系统，对社会发展和社会变革的引领作用、指导作用就越显著、越大。列宁说过，“没有革命的理论，就不会有革命的运动”。究其哲学本源，在求变发展的过程中，创新始终遵循着斗争性、统一性、相对性、发展性、引领性、目标性、突破性等基本规律。

斗争性规律。斗争性是事物内部或事物之间的对立关系，是矛盾的对立属性。斗争性和同一性共同构成矛盾所固有的两种相反又相成的基本关系或基本属性。矛盾的斗争性是矛盾着的对立面之间互相排斥的属性，体现着对立双方互相分离的倾向和趋势。

创新的斗争性表现为创新与“维持”“守旧”的较量，突破对创新的束缚。“维持”“守旧”的突出表现是思想僵化、墨守成规、故步自封、不思进取，具体包括：缺乏强烈的事业心和责任感，不求有功，但求无过；囿于主观意志和已有经验，不尊重客观规律，不愿接受新事物和汲取群众创造的新鲜经验，故步自封，骄傲自满；缺乏忧患意识，只愿维护既得利益，小进即止，小富即安，小成即骄；不走群众路线，不深入实际，不调查研究，只凭领导意志办事，官僚主义，脱离群众；小生产习惯势力严重，不愿突破地域和行业的封闭性、生产的重复性和自给自足性，习惯于按老方式、老办法、老经验做事，缺乏开放性和创新性。

创新就是要突破“维持”和“守旧”的束缚，就是要用新的技术和新的模式来改变传统的做法和经验。改变的过程是创新与“维持”和“守旧”斗争的过程，也是“维持”和“守旧”向创新转化的过程。因此，没有“维持”

和“守旧”就没有创新，没有与“维持”和“守旧”的斗争就没有创新的发展。

“维持”和“守旧”是相对的。通过斗争形成的新的创新形态又可能成为新的“维持”和“守旧”力量。因此，只要“维持”和“守旧”还存在，创新的斗争将永不停息。创新只有在斗争中才能前进和发展。

统一性规律。创新的统一性表现在两个方面。一是世界的统一性是多样性中的统一性，这是创新思想的源泉。世界的统一性在于它的物质性。世界的物质统一性是无限多样的统一。统一的物质世界是独立于意识之外而存在的，一切事物和现象产生的最终根源都存在于物质世界之中。因此，我们认识事物、研究问题就必须从实际出发，从客观存在着的事物出发，既不能从原则、本质出发，也不能从主观想象出发。不唯书，不唯上，只唯实。二是传承与创新是辩证统一的，这是创新思维的基石。从工业史的发展角度来看，绝大多数创新都不是突破性的、革命性的，而是渐进性的、累积性的。在传承中创新，在创新中发展，坚持传承与创新的辩证统一，是人类创新发展的必然路径。创新并不意味着放弃前人创新实践的成果。人类历史之所以发展进步，就是因为人类能够不断地总结经验，有所发现，有所发明，有所创造，有所前进。在传承中，积累了丰富的成果，后人才能在前人创新实践的结果上开始新的征程。在继承人类发展成果的基础上努力创新，在传承与创新中达成必要的张力。

相对性规律。创新的相对性主要体现在两个方面。一是创新与守旧具有相对性。创新是相对于守旧而言的。在历史的长河中，没有一成不变的创新，没有永远正确的创新，没有一劳永逸的创新。现在的守旧就是过去的创新。一旦创新实践终止，过去的创新又会成为守旧。二是创新成果具有相对性。一方面，与发明创造相比，创新的相对性规律更为明显。发明创造是绝对的，成果是绝对的新，提供自然科学领域新的产品和新的技术方法。而创新更多意味着创造新的价值的活动。另一方面，创新并非最新、最优。为获得新的价值，需要从创新技术先进性和创新经济合理性上进行权衡，选择相对较优的创新路径。

发展性规律。事物的发展变化存在两种基本形式，即量变和质变。量变表现为事物及其特性在数量上的增加或减少，是一种连续的、不显著的变化。质变是事物根本性质的变化，是由一种质的形态向另一种质的形态的突变。而创新的过程和结果无不意味着事物的量变和质变。

量变的创新是一种线性的突破性创新。一方面，随着技术的发展和进步，采用新技术的产品性能会得到相应的线性提高和增长。另一方面，随着模式的转变和提升，采用新模式的创新实践效率和效用会得到相应的线性提高和增长。

质变的创新是一种变革性的颠覆性创新。一方面，技术革命引发产业革命和军事革命，从而带来人类社会的深刻变革。另一方面，颠覆性技术和模式的采用，极大地释放原有的生产力和创造力，从而产生人类生产和其他社会实践活动的颠覆性变革。

引领性规律。引领意味着首先做出改变，实现规模式创新，最终形成发展趋势。创新的引领性规律表现在两个方面。一是创新的引领作用。特别是原始创新产生的原创成果和突破更易引领科技和社会发展趋势，更能发挥高端引领作用，由于创新被模仿和扩散而使创新产品、理念等得以传播发展。苹果公司就是最典型的引领创新实践发展的例子。二是创新人才的引领作用。像埃隆·马斯克、马云、马化腾等创新帅才，是引领创新发展的动力和源泉。

目标性规律。目标性体现在竞争性目标和非竞争性目标两个方面。竞争性目标就是要通过创造新价值，瓜分原有的市场份额，战胜竞争对手。据统计，苹果公司每年的研发费用仅占其销售收入的3%，远低于英特尔、微软等公司。但是由于苹果公司在用户体验方面的创新，击败了诺基亚等竞争对手，成为全球著名公司。非竞争性目标并非着眼于竞争，而是力图使企业的价值出现飞跃，开辟一个全新的、非竞争性的市场空间，创造有效的新需求，实现价值的差异化，其本质是蓝海战略。瑞士手表曾输给日本低成本的电子表，后来瑞士手表开发了定位于时尚的 SWATCH 手表品牌，没有和日本竞争低成本，而是创造新的功能性产品，开辟新的市场。

突破性规律。创新意味着突破，主要体现在两个方面。一是技术突破，主要体现在技术创新和创新技术上。二是模式突破，主要体现在制度创新和管理创新上。

第三节　分类与特点

创新实践涉及不同的领域和范围，创新的手段和方法也各有不同，这就决定了创新活动具有不同的种类和区分。创新作为特殊的人类实践活动，既具有人类实践活动的共性特点，又具有符合创新属性的个性特点。了解和掌握创新的分类与特点，对于进一步理解创新的概念和内涵、把握创新的规律和特性，具有十分重要的意义。

一、创新的分类

依据不同的角度，创新可有多种分类方法。这些分类方法不是绝对的，也不是简单的，主要是按创新性质、领域、内涵、样式、主体、途径等不同进行区分。

按创新性质，创新可分为技术创新和制度创新。

按创新领域，创新可分为政治创新、经济创新、文化创新、军事创新、社会创新等。

按创新内涵，创新可分为思想创新、理论创新、概念创新、产品创新、过程创新、使用创新等。

按创新样式，创新可分为突破式创新与颠覆式创新、开放式创新与封闭式创新等。

按创新主体，创新可分为协同式创新、独立式创新等。

按创新途径，创新可分为借鉴式创新、原始性创新等。

二、创新的特点

创新的特殊属性主要包括新颖性、未来性、创造性、变革性、价值性、先进性、时间性、风险性、协同性九个方面。

新颖性。创新是解决前人所没有解决的问题，不是模仿、再造，而是继承中又有新突破，因而其成果必然是新颖的，其中必有过去所没有的新的因素或成分。

未来性。创新是探索人类未来的可能，因而创新始终是面向未来，瞄准未来的需要，解决未来的问题，创造未来的生态，战胜未来的对手，占领未来的市场。

创造性。创新是人类为生存和发展而进行的创造性社会生产劳动。这种创造性，既体现在新技术、新产品、新工艺的显著变化上，又体现在组织机构、制度、经营和管理方式上。

变革性。创新的本质是求变。创新成果往往是变革旧事物的产物。“穷则变，变则通。”当我们没有办法解决问题的时候，就得思“变”，通过改变结构、功能、方式、方法等解决存在的问题，从而达到“通”的目的。这个由“变”到“通”的过程就是创造和革新的过程。不破不立，破“旧”才能立“新”，推“陈”才能出“新”。

价值性。创新的应有之义就是创造新价值。从社会效果看，创新成果都具有普遍的社会价值，或为经济价值，或为学术价值，或为艺术价值，或为实用价值；不管是物质成果还是精神成果，没有一定社会价值，创新成果就失去了存在的意义。

先进性。先进性是与旧事物相比较而言的。创新的成果仅有新颖性、价值性，而无先进性，就不能战胜旧的事物。以产品来说，如果不以创新技术武装产品，就很难占领现代竞争激烈的市场。

时间性。创新具有明显的时间性、阶段性特征。一个阶段的创新成果，随着时间的推移和社会的发展，会变成旧事物。

风险性。创新是一种挑战，是具有高度不确定性的实践活动，创新成果的高收益与高风险并存。即使认真地分析了已知和未知条件，人们也不可能准确无误地预测未来，不可能完全准确地把握未来客观环境的变化和发展趋势，这是创新所固有的不确定性的原因。创新的风险体现在技术风险和市场风险两个方面，一旦创新失败，既可造成人力、物力、财力投入的损失，又可丧失再次创新的先机。

协同性。创新效益的实现贯穿于整个创新活动之中。不同的创新主体可以实施协同性创新，同一创新主体的不同部门可以实施协同性创新，不同的创新领域也可以实施协同性创新。

第四节　原则与方法

既然创新具有固有的规律和特点，就必定有创新的原则和方法可以遵循。按照创新的原则和方法办事，就会事半功倍。

一、创新的原则

创新的原则是创新实践活动必须遵循的准则。这些准则既是创新规律和特点的必然选择，也是创新活动实践经验的总结。

科学原则。创新必须符合科学技术的基本原理。违背科学基本原理的创新都是伪创新。近百年来，许多才思卓越的人耗费心思，试图发明一种既不消耗任何能量，又可源源不断对外做功的“永动机”，但由于违背了“能量守恒”原理，无论构思如何巧妙，结果都逃不出失败的命运。

求是原则。创新必须符合科学的基本规律。任何创新的实现，都是建立在对真理的探求、对规律的认识基础之上的。爱因斯坦认为，“对真理的追求要比对真理的占有更为可贵”。违背科学基本规律的创新就是乱创新。摩托罗拉公司曾无视客户的需求和技术的可能，盲目投资 50 亿美元发展“铱星计划”，造成重大的技术投资失败，加速了摩托罗拉的崩溃。

战略原则。创新的重点应聚焦战略性的问题。战略性的问题是带有长远性、方向性、全局性、根本性的问题。实施战略性创新能够抢占创新的先机，能够取得战略的优势，能够夺取战略的主动，能够形成压倒性的创新优势。如果出现战略性创新失误，即使战役性和战术性创新做得再好，也无济于事，难以挽回失败的命运。

质疑原则。创新发于质疑。没有对权威、传统、利益和极限的挑战和质疑，就没有创新。质疑不等于否定，而是在批判中发展，在继承中前进。从牛顿的经典力学到爱因斯坦的相对论和量子力学，每一个重大科学理论的诞生都不是自然演化出来的，而是伴随着新理论对旧理论的质疑，甚至伴随着激烈的争论和冲突。

包容原则。由于创新的种类繁多，需要我们包容创新的多样化发展。由于创新的高风险，需要我们包容可能发生的失败。由于创新发于质疑，需要我们的领导和权威包容创新对我们的挑战。

开放原则。通过协同创新，实现强强联合。通过开放创新，实现资源共享。通过一体化创新，实现技术、制度创新的共同进步。

源头原则。坚持原始创新，加强基础研究，提高科学技术的自主水平和能力，不断为创新提供新鲜的血液和支撑。坚持原点创新，从原点问题出发，遵循基本的科学原理和规律，使创新实践更具有科学性和可行性。

二、创新的方法

创新的方法是创造新价值的途径和手段。成功的创新方法是共同的，而失败的创新各有各的不同。从一些成功的企业和组织的创新实践中梳理出共性的、普遍的创新方法，可以使我们窥视创新的一般方法和通用手段。

（一）哥本哈根实验室的创新

量子理论创新对社会和科学的发展具有重大意义。玻尔及其主导的哥本哈根理论物理研究所以其卓越的成就在量子理论发展史上占有重要地位。研究所首创的哥本哈根精神已成为基础科学合作研究模式的典范。

1900 年，德国物理学家普朗克提出黑体辐射能量分布公式，解释了黑体辐射现象。1905 年，爱因斯坦引进光量子（光子）概念，解释了光电效应。1911 年，欧内斯特·卢瑟福等人发现了原子核。1913 年，尼尔斯·玻尔提出量子跃迁过程和角动量量子化两大新概念，这两个概念已基本脱离了经典物理图景，标志着原子物理学一个大发展阶段的到来。1921 年，玻尔创建和领导的哥本哈根理论物理研究所正式成立，并成为全世界量子物理学研究中心。1923 年，阿瑟·康普顿完成了 X 射线散射实验，发现被散射的辐射改变了频率，证实了光的粒子性。1924 年，路易·维克多·德布罗意创立物质波原理。1924 年，玻色提出光遵循一种建立在粒子不可区分的性质（即全同性）上的新的统计理论。1925 年，维尔纳·海森堡和马克斯·玻恩、帕斯库尔·约尔当等提出矩阵理论，创立矩阵力学。1925 年，沃尔夫冈·泡利提出不相容原理。1925—1926 年，埃尔温·薛定谔系统地阐明了波动力学理论，发表了薛定谔方程。1927 年，维尔纳·海森堡提出不确定性原理。1927 年，马克斯·玻恩做出波函数的概率解释。1927 年，尼尔斯·玻尔提出互补原理，试图解释量子理论中一些明显的矛盾，特别是波粒二象性。1927 年，戴维逊和革末完成了电子衍射实验。1928 年，保罗·狄拉克提出相对论的量子力学方程（狄拉克方程），解释了电子的自旋并且预测了反物质的存在，创立了新型原子理论。1939 年，理查德·费曼提出后来以他的名字命名的量子力学公式。1961 年，尤金·维格纳引入一个思想实验，后来被称为“魏格纳的朋友”，提出意识可以作用于外部世界。1964 年，默里·盖尔曼提出夸克模型。20 世纪 70 年代，粒子物理的标准模型形成。此后，产生了超越标准模型的物理学。人类的下一个目标是发现超对称粒子。

总结哥本哈根实验室的创新思路，主要有以下的原则和手段。

哥本哈根精神。海森堡最早提出哥本哈根精神，本意是指哥本哈根理论物理研究所量子物理数学模式化的方法，后泛指哥本哈根理论物理研究所的组织和研究模式，著名物理学家罗森菲尔德后将其称为“完全自由的判断与讨论的美德”。哥本哈根精神可具化为四个方面：一是兼具非凡研究才能和无私奉献精神的机构领导，二是平等自由的研究和创新氛围，三是吸引出色的青年研究者并将其培养锻炼为一流人才，四是坚持真知、勇于挑战固有理论的勇气。

非凡领军人物。以玻尔为核心，德布罗意、狄拉克、海森堡、费米、薛定谔等领军人物在量子理论发展中发挥了至关重要的引领作用。玻尔不仅是伟大的研究者，而且创建了哥本哈根理论物理研究所，并在研究所主导塑造了哥本哈根精神。在哥本哈根理论物理研究所中，玻尔不仅表现出一流科学家的科学水平、见识和素养，以及出色的科研组织能力，还表现出一位机构领导者的奉献精神。例如，物质悖论是量子理论发展的关键一步，玻尔在其中发挥了决定性的引领作用。凭借惊人的预见力，玻尔聚集了一批物理学家，发展了新的物理学。在研究所的发展中，玻尔募集资金购买土地和设备，改善研究环境。

氛围自由平等。一方面，玻尔等人谦虚平和、乐于接受批评，为研究人员提供了自由创新和思考的空间。另一方面，海森堡、泡利等人坚持真知，不惧权威。如海森堡经常在得到新想法后找到泡利等人讨论，在讨论中深化各自的研究，得到新的成果；泡利则以辛辣批评著名，这种批评使得物理学家们的研究成果在内部就得到了检验。在这样的氛围中研究所的多位物理学家合作得出了哥本哈根阐释。

吸引青年人才。在玻尔的领导下，哥本哈根理论物理研究所充满自由平等的创新精神，集中了世界上一大批具有创新精神的年轻物理学家，如海森堡等。玻尔主持研究所的40年间，600余名物理学家来到该所，其中2/3的人都不到30岁。

勇于挑战传统。玻尔等人坚持真知，勇于挑战固有理论，但又不固守自己的观点。狄拉克等青年物理学家在面对爱因斯坦等权威的质疑和批评时都表现得非常坚定。玻尔特别邀请反对哥本哈根阐释的薛定谔住进自己家中，进行激烈的辩论。玻尔的互补原理就是在关于哥本哈根阐释的争论过程中提出的。

深度集体合作。一是深入且广泛的国际合作。海森堡、泡利等都曾到哥本哈根理论物理研究所长期访问与学习。来自世界各地的量子物理学家使研究所的学术影响传播到全世界，也使研究所成为世界的理论物理学中心。二是真正的集体合作式研究，其表现形式为研究所经常召开的研讨会等。

（二）华为的创新

华为公司是典型的高科技创新型企业。从最初的跟踪创新，发展到引领基础创新，华为的创新成功之路既有难以模仿的典型性特征，又有极具参考意义的普遍性做法。

1987年，任正非等创立华为。1997年，华为推出无线GSM（全球移动通信系统）解决方案。2003年，推出第一款手机产品。2004年，开发TD－SCDMA（时分同步码分多址）解决方案。2005年，成立华为大学。2006年，开发UMTS（通用移动通信系统）技术。2006年，推出新的企业标识，聚焦客户、创新、稳健增长和和谐精神。2007年，推出基于全IP（网络协议）网络的移动固定融合解决方案战略。2008年，专利申请排名世界第一。2009年，发布从路由器到传输系统的端到端100 G解决方案。2011年，发布GigaSite解决方案和泛在超宽带网络架构U2Net，发布HUAWEI SmartCare解决方案。2011年，成立华为实验室，作为创新主体，下设中央研究院、中央软件院、中央硬件院、海思半导体等部门。2012年，开始研发鸿蒙操作系统。2013年，发布5G白皮书，积极构建5G全球生态圈。2014年，在全球9个国家建立5G创新研究中心，全球研发中心总数达到16个，联合创新中心共28个。2018年，发布Ascend（昇腾）系列芯片以及基于Ascend系列芯片的产品和云服务，发布新一代顶级人工智能手机芯片——麒麟980，同步发布了5G产品解决方案。2019年，被美国商务部列入出口管制“实体清单”，谷歌宣布中止华为更新安卓系统。2019年，启用备胎计划，发布鸿蒙操作系统。

总结华为的创新思路，主要有以下原则和手段。

不为创新而创新。在华为，创新的意义在于创造价值。华为强调价值理论，不是为了创新而创新。一是从人类社会的需求和价值基础出发，对未来的价值做出符合社会规律并能够接受长期批判的假设。一旦假设出现问题，及时修正。二是设立首席科学家，引领未来价值点假设，确定未来发展方向。三是引领员工在主航道上发挥主观能动性与创造性。华为将企业使命规定为“建立全连接世界，实现人与人、人与机器、机器与机器之间的对话和信息交换”。“全连接世界”的光荣使命来自华为始终不变的美好愿景：丰富人们的沟通和生活。这是华为创新的出发点，也是目的地。

创新实践追求极致。一是企业领袖思想最独特，二是客户需求导向最彻底，三是技术研发投入最舍得，四是员工分享机制最大气，五是市场开拓精神最狼性，六是管理水平优化最持续，七是精英人才激励最务实，八是企业文化建设最落地。技术研发投入方面，自 1992 年起华为坚持每年以不少于销售收入 10% 的费用投入研究开发，不仅研发芯片，更加大基础领域研发投入，从事研究与开发的人员约占员工人数的 45% 。

创新思想实现统一。企业创新文化不是自发生成的，华为通过创建核心价值观，从思想上建立了统一的认识。一是在追求上统一认识。二是在员工理念上统一认识。认真负责和管理有效的员工是华为最大的财富。尊重知识、尊重个性、集体奋斗和不迁就有功的员工，是华为可持续成长的内在要求。机会、人才、技术和产品是公司成长的主要牵引力。三是在技术上统一认识。四是在精神上统一认识。爱祖国、爱人民、爱事业和爱生活是华为凝聚力的源泉。责任意识、创新精神、敬业精神与团结合作精神是华为企业文化的精髓。实事求是是华为行为的准则。必须使员工的目标远大化，使员工感到他的奋斗与祖国的前途、民族的命运是联结在一起的。坚决反对空洞的理想。五是在利益上统一认识。在客户、员工与合作者之间结成利益共同体，努力探索按生产要素分配的内部动力机制。利益分享：对外与客户供应商分享利益，对内通过员工持股分享成长红利。六是在文化上统一认识，坚持以精神文明促进物质文明的方针。七是在社会责任上统一认识。华为以产业报国和科教兴国为己任，以公司的发展为所在社区做出贡献，为伟大祖国的繁荣昌盛，为中华民族的振兴，为自己和家人的幸福而努力。在追求上，华为强调在电子信息领域实现客户的梦想，成为世界级领先企业，将利润保持一个较合理的尺度，把危机意识和压力传递到每一个员工。在技术上，华为紧紧围绕电子信息技术领域发展，与国内大学联合实施基础研究，基础研究与应用研究并行。基础研究出现转化商机时，华为预研部再大规模投入。华为高度重视核心技术的自主知识产权，遵循在自主开发基础上广泛开放合作的原则，与全球诸多大客户如沃达丰等运营商建立多个联合创新中心。

创新方式与时俱进。一是自主创新，特别是尖端领域自主创新。确保技术研发资金和人员投入，重视物理、化学等基础研究，引领基础创新。二是开放创新，与竞争对手、客户等建立战略伙伴关系，互换专利、支付专利费等。三是管理创新，推行“全员持股”。截至2019年年底，华为有104 572名员工参与员工持股计划。四是营销创新，从早期的代理模式转变为直销模式，与客户零距离沟通，形成“客户是衣食父母”的共识。五是研发体制创新，采取模块研发+系统集成模式和修长城+海豹突击队模式，实现整体作战能力和快速反应能力的有效结合。六是市场开发创新，采取重装旅模式。一线营销人员发现机会后，立即报告公司，总部马上成立商务、技术等专家团队（重装旅）奔赴前线。七是决策体制创新，实行“轮值CEO（首席执行官）”制。副总裁轮流担任CEO，每半年轮值一次。八是文化创新，提倡包容，鼓励试错，建立红蓝对抗机制，设立蓝军参谋部。坚持自我批判精神，要求每个员工开放自己，坚持自我批判。虚心学习，巨资聘请世界顶尖咨询公司进行组织创新、管理创新。华为创建以来，从市场创新引领技术创新，到产品创新获得长足发展，进而在无人区引领基础创新，华为正处于从跟踪创新到引领基础创新的转折期。

（三）谷歌的创新

作为互联网公司，谷歌一直在尝试超越传统的公司运作方式，追求互联网时代的创新组织模式，取得了众人瞩目的创新成就。

1998年，谢尔盖·布林和拉里·佩奇组建谷歌公司。2000年，谷歌成为最大的互联网搜索引擎商。2003年，推出AdSense广告计划。2004年，推出免费电子邮件服务Gmail。2005年，发布谷歌地图服务。2007年，发布街景服务。2008年，发布首个iPhone应用程序，推出Chrome浏览器，发布开源手机操作系统。2009年，正式推出3G智能手机Nexus One。2010年，宣布进军无人驾驶汽车领域。2011年，正式推出Chrome操作系统。2012年，正式推出拓展现实眼镜Google Glass。2016年，正式推出智能助手。2018年，推出Google Duplex技术。2019年，Google Duplex技术扩展到网络。2019年，宣布Google搜索等更多产品集成了增强现实（AR）功能。

总结谷歌的创新思路，主要有以下的原则和手段。

信赖技术洞见。技术洞见是指用创新方式应用科技或设计，以达到生产成本的显著降低或产品功能和可用性的大幅提升，满足消费者尚未意识到的需求。将技术洞见作为产品的基础，而非市场调查，是谷歌秉承的重要原则。一是将可用的科技及数据资料集中起来，寻找新的解决办法；二是找到一个具体问题的解决方案，然后对解决方案加以拓展。谷歌YouTube内容识别系统背后的洞见是：为每个视频及音频文件建立独有的数据描述，以此与全球版权数据库的内容相比对，以便于版权所有者在 YouTube 网站上找到自己所拥有的视频和音频内容，甚至可以从中获利。

组合和再组合创新。通过组合和再组合进行新的创作。其主要途径是：依托信息、连接以及计算能力等要素，通过开源软件以及应用程序编程接口，使创新者能够以他人的工作成果为基础进行开拓。谷歌在研发 SafeSearch 的过程中，基于图像内容得出了数百万种用户使用模式，即用户对不同图像的不同使用模式。基于此，谷歌最终研发出无须通过文字就能搜索的功能，而这又是基于谷歌为 SafeSearch 色情网站屏蔽器研发出的技术发展而来的。

正视竞争对手。正视竞争对手，是指思考一般人尚未想到却非常需要思考的事情，不单纯追随竞争对手。一是要看到竞争对手的发展，激起自身发展动力。二是不能把注意力全部放在竞争对手身上，不要为竞争对手分心。一般人倾向于思考既已存在的事物，而创新的任务是思考一般人尚未想到却非常需要想的事。2009 年，微软公司推出必应搜索引擎后，谷歌加强搜索引擎建设，催生出 Google Instant（在用户输入要求时就能显示搜索结果）和 Image Search（将图片拽入搜索栏，谷歌就能辨别出图片内容并用图片作为搜索请求）等新功能。

创新人才体系。谷歌将人才称为创意精英，又称超级用户，建立了多元化的人才体系。所有创意精英都必须具备商业头脑、专业知识、创造力以及实践经验等基本特质。一是创新人才聘用原则。人力资金投入前置，即大部分人力投入用于吸引、评估和培养新聘用的员工，只聘用在某些方面比招聘者更优秀的人，聘用最优秀的人才，认为传统的并购和培训招不到顶尖人才。二是营造羊群效应。优质人才组成的团队不仅能做出成绩，还能吸引更多优质人才加入。在招聘产品部门人员时尤其适用，因为产品部门人员更易影响其他部门员工。三是第一追随者原则，给第一个创新的人才创造条件。给参与创新项目的人——从第二个到第 N 个，创造空间。将创新融入企业，让每个部门和每个领域都受到感染，而不是将创新局限为某个团队的特权。四是创意精英比具体职位更重要。用有趣的任务、新的想法保持工作的趣味性，确保最有价值的员工的利益不受企业条条框框的约束。谷歌在招聘上投入的资金占人力预算的比例是美国公司平均水平的 2 倍。

创新资源配置原则。一是人力配置。谷歌推行 70/20/10 原则，将 70% 的人力资源配置给核心业务，20% 分配给新兴产品，10% 投在全新产品上。这一方面为了规避风险，另一方面能为成功概率更大的项目保留人才资源。二是时间配置。谷歌推行 20% 时间制，允许工程师拿出 20% 的时间来研究日常工作之外感兴趣的项目。Google News、Google Maps 上的交通信息、Gmail 等，都是

20%时间的产物。20%时间制的重点在于自由，为员工提供一个创新出口。2011年，谷歌宣布采取“有的放矢”战略，把更多资源投到一小部分项目中去，关闭曾用于展示实验性项目的Google Labs平台，而平台大多数项目源自员工20%时间的成果。

重新定义创新文化。谷歌建立了不同于其他企业的创新文化。谷歌企业文化的根本元素是企业使命、信息透明、员工发声的权利。一是企业使命是一种道德观，而非市场、利润等。“整合全球信息，使人人都能访问并从中受益”的企业使命，其中并没有言及利润、市场、客户、股东，而是要使员工个人的工作更有意义，促使不断创新，探索新领域。二是信息透明，而非信息封锁。所有的信息都可以与团队分享，每一名员工都能看到同事正在做的事情，避免内部竞争。三是真正的话语权，而非依靠上级的命令来逼出创新力。由员工决定公司如何运营，与员工分享决策过程。四是自由是创新的核心前提，促进新想法快速实现。五是以用户为中心。赚钱不必作恶，认真不在着装。六是信奉10倍哲学，放大创新目标。谷歌所有部门开发的产品及服务既要比竞争对手优秀10倍，也要比前一版本优秀10倍。摆脱传统束缚的尝试，是抛弃所有已有的思路，寻找全新的方法，而非修修补补。真正的话语权方面，谷歌推出官僚主义克星活动，消除地位象征。

（四）埃隆·马斯克的创新

埃隆·马斯克是颠覆性跨界创新的典范，既有常人无法企及的特殊天赋，更有一些值得学习的创新经验。

1999年，马斯克推出电子支付业务。2002年，创办美国太空探索技术公司（SpaceX公司）。2003年，开始发展电动汽车。2006年，SpaceX公司的“猎鹰-1”火箭首次成功飞行。2009年，“猎鹰-1”火箭将商业卫星送入轨道。2010年，“猎鹰-9”火箭将“龙”飞船送入预定轨道。2013年，马斯克推出一种高速运输Hyperloop系统概念。2015年，联合创立Open AI，开发开源AI（人工智能）算法。2015年，“猎鹰-9”火箭首次实现陆上回收。2016年，马斯克联合创立Neurolink公司，开发脑神经接口。2016年，提出“超重-星船”运载系统，计划2023年进行首次绕月载人飞行，2024年发射登陆火星的载人飞船。2016年，“猎鹰-9”火箭首次实现海上回收。2017年，“猎鹰-9”火箭首次实现一级火箭重复利用，并成功回收。2018年，“猎鹰重型”火箭首飞，成功将特斯拉电动汽车送上太空，实现火箭陆上回收。2018年，“猎鹰-9”火箭成功完成第三次重复使用，并首次在美国西海岸实现陆上回收。2018年，“猎鹰-9”火箭成功将美国空军的首颗GPS 3卫星送入轨道。

2019年，“猎鹰重型”火箭首次商业发射成功，并实现三枚火箭回收；

“猎鹰-9”火箭将载人型“龙”飞船送上太空；“猎鹰-9”火箭将首批60颗“星链”卫星“打包”送入太空。

总结埃隆·马斯克的创新思路，主要有以下的原则和手段。

加快这个过程。马斯克尝试尽快创造东西，任何减慢开发速度的东西要么被抛弃，要么被加快。创新的重点是你会从实际的制作中学到更多，而不是无休止的计划。追求完美会扼杀创新，让你陷入僵化的思维模式。例如，星舰这种大胆的可重复使用的巨型火箭，本来将由碳纤维制成，这种材料耐用、轻便，但加工制造困难，需要花费数年时间定制大型模具，于是马斯克决定改用不锈钢。6个月后，星舰“马克一号”建造成功，而这是美国国家航空航天局（NASA）花了几十年才完成的。此外，马斯克拒绝接受“好事情需要时间”的观点，且认为放弃缓慢的过程会有意想不到的好的结果。在星际飞船的制造过程中，他们就发现他们开发的这种钢铁在宇宙真空中表现比碳纤维更好。如果有什么事情在影响你的创新产出，那就放弃它。

拥抱失败。SpaceX试图让“猎鹰-9”火箭着陆，这是一个前所未有的壮举。它也曾无数次坠入大海。每推出一款新产品，他们都会做出调整，最后取得成功。这种方法与NASA的每一处细节都相违背，因为NASA有一种强烈的心态，认为“失败不是一种选择”，当你试图避免损失时，这种保守主义确实有一定好处，但创新可能会像爬行一样慢。大多数有创造力的人都知道反复尝试是过程的一部分。有这样一个宏伟的愿景，失败是必然的。进一步推动它，然后以更大的智慧重建。

重复它，即使你认为你已经完成了。特斯拉车主通常会在一夜的软件更新后发现他们的车有了新功能。当他们接受汽车服务时，某些硬件可能会被替换为新版本。持续改进对于汽车这个行业来说是一个新领域。在过去，你所购买的东西是当时就固定不变的。创意团队常常在幕后工作，直到产品完成并生产出来呈现给世界，然后再也不会改变。但是迭代是将东西构建至最好的过程，你可以通过不断重复的更新来改进。对于你来说，无论是你的电影、艺术展览还是一篇文章，都值得考虑发布，并接收一些反馈，然后在2.0版本中改进它。

用第一性原则思考。从物理框架来处理事情。首要原则的概念贯穿于马斯克的所有作品。包袱会随着时间过去而堆积，而最初的想法也会丢失。但马斯克就剖开核心，并且重建。Zip2是马斯克的第一个大项目。他思考了人们最想从银行得到什么，不是大楼房、实体银行卡或复杂的服务，而仅仅是为了转账。他回归基础，颠覆了整个行业，Zip2后来成为PayPal。

放弃那些无效的事。马斯克对《丁丁历险记》漫画系列感兴趣，他喜欢其中描绘的20世纪50年代火箭美学。他也想要他的火箭模仿这一点，并有将双尾翼用作支柱这种简单而优雅的设计。多年的研究和开发将它创造了出来，并花费了数百万美元用于模拟大气再入的动力学。最后，工程师们没能成功。但马斯克并不关心沉没成本，也很乐意放弃它。

正确的问题往往比答案更重。当火箭使用煤油或氢气时，效率最高，但马斯克问的问题不是什么是最好的火箭，而是如何到达火星并返回。火星大气层主要是二氧化碳，它与水还有一些太阳能混合，就可以产生甲烷。这就是马斯克选择这些为他的火箭提供动力的原因，这样它就能顺利到达火星并返回，进入轨道的那一刻它将是世界上首个使用这种燃料的火箭。

剔除烦琐的事。自动驾驶现在还处于早期阶段，我们已经看到了许多技术试验，但大多数都采用了激光雷达技术。然而，马斯克为特斯拉选择了一个更直接的摄像头系统。他认为，世界上的道路系统是在考虑人眼而不是激光的情况下发展起来的。激光雷达价格昂贵，而且对人工智能系统造成了沉重的负担。这是一种常见的马斯克作风，即把任何不必要或过于复杂的东西都剔除。

如何对待问题的局限性。马斯克指示他的所有团队质疑他人施加的限制。高级研究员丹·拉斯基想用一种特殊的胶水把隔热瓦粘在“龙”飞船太空舱上，将样品放入定制的熔炉中，发现胶水的性能远远超出了其属性。此时他不仅拥有一种完美的胶水，而且对它的特性有了更多的了解。

坚持下去。特斯拉的Model 3生产线曾停止运转，马斯克就在生产线旁搭起一张临时床，日夜不停地找出问题所在。每次需要定制装备的时候，所有东西都会陷入中断，他提出的解决方案是：在工厂旁边搭一个大帐篷，把所有有问题的汽车都搬到那里，于是最终解决了Model 3的生产问题。事情出了问题，项目就会停滞，事情也会中断。与其放弃，不如试着做一些创造性的决定，投入真正的时间和精力来解决问题。

相信自己，敢于冒险。马斯克从出售PayPal中获得了1.8亿美元的收益，他在SpaceX投入了1亿美元，在特斯拉投入了7 000万美元，在Solar City投入了1 000万美元。这是一个相当大的风险，但他相信自己。“埃隆时间”就是一个自我施压的例子。他建议制定雄心勃勃的时间表来激励自己和团队。每一点都会提前完成，他们常常打破关于开发和构建某样东西需要多长时间的先入之见。

发现协同效应。“猎鹰-9”火箭的尾翼使用液压来移动，但对于星舰，马斯克想要一个更直接的解决方案。他恰好拥有一家制造精密电动机和大容量电池的公司——特斯拉，而星舰同时使用这两种。在马斯克的工作中，协同效应无处不在。他借鉴并结合以前的工作经验来改进新项目。你可能有横跨几个领域的能力，考虑一下你可以用什么来交叉融合于你的项目。

找到你最大的热情并为之奋斗。埃隆·马斯克的成功源于一种让人类更好的强烈愿望驱动。每当发射成功，SpaceX 的员工都会发出热烈的欢呼。崇高的目标是极具感染力的，如果你的工作能给别人带来快乐，增长人的知识，或带来积极的改变，那就不断提醒自己，它会帮助你在困难的时候振作起来，在你顺利的时候让你更有动力。

（五）DARPA 的创新

美国国防高级研究计划局是美国最伟大的科技创新工场。互联网、GPS（全球定位系统）、鼠标、网络聊天和即时通信、无人驾驶汽车、隐形战机、高超声速飞机、砷化镓、Siri 等革命性的技术创新，都诞生于 DARPA。

1958 年，受苏联核试验和发射人造卫星两大技术突袭刺激，美国总统艾森豪威尔要求设立一个具有明确任务的先进研究项目局（ARPA），希望该机构开发出革命性的技术，以确保美国在军事上不会再屈居人后。20 世纪 50 年代末期，DARPA 和美国海军共同出资开发了“子午仪”（Transit）卫星定位系统，这是 GPS 系统的前身。1969 年，DARPA 开发的阿帕网（ARPRNET）正式投入运行，阿帕网具备网络的基本形态和功能，被认为是网络传播的“创世纪”。20 世纪 60 年代，DARPA 开始研发无人机。1962 年，DARPA 研发了早期的无人垂直起降（VTOL）技术。20 世纪 60 年代至 70 年代初，DARPA 开始研究精确制导武器（PGM）。1978 年，DARPA 实施“突击破坏者”计划，整合了激光器、光电传感器、微电子、数据处理器和雷达等技术，为“联合监视目标攻击雷达系统”（JSTARS）、“全球鹰”无人机等智能武器系统奠定了技术基础。20 世纪 70 年代中后期，DARPA 实施 Tank Breaker 项目，对“标枪”反坦克导弹系统的发展起了重要作用。20 世纪 70 年代中期，DARPA 开发了世界上第一款实用型隐形战斗飞行器“拥蓝”（Have Blue），“拥蓝”后发展为 F－117 隐形战机。20 世纪 70 年代中晚期到 80 年代早期，DARPA 开发了首架装备雷达的隐形飞行器——“沉默之蓝”（Tacit Blue），该项目为美国空军 B－2 轰炸机的诞生奠定了基础。20 世纪 80 年代，DARPA 发展的长距离无人机技术被应用于 Gnat 和 MQ－1“捕食者”无人机，推动了 MQ－9 无人机等产生。20 世纪 80 年代，DARPA 正式启动微型全球定位系统接收器（MGR）计划——“维珍妮”（Virginia Slims）计划，来缩小 GPS 接收器的尺寸、重量和耗电量。1991 年，成功研制出革命性的完全电子化 GPS 接收器。20 世纪 80—90 年代，DARPA 重点投资了低温冷却、高性能红外成像器件，发展夜视技术，通过“灵巧制造”（Flexible Manufacturing）项目为碲镉汞（HgCdTe）红外成像器件的应用铺平了道路，研发的微型热辐射计在美军广泛应用。20

世纪90年代，DARPA资助了RQ-4“全球鹰”无人机的研制。20世纪90年代，DARPA资助了多个远程机器人项目，成果之一推动了医疗外科手术机器人“达·芬奇”系统的产生。20世纪90年代中期，DARPA为谷歌公司的原始搜索算法研究提供了部分资金，谷歌在此基础上启动了自动运输项目。21世纪初，DARPA启动示范无人机计划，该计划演变为联合无人作战空中系统计划后，促成了美国海军X-47B无人机的研制。2003年，DARPA启动CALO（会学习和组织的认知助理）人工智能研究项目，该项目的成果之一促成了语音助手应用程序Siri的产生。2014年，DARPA成功完成人体假肢革新计划。2018年，100 GB/s的射频骨干网项目实现了在20 km范围速度达到100 GB/s的阶段目标。2020年，DARPA正在发展战术助推滑翔、深海导航定位系统、地下战挑战赛、可解释的人工智能、确保自主、不同方案的主动解释、大规模恐怖威胁防御、持久的水生生物传感器等典型项目。

总结DARPA的创新思路，主要有以下原则和手段。

科研管理机制。一是扁平化组织管理架构，仅有两个管理层级。机构设置服务总体战略，除必要的后勤或服务性部门外，DARPA组织架构的主体由平行设立的项目办公室组成，项目办公室拥有在DARPA体制内全部的自主权，相互之间没有任何行政隶属关系，避免工作中互相牵制。DARPA最高行政首长负责战略规划和协调，不干预项目办公室日常工作。二是依据DARPA的战略规划需求设立或调整项目办公室，在不同的历史时期根据DARPA的战略方向不同，项目办公室的设置也不同。三是项目外包，实行基于项目的管理，需要时放任合约研发机构或团队自由发展。项目团队小巧、灵活、高效，保持最大的自由度。四是实行项目经理有限任期制，确保为DARPA做最重要事情的人更关心如何完成机构的任务，而不是保住工作或者获得职位升迁。五是视项目经理为DARPA的核心能力主体，坚持从需求第一线聘用既懂技术又懂管理的项目经理。通过项目经理，召集顶级科学家、工程师、富有远见的技术人员，组成一系列小型研发团队。六是鼓励削减没有取得进展的研究团队的经费，将资源重新分配给更有希望实现技术突破的团队。

科研创新文化。一是风险承担。DARPA在预期收益足够大的情况下自担风险，强调进行“高风险、高回报”研究，管理风险，而不是回避风险；容忍失败，实行开放式学习，在组织、管理和人事政策方面鼓励个人责任和首创精神；DARPA高层的日常重要决策就是筛选出勇于承担风险、思想驱动的项目主管。二是全程开放。DARPA分阶段开展项目，当项目经理在第一阶段选定初步方案后，项目依旧是开放的，可以随时吸纳新的技术方案。DARPA平均每年约有20%的技术方案被取代，被取代者通常会获得一些补偿。三是竞争协作，通过各种途径向全社会征集项目解决方案。

项目选择机制。一是注重交叉学科的研发，鼓励学科之间的联系，促进研究成果在实际生产和生活中的应用。二是重视基础学科研究。DARPA 定位为基础研究和科技需求之间的纽带，坚持从未来的军用及民用需求出发，在确定重点领域时即对技术成果的应用和推广进行明确规划。

同行评议机制。DARPA 一般采用同行评议方法确定资助项目。但是，出于提高决策速度等因素考虑，项目资助过程也可以机动灵活，不采用同行评议方式。

高效的技术成果转化机制。一是直接将研发成果应用于军事需求。二是将研发成果推向商业市场造成影响，然后促使美国国防部进行采办。

良性循环的研发生态环境。一是去掉来自外部的官僚主义牵制，不设任何冗余的行政掣肘，最初直接向国防部长汇报，国防部改革后直接向国防部研究和工程副部长报告。二是保持研发团队与军方用户、国会和工业界有机协作，通过演示日等活动，把产业链中的角色聚集在一起；同时保持 DARPA 对项目决策、执行和管理的独立性。

无偏向性的信息处理机制。DARPA 和各类政府机关、大学、企业、智库之间建立了完备的信息交流渠道，实施无偏向性的信息发布、信息收集和信息处理机制，即强调向所有潜在参与者提供同等信息，压缩任何可能的信息歧视行为，构建全方位立体透明的信息环境。在这个环境中，在动态信息流的作用下，几乎 DARPA 的所有决策都随时会受到新的挑战。无论是关于未来军事技术发展方向的战略性决策还是具体项目的筛选与评估决策，决策和基于决策的执行过程始终处于动态的、不断完善的过程中，从而形成永不间断的创新态势。

第五节　生态与文化

创新作为特殊的人类实践活动，需要有与之相适应的生态环境和文化氛围，否则创新实践将无以为继。了解和掌握创新的生态与文化，对于如何创建这种生态和文化，如何在传统的生态与文化中促进创新的发展，都具有现实的意义。

一、创新的生态

创新生态是指适合于创新的人才、创新的组织、创新的思想、创新的过程、创新的产品等孕育、成长、开花、结果、推广、应用的环境形态。创新生态属于制度创新范围，制度创新的要素是构建创新生态的核心内容。创新生态是隐含在创新做法背后的深层机理。如果说创新做法是乘客看到的飞机的飞行路线，那么创新的生态与文化就是飞行员需要掌握的飞行速度、位置、高度、平衡度、风速、雷达信息、气象信息等。

文化塑造战略。纵观创新企业，其决策都不是基于经济利益考虑，而是基于如何才能践行价值观。一是明确创新的意义，不纯粹为创新而创新。二是从思想上建立统一的认识。三是独特的企业领袖思想在引领企业价值观过程中发挥重要作用。谷歌围绕企业文化的三大基石——有意义的使命、信息透明和真正的话语权，归纳出清晰的战略：文化塑造了战略，而不是战略塑造了文化。

人才决定成就。人才是企业创新成功最关键的决定因素。一是改革传统招聘体制。二是给员工以话语权和信息共享，避免内部竞争。三是给创新人才自由和激励。谷歌的创始人搭建了人才体系的基础架构，设定高质量标准。

目标驱动导向。准确的市场定位而非技术本身，是企业创新成功的关键。在需求牵引和技术驱动的争论中，具体的用户目标是创新的关键因素。一是建立市场驱动的组织和文化。二是加强企业研发工作，不仅仅是技术的研发，也包括高水平的市场研究。三是基于对消费者现有的或是未来的用户目标的精准把握，提出更明确的创新方法。

洞见开启创新。生成洞见是创新过程的第一步。成功捕捉想法和选择洞见是实现创新的重要环节。一是将注意力集中在客户关注的问题上，从对客户与其他人的观察和互动中得到解决问题的新洞见。二是跨国家、跨行业、跨公司、跨技术、跨功能等来寻求想法。三是鼓励员工提交想法。四是建立相应的流程或者利用数字化协作平台，从外部捕获新想法。五是选择有利于组织创新的洞见，然后利用投票测试或验证测试来进一步开发这些洞见。2000—2010年，联合利华公司经历了收益增长率下降、股价持平、市场份额缩减。时任公司首席执行官尼丁·帕兰杰佩及管理团队猜测产生新思路与洞见是拯救公司的唯一途径，启动“燎原之火”项目。2012年，联合利华印度公司的股价上升34%，销售额上涨40%。

机制给予自由。最大限度减少障碍，给予员工自由，允许员工追求感兴趣的创新想法。一是清除组织障碍，建立扁平化的管理层级和灵活的组织架构。二是提供独立工作的时间，培育高度自由环境。比如，扁平化的管理层级和灵活的组织架构使谷歌得以迅速应对新的产品项目。其纸板虚拟现实项目在刚开始时团队只有寥寥数人，取得初步成果时，数日内就集结了数十名研究员、工程师和项目经理。一年之内，成为拥有配套预算和人力的重点项目。

二、创新的文化

创新文化是创新理念、价值观、制度、环境和氛围的总和，是与整体价值准则相关的科技战略、科研攻关、科研机制、创新精神及其表现形式的总和。创新文化对创新实践具有导向和牵引作用，是创意精英选择企业的重要考虑因素。

引领未来的价值观。培育创新文化，引领未来的价值观，是指树立独特的价值观以备未来参考。营造根基扎实、深入人心的企业文化，最根本的价值就在于此。一是企业价值观不仅涉及企业最重大的决策和行动以及领导者的决策和行动，还应包括每个人在日常工作中的一举一动，形成员工感同身受的企业价值观与目标。二是企业价值观不追求短期利益的最大化，也不关注公司股票的变现能力。记录企业独特的价值观以备未来的员工和合作伙伴参考，这是决定企业长远利益的重要因素。

激励超越的组织使命。使命是企业创新文化的基石。适当的公司使命能够给予员工创造新事物的空间。一是领导者要创造出一个目标，能够激励员工的抱负。二是统一员工思想认识。如果员工认识到其工作有深远意义，那么就会愿意奉献更多。谷歌提出除了给员工自由，设立清晰的使命和宏伟的目标也是谷歌的管理哲学之一。谷歌 CEO 带领高层领导团队花费了大量时间确定谷歌的新目标，制订更伟大的计划。

团队信息透明开放。信息透明开放意味着信息分享。谷歌的代码库存储了保证谷歌所有产品运转的全部源代码，新聘用的软件工程师在上班第一天就可以使用几乎所有代码。

员工分享决策过程。确保所有员工都有机会贡献想法，而不仅仅是少数人有权发言，从而发挥组织内每一个成员的创造力。一是机制上模糊企业的等级关系和命令链。二是结构上推行扁平化的管理层级，使员工拥有自主决策的权利、自主行为的空间等。谷歌曾推出“官僚主义克星”活动，解决日常工作流程问题。

用户目标导向文化。制定明确的用户目标规范，成为日常决策、行动和创新的指南。一是以用户目标为核心来改善组织机构，整合各部门以达成用户想要完成的任务。二是打造以用户目标为导向的企业文化，实现组织的自我管理。使用户目标在组织里发声，能够影响决策，给予员工动力，使其了解如何将工作融入更大的流程中，而非提供一次性改善方案。三是寻找用户目标，以及重新发现用户目标。领导者需要持续号召团队锁定正确的目标。

第六节　思维与素质

掌握创新的原则、学会创新的方法，仅仅是创新实践层面的行为方法，将这些行为方法上升为理性的思维方法，对于更加自觉和主动地开展和指导创新实践意义重大。一个成功的创新者不仅需要具有创新的思维，而且需要拥有创新的素质和本领，了解和掌握对创新者素质和本领的内涵和要求，对于选拔、培养、使用创新人才意义重大。

一、创新的思维

创新思维是指在创造具有独创性成果的过程中建立新的理论，产生新的发明、发现或塑造新的艺术形象的思维活动，是以感知、记忆、思考、联想、理解等能力为基础，以综合性、探索性和求新性为特征的高级认知活动。创新思维意味着在解决问题过程中，人们要善于从不同的角度去思考，提出新观点、新思路、新方案，并不断迭代。

科学思维。创新的科学思维是指形成并运用于科学认识活动，对感性认识进行加工处理，形成新思想、新概念、新方法等的思维过程。

创新的科学思维必须遵守三个基本原则：在逻辑上要求严密的逻辑性，达到归纳和演绎的统一；在方法上要求辩证地分析和综合两种思维方法；在体系上实现逻辑与历史的一致，达到理论与实践的具体的历史的统一。

战略思维。创新的战略思维是指思维主体对关系创新发展全局的、方向的、长远的、根本性的重大问题进行谋划的思维过程。战略思维涉及的对象大多是复杂的政治、经济、文化、军事系统及复杂过程。创新的战略思维有四方面要求。

一是全局层面，要把局部和全局结合起来。善于把局部放在全局中去把握，不能只见树木、不见森林。从大局、宏观和全局出发考虑问题，具有全局性、整体性。二是方向层面，要把主要方向和次要方向结合起来，把主要问题和次要问题结合起来。三是长远层面，要把长远和当前结合起来。善于把眼前需要与长远谋划统一起来，不能急功近利、投机取巧。战略思维以对客体未来发展趋势的科学把握为基础，要具有长远性、前瞻性。四是根本性层面，要把本质性问题和表象问题结合起来，治本不治标、治标不治本都不行。善于把解决具体问题与解决深层次问题结合起来，不能头痛医头、脚痛医脚。推出新思想，提出新认识，发明新方法，提出解决深层次问题的战略目标和规划。

联想思维。创新的联想思维是指在人脑内记忆表象系统中由于某种诱因使不同表象发生联系的一种思维活动。在创新实践中，联想思维能够运用概念的语义、属性的衍生、意义的相似性来激发创新。创新的联想思维有两方面要求。

一是建立逆向联系，发现事物或现象的对立面，从反面、对立面思考。二是建立由此及彼的联系，建立时间或空间接近的不同事物之间的联系，建立外形或性质、意义相似的事物之间引起的联系，探究事物或现象的原因和本质。

发散思维。创新的发散思维是指从一个目标出发，沿着各种不同的途径去思考，探求多种答案。创新的发散思维有三方面要求。

一是辐射性。以一个问题为中心，思维路线扩散形成辐射状，找出尽可能多的答案，扩大优化选择的余地。二是多角度。从不同方向对一个事物进行思考，从他人没有注意到的角度去思考。三是换元。根据事物多种构成因素的特点，变换其中某一要素，打开新思路与新途径。比如，在自然科学领域，变换不同的材料和数据反复进行一项科学实验。

批判思维。批判性的创新思维，就是敢于用科学的怀疑精神，对待自己和他人的原有知识，包括权威的论断。批判性的创新思维有三方面要求。

一是批判与借鉴相结合。批判不是目的，批判的手段要和发展的目的相结合。二是继承与创新相结合。继承优秀传统、成熟经验、知识基础、技术能力，在此基础上创造新的产品、服务、能力、价值等。三是批判性的接收和接收性的批判相结合。

交叉思维。创新的交叉思维是指打破学科、技术或领域的界限，采取多学科技术嫁接等方式，获得创新的重大突破，是综合交叉学科知识、开启新学科、创造新成果的重要思维方法。创新的交叉思维有三方面要求。

一是打破学科界限。创新往往发生在学科交叉领域。军事领域是交叉学科的多发地带。感知技术、电子技术、计算机技术、激光技术、航空技术等多学科技术的嫁接，诞生了导弹、智能炸弹等高技术武器。美国许多航空器的命名都与动物有关，如“黑鸟”高空侦察机、“鱼鹰”旋翼机、“全球鹰”无人机等，从中可以管窥军事与动物学交叉产生的创新成果。二是打破领域界限，跨领域，形成优势。现代新兴领域的重大突破大多是学科交叉、领域交叉和交叉思维的产物。三是打破部门界限，强强联合，形成 $1+1>2$ 的优势。

非对称思维。非对称思维是指时间不对称、空间不对称、力量不对称。创新的非对称思维有三方面要求。

一是利用时间不对称。创新产品，并且先于对手占领市场。二是利用空间不对称。在市场竞争中，产品或服务覆盖市场的范围更大，受众更多，领域更广。三是利用力量不对称。掌握并灵活运用与处置自己与竞争对手的优势和弱势。在竞争中避开与对手正面对阵，从对方忽视或薄弱的环节入手达成战略目标，以弱胜强或者以强胜弱。

超越思维。超越思维是指建立一流的企业，创造一流的产品，竞争一流的对手，打造一流的服务。

求是思维。求是思维是指探求本质规律，从规律中寻求解决问题的途径。在创新实践中，求是思维有三方面要求。

一是掌握各产品或业务等各子系统、各环节、各要素之间的运作方式和因果逻辑链条，进而谋篇布局。二是掌握市场发展或市场竞争各因素之间的逻辑关系。三是掌握技术发展的本质规律要求。

综合思维。综合思维是指综合运用上述思维。例如，既考虑战略思维，又考虑交叉思维，灵活运用，几种思维组合运用。创新的综合思维有两方面要求。

一是先分后合。先用不同思维考虑同样的问题，最后综合不同思维对同一问题的认识。二是分合结合。不同阶段采取不同的思维方法，最后综合不同阶段不同思维的认识。

二、创新的素质

纵观埃隆·马斯克、乔布斯、马云、马化腾、雷军等国内外创新领军人物的创新历程，他们都在智力、非智力各方面表现出非常强烈的创新素质。

智力素质。智力素质包括科学素质和智商。科学素质是指了解必要的科学技术知识，掌握基本的科学方法，树立科学思想，崇尚科学精神，并具有一定的应用科学处理实际问题、参与公共事务的能力。科学素质是人们在社会生活中参与科学活动、创新活动的基本条件。尊重科学的态度，科学学习的欲望，探索科学的行为，科学知识的掌握，科学思想的理解，科学方法的运用，拥有科学精神和解决科学问题的能力，都决定着创新的成效。智商包括多个方面，如观察力、记忆力、想象力、分析判断能力、批判思维能力、应变能力等。例如，埃隆·马斯克的成功就在于，既有科学素养，又有高智商。埃隆·马斯克曾在接受采访时将其成功的原因总结为：受学习物理学的影响，善于从基础和理论层面看待和解决问题，并从中升华出长远的思考。

非智力素质。非智力素质涉及兴趣、动机、情感、意志、性格等方面，不直接承担信息的接收、加工、处理等任务，但直接制约认知过程，在智力素质以外对创新活动起着启动、导向、维持、强化、弥补作用。创新的兴趣，好奇是兴趣的原点，兴趣是创新的源泉。创新的动机，表现为创新的自觉性、主动性、积极性、独立性与创造性等。创新的情感，即怀抱家国情怀。埃隆·马斯克以探索太空、移民火星为梦想。吉利的李书福先是要“造老百姓买得起的好车”，后来转型为“造最安全、最环保、最节能的好车”。创新的意志，它使创新者能够坚定地解决问题、不惧失败。创新的性格，它使创新者能够自我激励、控制情绪、忍受挫折等。

第七节　管理与要求

创新具有的新颖性、未来性、创造性、变革性、价值性、先进性、时间性、风险性、协同性等特点，决定了创新的管理必须针对和适应这些特点。创新实践作为一种特殊的系统工程，决定了创新活动必须满足系统工程的特殊要求。

一、创新的管理

华为、谷歌、埃隆·马斯克等中外典型创新组织和创新者的创新实践表明，创新的管理不同于传统的管理。这些从成功创新实践中提取的创新管理经验，颠覆了我们对管理的理解，可以转化为大家皆可利用的经验。

重设管理原则。重设管理原则，就是推翻既往的管理知识，创造并维持一种新的适合创新人才的工作环境。一是反思企业的管理原则，删除对企业应有组织结构的先入之见，总结对创新人才的管理经验。二是遵守保持扁平等关键管理原则，满足创新人才加深与决策者沟通的需求。三是基于客户需求，进行组织建设、投资决策、人力资源管理等。关键是全盘推翻有关管理的既有知识，重建管理创新人才思考的环境，使创新人才乐于置身其中。例如，埃隆·马斯克的 SpaceX 公司颠覆传统的航空航天企业管理体制，建立并尽可能保持扁平化的组织结构。

重新定义人才。重新定义人才，包括反思传统的人才筛选标准，颠覆传统招聘方式，优化员工结构解决方案等。重新定义人才的前提是，企业给予员工较大的创新自由，员工相对难以管理，需要重新定义人才和人才管理，简化管理问题。一是颠覆传统招聘方式。招聘是团队甚至每一个员工的事情，而不仅仅是管理者的事情。二是摈弃传统的人才筛选标准，如学习成绩、智力水平、毕业院校等，重视责任意识和认真态度。三是以数据为基础建立管理方案。通过基于数据的人力分析，优化员工结构。谷歌将创新人才称为“创意精英”。谷歌的人力部门没有采用传统的人事部或人力资源部等名称，而是叫作人力运营部。名称的变化反映出谷歌人才理念的变化。

重设资源分配。重设资源分配，是指客户（需求）有效地控制企业资源分配模式，从而使得到足够资金、人员支持和管理层关注的新产品开发项目获得成功的机会增加。一是打破传统的创新想法简单地自上而下决策，然后实施决策的过程，依靠团队力量筛选创新想法。二是建立客户（需求）通过资源分配流程控制企业投资方向的机制。例如，华为自1992年起坚持每年以不少于销售收入10%的费用投入研究开发。

管理市场需求。管理市场需求，是指发现具有破坏性产品属性的新兴市场。一是区分技术供应和市场需求，技术供应可能并不等于市场需求。导致破坏性技术在成熟市场不具吸引力的特性，有可能是构成破坏性技术在新兴市场上的最大价值特性。二是开展破坏性技术的商业化运作，发展重视这种破坏性产品的属性的新兴市场。应对破坏性技术变革时，管理者应采取学习和发现战略与计划。例如，华为推出的5G产品解决方案。

管理创新成功。管理创新成功，是指追求持续的、长期的主导地位和影响力。一是始终保持创新的思考方式，从全局出发，促进长远发展，迎接风险。企业已取得的巨大成功会成为削弱自身的利剑，拥有顶尖技术的企业，逻辑上会致力于完善现有技术，继续扩大领先地位。这会导致忽视新想法，阻止持续创新投入。为此，需要重新定义创新。二是应具有预知未来趋势、开发相应技术、创造全新市场的能力。需要持续进行管理变革，使企业管理机制能适应突发的、重大的技术变革，能够推进持续的创新，包括：流程管理变革及企业信息化建设；人力资源管理变革；财务管理变革；与竞争对手共同发展，共同创造良好的生存空间，共享价值链的利益。例如，柯达虽然其组织机制足以统治影像市场，但没能妥善应对数码相机带来的威胁。

二、创新的要求

创新实践是一种特殊的系统工程。系统工程是组织管理系统的规划、研究、设计、制造、试验和使用的科学方法，是一种对所有系统都具有普遍意义的方法。引申到创新领域，创新系统工程是对创新活动进行规划、组织、协调和控制的科学方法，包括创新战略定位、创新研发投入、创新文化建设、管理决策优化等因素。作为一种特殊的系统工程，对创新实践提出了战略上坚持系统性、长期性、整体性；价值取向上坚持用户导向、需求导向、问题导向；坚持自主创新与开放协同并行；坚持技术创新与市场创新并行等特殊要求。

要求管理者定位于牵引实现组织目标。创新型企业中，管理者的定位和职责是牵引实现组织目标。一是高层管理者应定位于牵引实现组织目标，系统分析思考，调动资源，制定、优化制度和流程，落实监管。二是高层管理者致力于提供创新者充分施展的平台，培育鼓励创新、促进创新的环境。

要求员工定位于奋斗者和创新者。创新型企业中，员工应定位于奋斗者和创新者。一是企业文化氛围和创新环境牵引员工以企业的使命和价值观为自身的道德感和价值观。二是员工以奋斗为本，企业以奋斗者为本。

要求市场体系重视建立普遍客户关系。创新型企业中，要建立能够实现有效客户沟通的市场体系。一是研发体系也应建立有效的客户关系。二是将创新活动与客户新需求、新市场、新出现的问题等相结合，使创新发挥爆发性的推进力量，创造新的经济价值、提高生产力、增强军事力量，改造自然，直至改造整个社会活动。

要求组织结构随着环境变化优化调整。研发体系的战略队形和组织结构要随着环境变化进行调整和变化，不能僵化、教条，实现流程化组织建设。一是处理好管理创新与稳定流程的关系，保持稳定的流程，强调继承与发扬。二是对事负责制，而不是对人负责制。强调以流程型和时效型为主导，减少在管理中不必要、不重要的环节。三是坚持改进、改良和改善，对企业创新进行有效管理。

第二章

导弹的创新

研究武器装备和导弹装备的特殊性，对于把握导弹创新的规律和特点，掌握导弹创新的原则和方法，驾驭导弹创新的活动和实践，具有十分重要的意义。相对于民用产品，武器装备由于其特殊的用途而具有特殊性，这就决定了武器装备的创新与民用产品的创新既有联系又有区别。相对于一般武器装备，导弹装备由于其特殊的形态、功能和运用而具有特殊性，这就决定了导弹的创新与一般武器装备的创新既有共性特征又有典型区别。

第一节　导弹的特殊性

导弹作为武器装备的一种类型，既具有武器装备的共同特征，又具有导弹装备的特殊属性。武器装备作为军用产品，属于特殊的产品，既具有一般产品的共同属性，又具有武器装备所独具的特殊属性。研究武器装备相对于民用产品的特殊属性，分析导弹装备、导弹武器系统、导弹作战体系、导弹作战运用相对于一般武器装备的特点，预判导弹装备与导弹作战运用的发展趋势，能够为探究导弹创新相对于一般武器装备创新和一般民用产品创新的特殊性奠定基础。

一、武器装备的特点

武器装备作为一种产品，既具有民用产品研发过程中的普遍特点，又在目的性、主体性、复杂性、使用性、保障性等方面具有军用产品的特殊属性。

目的性。民用产品的研发目的是满足人民生活需要、占有市场、赚取利润，武器装备的研发目的是满足军事斗争需要、战胜敌人、赢得战争。目的的不同，产生民用产品和武器装备本质的差异。

军事斗争需求的高端性、战胜敌人的对抗性、赢得战争的艰巨性，“召之即来、来之能战、战之必胜”的常备性，武器装备、作战体系、力量运用的复杂性，部队与装备、平时与战时、域内与域外的协同性，使得武器装备性能和质量要求更高，技术和组成更复杂，周期费用更大，技术和作战保障更困难。

主体性。武器装备组成的复杂性和运用的对抗性，决定了其在研发、生产、交付、使用的全过程中，对研发和使用的主体提出了更高的要求。

对于研发主体而言，只有具备一流的科技人才队伍、完备的科研生产体系、丰富的系统工程经验、全产业链条的协作配套供应体系、全寿命周期的跟踪服务保障能力，才能够担当研发主体的职责。因此，武器装备的研发主体需要高端的资质，需要国家的投入和政策扶持，需要数十年日积月累的成长。所有这些，都不是民用产品研发主体轻而易举所能够具备的。

对于使用主体而言，众多的高新技术、精细的维护保养、精准的操作使用、复杂的战场环境，以及在作战对抗中面临枪林弹雨的环境、血肉横飞的场景和支离破碎的体系，需要军队这个使用主体必须具备坚强的意志、稳定的心理、技术的素养、熟练的技能、坚强的体魄和高度的协同，需要“一不怕苦、二不怕死”的战斗精神，需要运筹帷幄、决胜千里的高超指挥，需要军民融合、源源不断的战争潜力。所有这些，都不是一般民众轻而易举所能够具备的。

复杂性。战争的对抗性首先表现为武器装备的复杂性。武器装备的战技性能和通用质量特性要求高，装备的差距往往决定了战争的胜败。因此，在论证和研发武器装备过程中，往往通过选用最先进的技术和工艺来保证性能，通过复杂的组成和结构来保证通用质量特性，从而造成武器装备组成和技术的复杂性。这种复杂性也是武器装备寿命周期费用高的根本原因。

使用性。武器装备无论是在平时还是在战时都需要频繁地使用和动用。由于使用武器装备的人员大多是战士，这就要求武器装备的操作使用尽可能简单，要求武器装备具有优良的用户体验，要求武器装备更加好用、实用和耐用，要求武器装备具有更好的使用性。激烈的战场对抗、复杂的测试操作、紧迫的作战任务，要求指战员必须熟练掌握武器装备，不断提升操作本领，学会各种异常情况下的应对处置。这些特殊的使用要求，造成武器装备操作使用上的复杂性。

保障性。武器装备的保障包括技术保障和作战保障、平时保障和战时保障，武器装备的保障性决定了武器装备的出动率、在航率、戒备率和完好率。武器装备技术的复杂性带来技术保障的复杂性，武器装备系统组成和作战运用的复杂性带来作战保障的复杂性。平时的频繁使用和动用带来维护保养的复杂性，战时的战损和毁伤带来恢复保障的复杂性。信息化战争、体系与体系的对抗、智能化战争的复杂性将会带来技术和作战保障复杂性的几何级数增长。

二、导弹装备的特点

导弹装备是指依靠自身动力装置推进，由制导系统控制飞行、导向目标，以硬杀伤战斗部摧毁目标、以软杀伤战斗部瘫扰目标、以功能载荷执行侦察通信等任务的武器装备。相对于一般武器装备，导弹装备具有长期储存、一次使用、全程对抗、自主智能的特点。

长期储存。导弹装备自交付之日起一般有 10～20 年的寿命周期。在寿命周期内，除非遇到训练演习和训练任务，导弹装备通常储存于仓库之中，在规定的储存条件下，处于“休眠”状态。

长期储存给武器装备和作战运用带来三个方面的特殊要求：一是储存寿命的长短，决定了导弹装备的寿命周期；二是储存期内性能和能力的保持，决定了导弹装备的通用质量特性；三是从储存状态升级为战斗状态，决定了导弹装备“召之即来，来之能战，战之必胜”的能力水平。储存期间免测试、原位升级装填转运、储运发一体保障，是导弹装备长期储存的发展趋势，对导弹装备性能和通用质量特性的要求进一步提升。

一次使用。导弹装备从发射到命中目标的过程是一次性的，不可能中途召回，反复使用。导弹装备从交付到最后的作战运用还会经历多次反复的升级测试、转载运输、平台装载和发射测试等过程，这些过程是可逆和多次性的。一次使用的装备带来装备使用保障过程中的三个突出特点：一是进入战斗状态后的不可维修性；二是装备性能的高可靠性；三是完成作战准备的快速性。

模块化功能组件、软件定义产品功能、导弹的协同作战运用，是未来导弹装备的发展趋势，对导弹装备的技术构成和使用流程的要求进一步提升。

全程对抗。导弹装备一经进入作战准备直到命中目标的全过程，始终处于攻防对抗的博弈环境之中。这种博弈对抗体现在 OODA（观察、调整、决策、行动）作战链条的快速闭合上，体现在导弹装备的生存能力、突防能力、抗扰能力、打击能力、毁伤能力上，体现在导弹飞行的全弹道过程之中。

导弹装备的抗袭扰、抗发现、抗识别、抗拦截、抗干扰，是导弹装备发展始终不变的主题。

自主智能。导弹装备从诞生之日起，就是依靠系统和体系自主完成打击任务。在打击过程中，较少和不依赖人为的介入和干预。导弹装备作战运用的自主性是导弹装备的固有属性。

导弹智能打击体系的构建、导弹自主发现识别攻击目标、导弹在线规划和决策弹道及任务，是导弹自主智能发展的趋势，对导弹作战的智能化要求进一步提升。

三、导弹武器系统的特点

导弹武器系统是由导弹及其配属的各种装备和设施组成的武器系统，主要包括导弹装备、导弹发射装备、导弹引导装备、导弹指控装备、导弹保障装备五大部分。导弹武器系统是独立执行作战任务的最小实体作战单元，一般装载于导弹作战平台。导弹武器系统相对于一般武器系统具有专属化、一体化、模块化、简单化、兼容化、主体化的特点。

专属化。导弹武器系统是为完成导弹准备、瞄准、发射、命中任务而专门构成的任务性系统，这就决定了导弹武器系统相对于一般武器系统在组成和功能上的特殊性。导弹武器系统的组成相对独立、功能相对单一，不同种类的导弹一般具有不同的导弹武器系统，不同作战任务一般运用不同的导弹武器系统。

一套武器系统适用多种导弹、一种导弹武器系统适装多种作战平台、一类导弹武器系统适应完成多样化作战任务，是导弹武器系统的发展趋势。

一体化。导弹武器系统的构建以追求发挥导弹最大作战效能为目标，这就决定了导弹武器系统相对于一般武器系统在一体化设计理念上的特殊性。导弹与导弹武器系统其他组成部分、导弹与导弹作战平台采取一体化设计，保证了导弹武器系统的一体化发展、建设和运用。

导弹武器系统内部之间、导弹武器系统与作战平台之间、导弹武器系统与作战体系之间一体化构建和运用，是导弹武器系统的发展趋势。

模块化。不同类型导弹武器系统的组成单元功能相近、组成相似，这就决定了导弹武器系统相对于一般武器系统在模块化设计理念上的特殊性。导弹武器系统组成单元的模块化设计，保证了导弹武器系统作战运用的模式化、升级改造的便利化、即插即用的标准化。

简单化。导弹武器系统追求简单化设计，这就决定了导弹武器系统相对于一般武器系统在便利性上的特殊性。导弹武器系统力求功能单元最少、使用保障最便利、规模生产最快捷。

兼容化。导弹武器系统追求兼容化设计，这就决定了导弹武器系统相对于一般武器系统在适应性上的特殊性，实现了导弹武器系统对系列化发展导弹的向上和向下兼容，保证了导弹升级改造的适应性。

主体化。长期以来导弹武器系统只是作为作战平台的一个组成部分而存在，这就决定了导弹武器系统相对于作战平台来说，是作战平台的配属，这在一定程度上制约了导弹武器装备作战效能的发挥。今后的发展趋势是，导弹武器系统成为作战平台的主体，作战平台的其他系统围绕着支撑和保障导弹武器系统的作战运用而体现价值。

从导弹武器系统相对于其他武器系统在组成、功能、设计理念等方面的特殊属性看，导弹武器系统的创新相对于一般武器系统的创新起点更高、难度更大、更不容易找准创新的方向和着力点。

四、导弹作战体系的特点

导弹作战体系即导弹精确打击体系，它是构建OODA作战环中各作战力量的集合，一般由预警侦察装备、指挥控制装备、导弹打击装备组成。其中，预警侦察装备主要包括天基、空/临空基、海/潜基、陆基预警侦察装备，主要承担导弹精确打击的发现、分类、定位/跟踪、瞄准和评估任务。指挥控制装备主要包括天基、空/临空基、海/潜基、陆基指挥节点装备，主要承担导弹精确打击的判断决策、指挥控制和信息融合、任务分发。导弹打击装备主要包括各类导弹武器装备，主要承担导弹精确打击的攻击/拦截任务，以及辅助性的预警侦察、指挥控制任务。

根据打击目标的不同，导弹精确打击体系分为进攻性导弹精确打击体系和防御性导弹精确打击体系两类。进攻性导弹精确打击体系由进攻性导弹打击链所包含的装备体系构成。进攻性导弹打击链表述为“发现—分类—定位—瞄准—打击—评估”六个过程。防御性导弹精确打击体系由防御性导弹打击链所包含的装备体系构成。防御性导弹打击链表述为“发现—分类—跟踪—瞄准—打击—评估”六个过程。两者的区别在于定位和跟踪的手段不同以及信息运用方式的差异。

导弹作战体系相对于一般作战体系具有支撑性、通用性、分布性、组合性、冗余性等特点。

支撑性。导弹作战体系的要素、功能和能力服从和服务于导弹作战的需要，这就决定了导弹作战体系相对于一般作战体系在能力上的特殊性。由于导弹的种类广、型号多，作战控制范围更广、运用空间更多，因此，导弹作战体系的能力更强，可以覆盖导弹作战的全时空。

通用性。导弹作战体系的要素可以支撑不同类型装备、不同性质任务、不同打击目标、不同战场环境的作战需要，这就决定了导弹作战体系相对于一般作战体系在通用性上的特殊性。导弹作战体系在要素构成上具有顶层需求的一致性、支撑范围的广泛性、保障要素的兼容性。

分布性。导弹作战体系与导弹武器系统呈松耦合连接方式，一般通过信息链路构成网络化和信息化的体系样式，这就决定了导弹作战体系相对于一般作战体系在作战运用上的特殊性。导弹作战体系的各要素一般呈分布式部署，在作战运用时向导弹装备聚焦。

组合性。导弹作战体系可以实施灵活的剪裁和组合，构建满足特定作战任务的不同类型导弹的作战体系，这就决定了导弹作战体系相对于一般作战体系在要素调整上的特殊性。导弹作战体系能够支撑不同的作战任务，可以根据作战任务灵活调整体系构成要素，导弹作战体系是执行导弹作战任务的最基本的体系构成。

冗余性。导弹作战体系是由多种武器、多类作战要素组成的冗余系统，这就决定了导弹作战体系相对于一般作战体系在可靠性上的特殊性。导弹作战体系具有冗余性，这既是完成导弹作战任务可靠性的需要，也是构建导弹作战链路可用性的保证。

从导弹作战体系相对于其他作战体系在能力、运用、通用性、要素调整、可靠性等方面的特殊属性看，导弹作战体系的创新相对于一般作战体系，创新内容更多、涉及要素更广、体系性更强、方式方法更灵活。

五、导弹作战运用的特点

导弹作战运用是指为达成作战目的，在精确打击体系的支撑和支援下，导弹从发现作战目标开始到命中目标、进行打击效果评估、组织后续导弹打击等一系列导弹作战的行动。

导弹作战运用相对于其他武器装备的作战运用在夺取空间差、时间差和能量差方面具有特殊性。

夺取空间差。导弹作战的空间差主要包括导弹作战体系的发现空间差、分类/识别空间差、定位/跟踪空间差、瞄准/指控空间差、打击空间差和评估空间差等。夺取导弹作战的空间差就是形成己方能够打击敌方、敌方不能够打击己方的导弹作战空间优势。创造、捕捉和利用导弹作战的空间差，是导弹作战的制胜机理，是导弹作战的灵魂所在。随着导弹射程的增加和导弹控制范围的增大，导弹作战的制空间差能力与其他武器装备，特别是平台类武器装备制空间差能力趋近和相当。

夺取时间差。导弹作战的时间差是指攻防双方导弹作战体系的 OODA 作战环的闭环时间差。而 OODA 作战环的闭环时间是指导弹作战体系完成观察（observe）、调整（orient）、决策（decide）、行动（act）作战环所需要的时间，它是观察时间、调整时间、决策时间和行动时间的累加。随着导弹飞行速度从亚声速、超声速到高超声速，导弹作战的制时间差能力已经远远超出其他武器装备，特别是平台类武器装备的制时间差能力。

夺取能量差。导弹作战的能量差是指导弹作战的数量差、质量差、效能差和潜力差。数量差主要体现在规模上，质量差主要体现在实战能力上，效能差主要体现在取得的战果与所付出代价的比值上，潜力差主要体现在一个国家的综合实力和战争潜力上。导弹作战的能量主要包括导弹作战的认知流和能量流。能量的形态主要有机械能、化学能、热能、光能、辐射能、电磁能、原子能等。导弹作战的能量决定了导弹作战的打击范围、机动速度、突防能力、毁伤能力和持久能力，是改变和保持时间差、空间差能力的基础和前提。

从导弹作战运用相对于其他武器装备作战运用的特点看，导弹装备夺取时间差、能量差的能力远远高于其他武器装备，夺取空间差的能力随着导弹射程的增加，已经与平台类武器装备趋近和相当。这样，导弹作战运用的创新相对于其他武器装备作战运用的创新，意义更重大。导弹装备能否创新发展，导弹装备能否创新运用是未来战争能否“打得赢”和“战之必胜”的前提和基础。

第二节　导弹创新的概念与本质

导弹创新既具有一般创新的共性，又具有自身的特性。这就决定了导弹创新在概念内涵和本质特征上具有特殊的规定和意义。了解和掌握导弹创新的概念和本质，对于正确驾驭导弹创新的内涵和根本具有重要意义。

一、导弹创新的概念

导弹创新是通过发展新的导弹技术，提出新的作战概念，形成新的导弹作战体系、新的导弹武器系统、新的导弹装备、新的导弹作战流程、新的导弹作战样式等，最终为导弹创造新能力的实践活动。

导弹创新的历史就是导弹更新换代的发展史。导弹装备的发展从第二次世界大战开始，到目前为止，正在经历第五代导弹发展阶段。导弹的创新集中于导弹的物质流、能量流、控制流和信息流的“四流”方面，体现于导弹作战能力的提升和作战运用的丰富。

第一代导弹及其创新。第一代导弹诞生于第二次世界大战末期。第一代导弹源于火箭技术和飞机技术的创新发展。第一代导弹的物质流是那个时期的作战阵地和作战平台；能量流是液体火箭发动机和爆破型战斗部；控制流是原始的导弹制导控制；没有信息流形态。

第一代导弹的创新体现在从有人到无人飞行、从火炮的近距离到导弹的远距离、从概略杀伤到精准杀伤的技术进步，实现了导弹装备和导弹作战的从无到有的原始创新。

第二代导弹及其创新。第二代导弹发展始于 20 世纪 60 年代中期，源于计算机与电子技术的创新发展。第二代导弹的物质流是那个时期的作战平台；能量流是固体发动机和聚能型、穿甲型、爆破型等战斗部；控制流是增加了末制导的导弹制导控制；没有信息流形态。

第二代导弹的创新体现在机动性能、制导性能、毁伤性能的大幅提高，实现了导弹发射后不管的作战样式和创新突破。

第三代导弹及其创新。第三代导弹的发展始于“冷战”末期的20世纪80年代，源于红外成像、雷达、毫米波、激光、地形匹配等精确制导技术，以及隐身技术、先进动力技术的迅速发展。第三代导弹的物质流是那个时期的作战平台；能量流是高能固体发动机和聚能型、穿甲型、爆破型、侵彻型等战斗部；控制流是采用复合制导技术的导弹制导控制，控制流流量增加，流速加快；具备了信息流雏形，在体系与平台、导弹之间初步建立了双向流动。

第三代导弹的创新体现在生存能力、突防能力、打击能力的显著增强，体现在信息流从无到有所带来的信息化作战概念和“外科手术式”导弹作战样式，实现了精确制导作战成为重要战争样式和手段的原始创新。

第四代导弹及其创新。第四代导弹的发展始于20世纪末期，源于网络等技术的发展。第四代导弹的物质流是那个时期的作战平台；能量流是高能、钝感、低特征信号的固体发动机和增加了直接碰撞杀伤的新型战斗部；控制流全面实现多模复合制导，流量增加，控制更稳定、更直接；信息流由双向树状结构发展为网络化结构。

第四代导弹的创新体现在网络化制导、控制、指挥和协同作战能力方面，体现在信息流结构的改变所带来的作战信息能够在作战体系的不同作战实体之间流动，从而创造的导弹体系作战的新能力。

按照导弹“四流”发展趋势和技术发展，第五代导弹向智能化方向发展，源于人工智能、大数据、深度学习等海量信息处理技术的发展。第五代导弹的物质流将增加智能化特征的无人化平台；能量流向高能量、低易损、低特征、低成本、宽适应动力技术方向和具备高能量、软硬杀伤能力的战斗部技术方向发展；控制流与信息流将融为一体。第五代导弹的创新主要体现在导弹智能作战方面。

二、导弹创新的本质

从导弹的创新发展历程可以看出，随着代际增加，导弹的生存能力、突防能力、打击能力、快速反应能力、多任务处理能力等不断提升，导弹的发展始终以作战能力的提升为根本，能力提升是导弹创新的核心内容。因此，导弹创新的本质就是创造导弹新能力。而创造导弹新能力的手段包括升级技术、完善系统、健全体系、增加维度、减小尺度、增强联系等方面。

升级技术。导弹“四流”技术的发展突破带来导弹两种类型的升级发展。一是“四流”技术群的全面突破，引发导弹升级换代；二是“四流”技术的线性进步，引发导弹改进提升。

完善系统。导弹武器系统的完善经历了从无到有、从复杂到简单的发展过程。从无到有阶段，武器系统构成逐步完备和合理，各系统功能和配合更加完善，导弹装备从单一的导弹逐步发展成为规范的导弹武器系统。从复杂到简单阶段，武器系统的主要功能逐步向导弹回归，导弹的自主能力逐步替代武器系统的其他功能，导弹武器系统更加简洁。

健全体系。随着导弹射程的增加和任务难度的提升，导弹作战链条和OODA作战环逐步形成，导弹作战体系得以建立和健全。导弹作战体系的发展经历了从简单到复杂、从复杂到简单的发展过程。

从简单到复杂阶段，体系要素逐步增加，体系结构逐步合理，体系能力逐步闭合，形成体系作战和对抗能力。

从复杂到简单阶段，随着导弹自主智能技术的发展进步，导弹在体系中的长板优势得以发挥，作为平台的功能和能力开始显现，体系的功能逐步向导弹作战平台转移，体系从必不可缺的作战要素逐步演变成为支撑性和保障性要素。

增加维度。导弹作战的维度增加体现在四个方面：一是“四流”维度的增加，“四流”的内涵和能力不断提升；二是作战域维度的增加，从传统的陆、海、空、天、网、电域向“三深一极”、认知域等新型作战域拓展；三是制导维度的增加，从时域向频域、极化域发展，从单一制导向复合制导发展，从主被动雷达和光学红外探测向导弹“眼耳鼻舌身意”的“六觉”发展；四是导弹多域和跨域作战能力增强。

减小尺度。一体化、模块化、集成化技术的发展，以及简化设计思路的采用，使导弹在相同作战能力条件下的尺度和重量不断减小。尺度和重量的减小为内埋式弹舱的装填、为提高装填和发射密度提供了可能。

增强联系。随着网络信息技术的发展，导弹的作战运用不再是“单兵作战”。导弹不仅可以在平台的支持下进行作战，还可以组成蜂群进行协同作战，可以与体系直接耦合进行协同作战，可以在其他作战平台支持下进行协同作战。导弹作战的联系范围更加广泛和紧密，这种联系为导弹的群体智能创造了前提和条件。

三、导弹创新的规律

导弹创新的规律反映的是导弹的发展历程中内在的、本质的、稳定的、反复出现的必然联系，决定着导弹创新发展的必然趋势。导弹创新除具有一般创新活动普遍具有的斗争性、统一性、相对性、发展性、引领性、目标性、突破性等共性规律之外，还具有反映自身特点的目标性、对抗性、自主性、协同性、效能性、趋同性等特殊规律。

目标性规律。目标性规律体现在三个方面：首先体现在创新的目标要紧紧围绕导弹作战能力的提升和发展上；其次体现在导弹的创新始终围绕新型威胁目标的出现而发展，从亚声速到高超声速、从飞机到导弹、从地面目标到水下和天基目标，这些目标的升级换代引发攻击该目标的导弹原有能力的缺陷暴露和新型能力的需求生成；最后体现在导弹打击多种类目标完成多样化任务上。

对抗性规律。导弹作战始终处于强对抗环境之下，导弹生存、突防、抗扰和打击能力始终是导弹发展的出发点和着眼点。无论导弹如何创新，提升四大能力的核心主题不能改变。一方面要立足作战对手进攻能力和防御能力的现状和发展提高，做到应对自如；另一方面要使己方的导弹作战给对手的进攻和防御造成的麻烦和代价提升，始终把握对抗博弈的主动性。

自主性规律。自主智能既是导弹的固有属性，又是导弹的发展方向。导弹的创新要始终沿着这个方向发展，不能有丝毫的偏离和摇摆。第一，导弹作战概念要符合自主智能的要求；第二，导弹作战体系要适应自主智能的作战；第三，导弹装备的发展要提升自主智能的在线能力。此外，导弹技术的发展和应用要做到自主可控，不能使主动权掌握在别人手里。

协同性规律。导弹的发展历史是一个从简单到复杂的发展过程，不断地做"加法"，不断地添加功能，使得第四代导弹已经成为全能的"特种兵"，技术和成本发展到了"天花板"。随着导弹协同作战和分布式作战概念的兴起，把一发导弹的完整功能分散到多发导弹之中，将多发导弹协同起来共同作战，仍可以达到或超过原有导弹的作战能力。分布式协同作战将导弹的发展向做"减法"、简化、低成本方向转变。导弹的创新发展要适应和跟上这种转变，不能再继续走功能堆砌、打造"特种兵"的老路。

效能性规律。导弹作战作为最基本、最常用、最灵活、最有效的作战样式，将成为未来战争的基本作战形态。相对于平台中心战，导弹作战的效能是影响导弹中心战成败的制约因素。导弹创新必须遵循效能性规律。效能性规律体现在：第一，从追求导弹成本降低向打击成本降低转变，使导弹成为使得起、用得起的武器装备；第二，从能量毁伤向定制毁伤转变，把目标的"失基、失性、失能、失联、失智”作为毁伤的重要模式；第三，从导弹的饱和攻击向导弹作战制胜机理转变，通过导弹作战战法的灵活运用，实现出其不意、攻其不备的高效打击。

趋同性规律。技术的发展进步使得导弹弹种之间的区别趋于模糊。过去通过细分导弹种类和功能实现导弹作战任务的覆盖，现在和未来将依靠导弹的模块化、任务的多样化、体系的兼容化、功能的定义化、构型的组装化实现弹种和型谱的合并和精简。导弹创新不能使得弹种的分类越来越多，而是朝着统一、兼容、精简的方向发展。一是简化型谱；二是通过模块化换装实现功能重新定义；三是弹道和外形可重构。

第三节　导弹创新的分类与特点

导弹创新与武器装备创新和民用产品创新既有联系又有区别。导弹创新的分类依照导弹发展的形态进行区分。导弹创新的特点依照导弹创新实践的经验总结进行提炼。了解和掌握导弹创新的分类与特点，对于分类指导导弹创新实践、符合导弹创新特点要求具有重要意义。

一、导弹创新的分类

按照导弹形态和创新进步的幅度不同，导弹创新可划分为基本型创新、发展型创新、移植型创新、交叉型创新、吸收型创新五类。

基本型创新。导弹基本型是导弹跨代发展的原型装备。基本型装备新技术多、创新面广，是作战概念、装备形态、运用样式的全面创新。

发展型创新。导弹发展型是在基本型的基础上，依靠技术的线性进步带来导弹战技性能同步增长的装备。发展型装备采用新技术少、创新面不大，对导弹装备的发展没有跨代的影响，是局部的导弹创新。

移植型创新。导弹移植型是在基本型的基础上，为适应从其他作战平台装载发射的条件和环境，对导弹进行适应性改进和创新的装备。移植型创新集中于新平台、新环境、新的作战域的适应性改进上。

交叉型创新。交叉型创新是将两类导弹的优势和特点实施兼容并蓄，从而产生兼具两类导弹特点的新型导弹的创新类型。将弹道导弹与飞航导弹的优势和特点相结合，就会产生滑翔式导弹。交叉型创新将会产生新的作战能力。

吸收型创新。吸收型创新包括引进装备的消化吸收再创新、国外装备的跟踪研仿、国外先进技术的借鉴等。这是过去发展导弹装备的重要途径和方法。

二、导弹创新的特点

总结导弹创新实践的经验，可将导弹创新的特点归纳为前瞻性、借鉴性、针对性、渐进性、竞争性等。

前瞻性。前瞻性创新是指基于对未来战争形态的清醒判断，对未来对手能力的准确把握，对导弹装备发展规律的全面洞察，对导弹作战制胜机理的深刻理解，对导弹作战概念的超前研究，所开展的探索性、预见性、连续性的创新活动。

借鉴性。借鉴性创新是指瞄准军事强国的导弹武器装备，所开展的追赶性、跟踪性、研仿性的创新活动。

针对性。针对性创新是指针对出现的新威胁、新能力、新对手、新目标、新体系，立足制衡所开展的创新活动。

渐进性。渐进性创新是指依靠技术的线性进步，通过技术升级实现导弹装备能力的线性增长，所采取的“小步快跑”、逐步改进的创新活动。

竞争性。竞争性创新是指在竞争态势下，为夺取竞争的胜利，所开展的超常性、颠覆性、独具性的创新活动。

第四节　导弹创新的原则与方法

导弹创新的原则立足于打赢未来战争、赢得导弹中心战的基本要求，阐明导弹创新必须遵循的准则。导弹创新的方法立足导弹创新的成功实践经验，进行归纳总结，由个别上升为一般。了解导弹创新的原则和方法对于正确把握创新的方向和要求，科学运用导弹创新的方法和手段，具有重要意义。

一、导弹创新的原则

导弹创新的原则除遵循创新的一般原则之外，更应遵循制衡打赢原则、设计战争原则、非对称发展原则、扬长避短原则、克敌制胜原则、力量聚焦原则、制胜机理原则。

制衡打赢原则。制衡打赢原则是指瞄准强敌、确保打赢，强敌怕什么我们就搞什么。

设计战争原则。设计战争原则是指创造未来战争的形态和需求，占据未来战争制胜制高点。

非对称发展原则。非对称发展原则是指发展非对称的装备手段和作战运用手段，构建导弹作战的空间不对称、时间不对称、力量不对称和运用不对称。

扬长避短原则。扬长避短原则是指发挥我方的优势力量、优势手段、优势装备、优势的战场时空，避开强敌的优势和锋芒，发挥我方的长板优势。

克敌制胜原则。克敌制胜原则是指瞄准强敌的“阿喀琉斯之踵”，发展针对性的杀手锏装备和手段，实现一招制敌。

力量聚焦原则。力量聚焦原则一方面是指聚集研发力量和资源，加快实现导弹装备能力的创新发展；另一方面是指在作战运用上实现集中优势火力打体系破击战。

制胜机理原则。制胜机理原则是指遵循导弹作战夺取空间差、时间差和能量差的基本作战准则，指导导弹的创新实践。

二、导弹创新的方法

战争形态随着历史的发展不断演进：原始战争的武器主要为木棍石头，冷兵器战争的武器主要为刀枪剑戟，热兵器战争的武器主要为枪炮弹药等。以上3个战争阶段主要追求延伸臂膀、提升力量。机械化战争时代的武器主要为飞机、坦克、军舰等，该战争阶段主要追求延伸腿脚、提升速度。信息化战争的主要武器为C^4KISR（指挥、控制、通信、计算机、杀伤、情报、监视、侦察）网络，该战争阶段主要追求延伸耳目、提升洞察力。智能化战争的主要武器为无人自主平台，该战争阶段主要追求延伸代理、提升智能。目前战争从机械化向信息化转变，同时智能化发展趋势已十分显著，必须围绕创新发展这一核心，以设计未来战争作为基点，以研究需求作为出发点，以实战能力作为重点，以解决短板瓶颈作为抓手，以重新定义创新、作战概念创新、回归原点创新、技术洞见创新、“三化”减法创新、目标放大创新、化整为零创新、军民融合创新、突出长板创新、指南针式创新十类导弹创新方法为指导，开展导弹创新。

（一）重新定义创新

重新定义创新是指重新定义导弹装备、重新定义导弹武器系统、重新定义导弹作战体系、重新定义导弹流程、重新定义导弹作战运用等。

1. 重新定义导弹装备

重新定义导弹装备是指针对现有装备性能水平达到极致的情况，通过重新定义装备的本质特性，达到大幅提升装备水平的目的。应用重新定义方法可以生成相应的新型导弹装备，从而牵引导弹装备作战能力的大幅提升。利用重新定义方法形成的新型创新装备可以起到对原有装备的逐步替代的效果。重新定义导弹装备包括重新定义需求、重新定义概念、重新定义能力、重新定义形态、重新定义途径、重新定义设计、重新定义生产、重新定义保障八个方面。

重新定义需求是指充分利用导弹的飞行、探测、通信等固有能力，拓展导弹的使用范围，从火力打击以外的维度，探索导弹新的作战模式，从而促进形成创新产品。其主要包括重新定义任务需求、能力需求、环境需求、型谱需求和规模需求。

重新定义概念是指通过概念的设定，牵引出一系列导弹的发展，使导弹能够满足一段时间内的发展需求，主要包括重新定义时间类概念、空间类概念、信息类概念和实战类概念。常见的时间类概念牵引生成的导弹装备，包括弹族化导弹、系列化导弹和模块化导弹。

重新定义能力是指在已有装备基础上，通过技术重组，大幅提高装备性能，实现装备能力的颠覆。重新定义能力可以生成相应的新型导弹装备，实现装备作战能力的大幅拓展。其主要包括重新定义快速反应能力、生存能力、突防能力、打击能力、抗干扰能力。

重新定义形态是指通过打破现有装备固化形态的桎梏，通过对装备物理形态的突破，达到大幅提升装备水平的目的。重新定义形态可以生成相应的新型导弹装备，从而牵引导弹装备作战能力的大幅提升。其主要包括重新定义导弹认知流形态、导弹能量流形态、导弹信息流形态和导弹控制流形态。

重新定义途径是指针对当前面临的具体问题进行的有针对性的创新。这样的创新更具有针对性，会产生较好的实际效果。重新定义途径也包括通过吸收借鉴其他型号、其他弹种、其他行业的设计与技术，以他山之石攻己之玉，实现技术的跨域运用，达到装备性能的快速提升。其主要包括重新定义问题导向、实战导向和吸收借鉴。

重新定义设计，设计是导弹产品生产的源头，是产品从无到有的起点。重新定义设计侧重对导弹设计方法和技术体制的创新，从导弹的源头进行重新定义，可以产生颠覆性较强的创新产品。其主要包括重新定义构型、弹道、控制、毁伤和推进。

重新定义生产，生产是导弹最终由设计方案变为实物产品的重要环节。重新定义生产旨在对导弹的生产制造方法、生产制造流程进行拓展，寻找新型的生产制造方式，从而提升导弹的生产制造效率，降低生产制造成本。其主要包括重新定义生产方式、生产标准和生产链条。

重新定义保障，保障是导弹由产品形成到最终发射过程的重要环节。重新定义保障旨在对导弹在设计阶段进行创新，提升导弹储存保障的便捷性，通过有针对性地探索新型的技术体制，提升导弹储存寿命，降低导弹保障条件，便于战场环境下的使用维护。其主要包括重新定义技术保障和作战保障。

2. 重新定义导弹武器系统

重新定义导弹武器系统是指从解构传统的武器系统经典构型入手，通过系统要素、系统形态、系统能力等多方面的创新和重新定义，实现导弹武器系统能力的倍增。其主要包括重新定义系统使命任务、重新定义系统作战能力、重新定义系统构建、重新定义系统运行形态和重新定义系统兼容五个方面。

重新定义系统使命任务是指通过对导弹武器系统的使命和任务进行拓展、聚焦，实现导弹武器系统最小作战单元、最基本作战能力的重构与提升。重新定义系统使命任务的方法分为纵向法、横向法和综合法三种。

重新定义系统作战能力是指通过重构传统导弹武器系统能力要素，牵引导弹武器系统设计与实践的创新，促进导弹武器系统作战能力的提升。重新定义系统作战能力的方法主要包括机动力重构法、火力重构法、信息力重构法、指控力重构法、防护力重构法和保障力重构法六种。

重新定义系统构建是指重构武器系统组成要素和各要素的构建方式。导弹武器系统要素一般由侦察探测、指挥控制、火力打击、综合保障等装备组成。传统的导弹武器系统构建方式是要素孤立、要素间紧耦合，武器系统工作时各要素在功能上不可分割、不可替代。重新定义系统构建，通过改变系统组成要素、改变系统要素的构成方式与形态、创新系统升级与替代方法等，实现导弹武器系统的要素与形态重构，并通过重构实现导弹武器系统作战能力的提升。重新定义系统构建的方法可分为改变要素法、改变构成法、升级重构法、替代重构法四种。

重新定义系统运行形态是指充分利用当前正在迅猛发展的人工智能、大数据、5G、量子科技、生物科技等先进前沿技术，通过改变传统导弹武器系统作战运用规则、流程与样式，颠覆传统导弹武器系统设计研发范式，实现导弹武器系统作战能力提升的创新方法。重新定义系统运行形态主要涉及人工运行、半自动运行、自动运行、自主运行和混合运行五种形态。

重新定义系统兼容是指导弹武器系统在创新过程中要明确其发展定位，要注重新系统架构与现有系统架构的兼容，可以实现一种武器系统平台对多种功能要素、多种运用载荷的兼容，还可以实现对同系列其他种类系统要素的兼容、不同类型导弹武器系统的兼容运用。系统兼容既可以纵向兼容，又可以横向兼容，主要包括探测制导兼容、指挥控制兼容、火力打击兼容和发射平台兼容四种。

3. 重新定义导弹作战体系

重新定义导弹作战体系是指通过对导弹武器作战体系的概念、能力、组成、关系、形态等进行重新定义，使得传统导弹作战体系呈现出体系架构柔性、作战资源分散、力量运用灵活、建设效益跃升等特征的方法。重新定义导弹作战体系主要包括重新定义体系使命任务、重新定义体系要素、重新定义体系构建、重新定义体系运行机制、重新定义体系弹性和重新定义体系融合六个方面。

重新定义体系使命任务是指对导弹作战体系的使命和任务进行拓展，以实现导弹作战体系攻防一体联合作战能力的重构与提升。重新定义体系使命任务的方法分为使命提升法、任务拓展法和功能综合法三种。

重新定义体系要素是指智能化作战体系感知力、认知力和行为力三要素的重新划分。重新定义体系要素就是要从均衡发展、弥补短板、突出长板三个方面入手发力。

重新定义体系构建是指通过改变导弹作战体系要素组成架构、体系要素构成形态及体系要素构成关系等，实现导弹作战体系架构、模式、形态和运用关系的重构，进而提升导弹作战体系的作战能力。重新定义体系构建的方法可分为架构重构法、形态重构法、自主重构法三种。

重新定义体系运行机制是指对导弹作战体系各要素关系和运行方式的重构。运行机制是指在导弹作战体系的作战运用中，影响这种运用的各要素的结构、功能及其相互关系，以及这些要素产生影响、发挥功能的作用过程和作用原理及其运行方式。重新定义体系运行机制的方法包括关系重构法、流程重构法和规则重构法三种。

重新定义体系弹性是指改变导弹作战体系的组成架构、运行方式等，以实现导弹作战体系在作战运用灵活性、作战对抗的生存性等方面的提升，进而提升导弹作战体系适应战场变化、保持作战长久可靠的能力。重新定义体系弹性的方法可分为冗余备份法、自身增强法、预置柔性法、相对增强法和自主弹性法五种。

重新定义体系融合是指为了更大限度地降低导弹作战体系设计开发与建设运用的资源需求，通过军民融合方法，实现感知资源、指挥控制与通信资源、综合保障资源和基础设施、技术资源等的军民一体化运用，从而提升导弹作战体系建设效益。重新定义体系融合的方法可分为感知融合法、指控融合法、保障融合法和基础融合法四种。

4. 重新定义导弹流程

重新定义导弹流程是指重构导弹从研制到最后走向战场的全过程，包括研制流程、使用流程和保障流程。在导弹装备的实际使用中，研制周期、生产成本、作战反应、保障维护等装备性能最为部队所关心，通过重新定义导弹装备各个阶段的流程，突破现有的流程框架，提升这些部队最为关心的装备性能。重新定义导弹流程主要包括重新定义导弹研制流程、重新定义导弹使用流程和重新定义导弹保障流程三个方面。

导弹研制流程创新的根本目的是更新当前研发流程中一些不适应新形势下导弹武器研发、拖累导弹武器研发效率的管理机制，进一步提高导弹武器的研制速度，以适应当下多需求、快节奏、激烈竞争的武器装备研发现状。重新定义导弹研制流程包括重新定义设计流程、重新定义验证流程和重新定义生产流程。

导弹使用流程创新的根本目的是进一步压缩OODA作战环的闭环时间，按“召之即来、来之能战、战之必胜”三个阶段，通过对作战流程的压缩、合并，利用一些创新的方法，缩短整个作战流程的时间。重新定义导弹使用流程主要包括重新定义环节、重新定义次序和重新定义样式。

导弹保障流程是指导弹装备的技术保障和作战保障，以及技术和作战保障的平时保障和战时保障。重新定义导弹保障流程是指从持续保持导弹作战能力出发，通过技术和作战保障流程的优化和再造，进一步简化保障要素、压缩保障流程，增强保障的针对性和有效性。重新定义导弹保障流程主要包括重新定义技术保障流程、作战保障流程和融合保障流程。

5. 重新定义导弹作战运用

重新定义导弹作战运用是根据导弹系统、导弹武器系统、导弹作战体系等形态的重构，以高效达成作战目的为目标而进行的导弹作战创新运用与发展，从而提升导弹作战能力的新方式。重新定义导弹作战运用包括重新定义夺取空间差、重新定义夺取时间差、重新定义夺取能量差三个方面。

夺取空间差是导弹作战重要的制胜机理。重新定义夺取空间差是指除传统的夺取导弹作战空间差之外，针对未来战争的新形态和武器装备的新发展而出现的新的夺取空间差的方法。其主要包括分辨法、多域法、异域法和精度法四种。

夺取时间差是导弹作战重要的制胜机理。重新定义夺取时间差是指除传统的夺取导弹作战时间差之外，针对未来战争的新形态和武器装备的新发展而出现的新的夺取时间差的方法。其主要包括剥夺长板法、先发制人法、优势决胜法和精准控制法四种。

夺取能量差是导弹作战重要的制胜机理。重新定义夺取能量差是指除传统的夺取导弹作战能量差之外，针对未来战争的新形态和武器装备的新发展而出现的新的夺取能量差的方法。其主要包括以多制少法、打击潜力法和定制毁伤法三种。

（二）作战概念创新

作战概念创新主要包括威胁应对法、能力塑造法、对手定制法、技术突破法、集成颠覆法、作战构想法、组合设计法七种方法。

威胁应对法是指针对敌方作战优势对己方形成的不对称威胁，通过寻找和打击敌方作战体系的薄弱环节和短板瓶颈，抵消和剥夺敌方威胁的作战概念生成方法。

例如，美军“空海一体战”作战概念就是为了应对中俄等国家“反介入/区域拒止”能力，确保其在全球公域的行动自由而提出的。

威胁应对法应用的主要步骤包括：把握威胁、瞄准痛点、立足现有、重塑能力、培育概念等。

运用威胁应对法，威胁是作战概念生成的“温床”，应对威胁首先要研究威胁、找出威胁的软肋，要以我之长克敌制胜。

能力塑造法是指从作战力量构成的要素出发，将整体作战能力分解成若干有机联系的子能力，确立子能力发展的方向和目标，重新构建和生成新的作战能力的作战概念生成方法。

例如，“电磁频谱战”作战概念是美军为抢占电磁空间这个新的作战空间和战略制高点而提出的。

能力塑造法应用的主要步骤包括寻找能力突破点、延伸能力长板优势、布局新质作战能力、制定长远战略规划、深化作战概念研究等。

运用能力塑造法，需要拓展新空间、认识新空间、利用新空间、控制新空间、占领新空间。

对手定制法是指对标现实的或潜在的战略对手，以打赢与对手的未来战争为根本出发点和最终目标，为对手量身定制战略方针、作战体系、武器装备和作战运用的作战概念生成方法。

例如，美军的“马赛克战”作战概念就是为了弥补其作战能力短板瓶颈，有效应对中国和俄罗斯逐渐增强的军事实力，准备未来的大国对抗而提出的。

对手定制法应用的主要步骤包括分析战略形势、研究战略对手、选择发展重点、制定专项规划、加强系统推进等。

运用对手定制法，战略判断是基础，方向选择是关键，专项计划是手段，赢得优势是根本，创新变革是保证。

技术突破法是指依靠新技术的发展进步和突破成熟，使武器装备和作战体系产生新的能力增长和突破，从而引发作战样式和战争形态改变的作战概念生成方法。

例如，美军的“无人机蜂群作战”概念就是为适应未来智能化战争形态，构建分布式作战能力而提出的。

技术突破法应用的主要步骤包括从现实出发梳理原点问题、从技术出发认清突破可能、从原点和突破出发提出作战概念、从作战概念出发推进系统工程、从作战能力出发加强推演验证等。

运用技术突破法，需要增强对技术突破影响的敏锐性，强化解决痛点问题的创新性，加强作战概念研究的牵引性，注重作战能力生成的系统性，丰富作战概念拓展的适应性。

集成颠覆法是指基于既有成熟技术、平台、系统、体系等作战要素，通过融合、协同、集成等方式，实现作战能力显著提升的作战概念生成方法。

例如，“海上分布式杀伤”作战概念是美军为解决前沿和集中部署带来的易被发现、易被打击问题而提出的。

集成颠覆法应用的主要步骤包括：分析敌方体系的短板瓶颈，敌人怕什么我们就搞什么；分析我方体系的长板优势，长板是什么我们就搞什么；立足我方现有的作战体系，创新重构和运用体系；研究非对称作战力量结构，你打你的，我打我的；运用导弹作战的制胜机理，构建空间差和时间差优势；开展体系检验和能力评估，完善新型作战力量。运用继承颠覆法，需要从追求创新到聚焦能力，从原始创新到综合创新，从攻防结合到攻防一体。

作战构想法是指综合分析与作战相关的政治、经济、文化、外交、军事，全球、区域、地缘、态势等要素，构建贴近实战的典型作战场景，然后根据作战场景牵引生成新型作战概念的方法。

例如，“多域战”作战概念是美军为应对在陆上、海洋、空中、太空、网络空间、电磁频谱等作战域面临的竞争和对抗而提出的。

作战构想法应用的主要步骤包括分析作战要素、构建典型场景、推演作战过程、分析能力需求、提出作战概念等。

运用作战构想法，需要关注强敌作战意图，依靠场景牵引作战概念。

组合设计法是指利用威胁应对法、能力塑造法、对手定制法、技术突破法、集成颠覆法、作战构想法中的两种或两种以上方法，综合提出新型作战概念的作战概念生成方法。

例如，“穿透性制空”作战概念是美军针对传统制空作战面临的代价高、难度大等问题而提出的新型制空作战概念。此概念借鉴的是导弹突防概念，目的是让对手的防御系统看不见、辨不清、拦不了实施穿透的空中作战力量。

应用组合设计法的主要步骤包括面向需求分析不同创新方法应用方案、基于要素分析不同作战概念相互关系、基于效能选择不同创新方法融合方式等。

运用组合设计法，必须以作战目的为牵引，以威胁环境为条件，以现有力量的创新运用为前提，以颠覆作战能力为目标。

（三）回归原点创新

基本概念。回归原点创新是指从事物的本质问题（也称原点问题）出发，直接寻求解决问题方法途径的创新方法。回归原点创新强调两点：一是梳理原点问题，把需要解决的众多问题回归至事物的本质，梳理出第一性问题，即原点问题，就像就医治病一样，首先是进行诊断，病因即是原点问题；二是直接寻求解决方法，从原点问题出发，不是采用原有方法的挖潜、已有途径的借鉴、别人做法的比较，而是遵从科学的第一性原理，在所有可能的解决途径和方法之中，直接筛选出解决原点问题的最优方法途径。

回归原点创新是由埃隆・马斯克运用第一性原理提出的创新方法。马斯克运用该方法创造了特斯拉汽车、SpaceX 火箭、天基互联网卫星、管道飞行列车等众多的商业奇迹，显示了回归原点创新方法的巨大威力。

创新原理。第一性原理最早是古希腊哲学家亚里士多德提出的，其表述为：在每个系统探索中存在第一性原理，第一性原理是基本的命题和假设，不能被忽略和删除，也不能被违反。

埃隆・马斯克认为：我们运用第一性原理，而不是比较思维去思考问题是非常重要的。我们在生活中总是倾向于比较，对别人已经做过或者正在做的事情我们也都去做，这样发展的结果只能产生细小的迭代发展。第一性原理的思想方式是用物理学的角度看待世界，也就是说一层层拨开事物表象，看到里面的本质，再从本质一层层往上走。

回归原点创新的本质是：回溯事物的本质，重新思考怎么做。

创新方法。一是需求原点创新。需求原点创新等同于作战概念创新，通过提出新的作战概念，形成新的作战需求，牵引和推动武器装备的发展、进步和创新。二是技术原点创新。从需求原点出发，寻找新的技术途径原点，形成新的武器装备总体方案，形成新的武器装备作战能力。三是制造原点创新。从技术原点出发，通过采用创新的制造工艺和流程，压缩制造周期，降低制造成本，提高制造质量。四是保障原点创新。从恢复和保持战斗力出发，一方面通过创新技术途径减免武器装备保障需求；另一方面通过保障的原点设计，提高保障的快速性和有效性。

创新应用。埃隆・马斯克创办 SpaceX 时，认为今天火箭的工作方式实在不合理，就好比你乘坐一架飞机前往目的地的唯一方式是背个降落伞包从目的地上空直接跳下去，然后你的飞机则坠落在其他地方。我们现在用的大多数火箭就是这么回事，实在愚蠢至极。完全、快速的可重复利用性是我们进军太空的制胜法宝，是向前迈进的基石——没有可重复利用的火箭，我们无法成为多行星物种。基于这样的认识，马斯克将可重复利用作为“猎鹰－9”火箭原点问题。从这一原点问题出发，“猎鹰－9”火箭通过标准发动机并联实现推力的组合，通过打破传统最佳级间比的约束、打造能够提供90%以上运载能力的一级火箭、运用成熟的姿轨控技术整体回收并重复使用一级火箭，实现火箭运载能力的跃升和运载成本的倍减。

潜射战略导弹是“三位一体”战略力量的重要组成部分。水下发射技术成为制约潜射战略导弹发展的关键。解决潜射战略导弹从水下出水面的出水载荷问题，传统的做法要么是采取抑制产生出水载荷的因素、要么是采取硬抗出水载荷的作用，这两种方法都需要付出很大的代价。苏联科学家另辟蹊径，采用主动空泡技术消除了出水载荷影响，走出了一条实用管用的水下发射技术道路。

美军率先采用舰载垂直发射系统装载和发射各型导弹，就是对原有倾斜发射、一型导弹一型发射装置问题的原点创新解决方案。

美军提出并正在发展的“飞行挂架”，就是解决空空导弹“先敌发现、先敌发射、先敌命中、先敌脱离”的原点创新解决方案。

（四）技术洞见创新

基本概念。技术洞见创新是指创新运用现有成熟技术、实现能力颠覆的创新方法。技术洞见创新强调两点：一是立足现有的技术、装备、手段和方法，而不是发展新的技术、装备、手段和方法；二是通过创新地运用现有技术提升能力，而不是通过采用新的技术发展能力。

技术洞见创新由谷歌公司提出并率先运用，在公司的创新发展中发挥了重要作用。谷歌运用该方法推出了谷歌眼镜、谷歌浏览器、安卓操作系统等广受欢迎的产品，显示了技术洞见创新方法的巨大威力。

技术洞见创新的本质是充分挖掘现有技术的潜力和可能性。

创新原理。一是技术具有潜力，虽然现阶段技术本身发展较为成熟，但受到应用领域、应用方式的局限，技术本身的潜力没有被充分挖掘，能力并没有充分释放，还有很大的潜力和释放空间。二是创新运用是挖掘技术潜力的方法，通过创新应用方式、扩展应用范围、集成应用功能等，可以进一步挖掘技术的潜力，实现新形态与新能力。如谷歌将显示屏技术、耳机技术、表情识别技术等与传统眼镜结合，推出了Google Glass眼镜，实现了信息显示、眨眼拍照等实用功能。

创新方法。一是借鉴式技术洞见创新，如美军正在发展的LRASM（远程反舰导弹），其弹体结构借鉴了民航客机的通舱结构设计，从而在不增加导弹尺寸的前提下，实现了导弹射程能力的倍增。二是升级式技术洞见创新，如美军 AIM－9“响尾蛇”系列空空导弹，经过历代的导引头升级、舱体重新设计、发动机改造等手段，形成了目前种类多样、适用于不同作战场景的导弹系列。三是集成式技术洞见创新，如美国 SpaceX“重型猎鹰”运载火箭，其整体由技术成熟的“猎鹰－9”主级并联而成，通过系统集成实现了运载火箭能力的颠覆性提升。

创新应用。为了提高导弹武器装备的作战灵活性，美国海军提出为“标准－6”导弹增加反舰作战能力的计划。2016 年 1 月完成了秘密试验，验证“标准－6”导弹的反舰作战能力。此后，美国于 2017 年投入 29 亿美元用于“标准－6”的生产和改进，并加强了该型导弹的采购力度，支持发展“标准－6”导弹的反舰作战能力。改进后的“标准－6”导弹不仅能拦截来袭反舰导弹和飞机，还可打击水面目标，是基于既有作战能力、运用技术洞见创新实现能力提升的典型案例。

俄罗斯下一代中远程防空反导武器系统 S－500，通过采用新型的发射系统，兼容装载了多型防空反导导弹，可实现对来袭目标的多层次打击，通过配属多型导弹实现能力扩展，是典型的技术洞见创新实现能力提升的案例。

（五）“三化”减法创新

基本概念。“三化”减法创新是指通过做“减法”提升导弹武器装备能力的创新方法，做减法主要通过“三化”来实现，即简化、模块化、一体化。简化是指通过导弹武器装备的组成简化、技术简化、方案简化、使用保障简化等，在保持导弹武器装备主要能力不变的情况下，降低采办和使用成本；模块化是指将原有不同功能的多种组件组成一种模块化的多功能组件，从而减少导弹武器装备的组件数量和复杂程度，进一步提高可靠性和简便性；一体化是指将原有多种不同的功能系统通过一体化设计组成一种新的系统，从而简化武器装备组成和运用。“三化”减法创新是产品创新的通行做法，不仅在民用领域而且在军事领域都有广泛的用途。

创新原理。做“减法”的原理在于“二八准则”。通常武器装备为了追求最后 20% 的性能，往往要付出 80% 的代价。如果我们做“减法”减掉对最后 20% 性能的追求，就可以大大地降低难度、缩短周期、减少成本。

创新方法。一是简化创新，合理简化系统功能，裁撤冗余、无用、效费比低的功能，实现能力减负；二是模块化创新，通过将分系统、功能组件进行模块化封装，结合标准化通用接口，实现模块间的灵活替换，实现功能的扩展与简便保障；三是一体化创新，将原有分散连接的组件或系统一体化封装，提升功能的可靠性。

创新应用。2010 年年初美国空军和 DARPA 联合提出 T3 高速远程导弹计划，为解决导弹对多类目标的近场探测问题，T3 采用导引头与目标终端传感器一体化方式。使用 JDRADM（联合双任务制空导弹）技术，无须独立引信，可在射频导引头上处理波形和运行算法，运用高距离分辨和微分多普勒方法进行目标散射点分离和定向，提供精确末段目标定位。T3 导弹制导引信设计就是采用“三化”减法创新实现一体化设计的典型案例。

英国的通用模块化防空导弹（CAMM）包括通用导弹和标准模块子系统等，为了节约使用费用并简化装备保障，各个型号的很多系统可以通用。武器系统采用开放式结构，便于系统的未来升级，去除未来可能用不上的设备或系统，简化导弹系统构成，提高导弹系统的适装性。这种开放的结构已经在海军区域防空武器系统“主防空导弹系统”（Principal Anti - Air Missile System，PAAMS）的研制中采用，CAMM 系统可以通过修改软件和增加新的设备等进行升级。模块化防空导弹就是采用“三化”减法创新实现模块化设计的典型案例。

（六）目标放大创新

基本概念。目标放大创新是指将创新目标值提高 10 倍，从而激发创新的热情和活力，颠覆原来的技术途径，实现创新突破的创新方法。目标放大创新主要强调两点：一是把目标成倍地放大，而不是百分之几或十几地提升，没有做不到，只有想不到；二是目的是激发创新热情，改变原有途径的挖潜改造，激励寻找全新的技术途径和解决方案。目标放大创新是由谷歌提出和施行的创新方法。谷歌在热气球构建全球互联网服务项目、Google 搜索的不断改进与性能提升等项目上都运用了该方法。

创新原理。目标放大创新的原理基于“天花板”理论。在一种导弹武器装备中，任何一个技术途径和方案所能够达到的性能和水平都有一个“天花板”的高度限制，不可能无限制地提升和增加。这也就决定了原有技术途径挖潜改造的局限性。通过目标放大，逼迫创新者放弃在原有技术途径上延伸式发展，进而寻找其他更好的途径和解决方案，实现装备能力的颠覆性进步和提升。

创新方法。一是能力目标放大创新，将既有项目与设计目标的指标放大 10 倍以上进行创新，牵引形成能力指标的颠覆；二是成本目标放大创新，将完成研究的既定成本压缩为原计划的 1/10，牵引成本控制的创新；三是周期目标放大创新，将既定项目周期压缩为原计划的 1/10，牵引项目推进方式的创新。

创新应用。俄罗斯“鲁道特”防空导弹系统是基于 S - 400 陆基防空系统衍生的海基舰对空防空导弹系统，其单筒可装填4枚9MN6导弹，实现了导弹装载量的大幅提升，这也是目标放大创新的典型案例。

随着武器装备功能复杂性的提升，装备成本呈现显著增长的趋势。例如单架隐身作战飞机达1.5亿美元，这导致美军装备采购量有限，作战使用成本高昂。为有效降低作战成本，提升作战装备数量，美军发展了“无人机蜂群作战”概念，将复杂的功能分散至功能简单、性能有限的小型通用化无人机上，依靠协同作战实现原有作战飞机的能力。蜂群无人机的成本在数百至数千美元量级，且组成蜂群的无人机数量可达上千架，通过成本目标放大与作战装备数量目标放大，实现了新型的作战能力。

（七）化整为零创新

基本概念。化整为零创新是将一种功能完备的导弹武器装备进行功能拆解，将拆解下的各种功能分配到不同的、简化配置的导弹武器装备上，在作战运用时将这些减配的导弹武器装备组成协同攻击的武器装备“团队”，达到超过单一完备的导弹装备能力的目的。化整为零创新主要强调两点：一是化繁为简，将“一”拆解为“多”；二是综“多”超“一”，就是将拆解成“多”的能力综合起来，超过原来“一”的能力。

化整为零创新是人民战争的精髓，我军的“三三制”是分布式作战的鼻祖。

创新原理。化整为零创新的原理是“三个臭皮匠，顶个诸葛亮”。通过由“一”到“多”的功能拆解，到由“多”到“一”的能力综合，实现“一生多”“多胜一”的作战效果。

创新方法。一是任务区分化整为零创新，将作战任务分散至多个系统或装备中，通过协同作战实现原有作战能力，“海上分布式杀伤”就是典型的任务区分化整为零创新的案例；二是能力区分化整为零创新，能力的实现由多种装备协同完成，如“无人机蜂群作战”，将侦察、通信、打击、干扰等能力分散到不同的无人机上；三是样式区分化整为零创新，多类型能力的实现由多种装备配合实现，如“穿透性制空作战”，将整体性制空化解为多个管道式制空。

创新应用。“无人机蜂群作战”概念的核心是将复杂性高、性能先进的作战飞机功能分解到数量众多的小型无人机上，通过无人机的协同作战实现原有作战飞机的功能，这种形态分散、功能集中的思路源于化整为零创新。

美军正在发展的“忠诚僚机”项目旨在将有人作战飞机与无人作战飞机组合形成“长机”与“僚机”协同作战的样式，担任僚机的无人作战飞机可以承担前出侦察、火力打击等作战任务，依靠将作战任务进行功能划分实现了作战能力的提升。

（八）军民融合创新

基本概念。军民融合创新是在导弹武器装备研发时引入民用技术、民用器件、民用设施等，基于民用设备成本、技术更新速度、部署规模等方面的优势，缩短研发流程、降低使用成本、丰富作战样式等。其创新机理是“皇帝的女儿”和“时代的弄潮儿”的结合。

军民融合创新与技术洞见创新具有异曲同工之妙，如果洞见创新中的现有产品既包括军用产品（或技术），又包括民用产品（或技术），也就是说，综合军用产品（或技术）和民用产品（或技术）的功能（或用途）而形成新产品（或新技术、新概念、新方案）。军民融合创新也可以看作洞见创新的一种情况。

军民融合创新可以打破既有装备发展僵化、封闭与缓慢的步伐，引入民用技术在迭代速度、产业规模、大规模检验、成本竞争力等方面的优势，满足现有装备研发追求技术先进性，追求技术成熟度与追求成本优势等需求。同时军用技术在复杂系统构建、装备可靠性实现与高精尖技术组合应用等方面的优势可以推广至民用领域，实现军用技术的更广泛的社会经济价值。

创新原理。军民融合创新的原理是吸收民用技术优势、利用民用设施等，通过引入民用技术、设施在成本、发展速度、发展灵活性上的优势，优化装备能力发展路径、实现新型能力。

创新方法。一是以民掩军的创新，利用民用设施的迷惑性达到作战的隐蔽性，如俄罗斯集装箱高超声速导弹；二是借用民用的创新，通过借用民用设施的部分实体、虚拟组件，实现军事作战应用，如电力载波通信；三是利用民用的创新，民用设施通过一定改造满足军事应用需求，如广播电视雷达（外信号源雷达）。

创新应用。计算机的研发主要是为满足弹道导弹轨道计算、核试验等大量计算的需求，随着技术与能力的发展，其逐渐向商用、民用等领域普及，直到目前广泛普及的个人计算机，这一发展过程体现了军民融合创新产生改变世界的驱动的案例。

GPS 最初起源于美军对定位的需求，但该系统逐渐向公众开放，逐渐形成目前广泛应用于军事、农业、运输、工业等各领域的局面，这也是军民融合的典型案例。

俄罗斯 SS－24 铁路机动洲际导弹是将导弹发射架安装于铁路运载平台上，日常以民用外观进行隐蔽，战时起竖发射，成为利用民用外观进行隐蔽作战的作战样式。

（九）突出长板创新

基本概念。突出长板创新是指在梳理现有产品特征的基础上，围绕该典型特征的产生机理、结构特征、优缺点等加以分析，用其所长，最终形成一个或几个新产品（或新技术、新概念、新方案）的方法。突出长板创新的核心机理是扬长避短。

“全才”装备是作战装备发展的方向，是能力生成的重要途径，但“专才”往往可以在作战中实现出其不意的作战效果，是现代战争实施特殊任务的利器。因而承认装备长板优势带来的能力改变，着力构建满足作战需求的“专才”，可以满足未来多样化体系作战的需求，具备更加多样、灵活与多变的作战实施选择。

创新原理。突出长板创新的原理是“长板效应”，通过发展、运用作战装备、系统与体系的长板优势，实现作战能力的有效发挥。

创新方法。一是培育长板创新，培育潜在的长板，实现能力的跨越；二是发展长板创新，发展已有长板，促进能力进一步升级；三是利用长板创新，利用长板带动整体的能力提升。

创新应用。美国利用其在武器外形、隐身材料等隐身技术上的积累，将隐身作战概念扩展至导弹方面，提升了新型导弹（如LRASM、JASSAM（联合空对地防区外导弹））的隐身作战性能。

俄罗斯在空气动力学、发动机等基础技术领域有深厚的积累，这些技术在导弹装备上被充分发挥，形成了面向不同作战任务的全谱系导弹，使得导弹装备成为俄罗斯军事的中坚力量。如已列装部队的高超声速导弹“匕首”，就是俄罗斯充分发挥其在导弹技术上的长板而成功构建的新型战略威慑武器。

（十）指南针式创新

基本概念。指南针式创新是对一个现有产品按照某种标准梳理出典型特征、结构、功能、难点等，通过分析它们的发展趋势并确立各自的发展目标后，按照科学研究的规律始终不渝地进行探索，最终达成目标的探索过程中形成新产品（或新技术、新的解决方案）的方法。

创新原理。指南针式创新的原理是方向引领，通过专业的分析、讨论、验证等形成正确的认识与方向，以指南、规划、战略等形式实现对技术发展、能力建设与应用创新的牵引。

创新方法。一是技术指南针式创新，即围绕技术发展进行牵引的创新方法，如美定期发布影响未来军事能力建设的关键技术清单；二是能力指南针式创新，即围绕作战能力形成进行牵引的创新方法，如美发布无人系统发展规划，描述了2035年前美军无人作战能力发展路线，牵引相关装备与技术的发展；三是应用指南针式创新，即围绕新型作战应用形成的创新方法，如美各军事智库发布的未来作战场景及作战设想。

创新应用。美军为发展“无人机蜂群作战”能力，发布了“小精灵”项目的需求，三家承包商承接了该项目第一阶段的研究，按照军方需求进行研究。美军经常采用发布应用指南的方式牵引作战概念的发展与成熟。

越南战争结束后，美军为开展下一代空空导弹研制，成立了由有实战经验的空、海军飞行员和后勤人员组成的研究小组，围绕越南战争期间 AIM－7“麻雀”导弹所暴露出的问题，以及未来30年可能出现的各类空中威胁进行讨论研究，并发布了《先进空空导弹的多军种联合作战能力要求》，提出了下一代空空导弹作战能力需求，牵引了后续技术与能力的发展，并孵化了美军第四代空空导弹 AIM－120。

第五节 导弹创新的生态与文化

由于导弹创新主体的特殊性，导弹创新的生态与文化是国防军工系统从事国防科研生产所形成的工作环境和内部制约因素。它不是在一张白纸上对生态和文化的构建，而是在传统生态与文化基础上的重构。从这个意义上讲，导弹创新的生态与文化是国防科研生产传统生态和文化的特区和改良。

一、导弹创新的生态

导弹创新的生态是指适应导弹创新发展的内外环境和条件。研究导弹创新的生态必须首先研究导弹创新发展的阶段性特征。

导弹创新生成阶段。导弹创新生成阶段是指导弹创新的创意提出的过程。任何导弹创新创意的提出都不是一蹴而就的，需要有技术发展成熟的可能、导弹作战形成的需求、现有导弹存在的问题、企业竞争发展出现的危机等各种条件和要素，当这些条件和要素酝酿到一定程度，导弹创新的创意就会“破土而出”。

导弹创新生成阶段的生态具有四个特征：一是自由且民主的学术氛围；二是认真而负责的打赢担当；三是恰当而及时的激励机制；四是灵活而有效的项目支持。

导弹创新丛林阶段。导弹创新丛林阶段是指众多的导弹创新项目按照丛林法则优胜劣汰的过程。在导弹创新项目孕育的初期，在项目相互竞争的环境中，不加干预地任其自由成长，那些不适应环境的创新项目自然淘汰，那些具有优势创新基因的适应恶劣生长环境的创新项目将会自然胜出。这些自然胜出的创新项目是创新发展的重点和方向。

导弹创新丛林阶段的生态应当具有四个特征：一是不揠苗助长和人为间苗，对所有的项目一视同仁，不加干预；二是对自然淘汰的项目即使再喜好，也毫不犹豫地放弃；三是对自然胜出的项目即使再不看好，也要重点发展和支持；四是培育“鲶鱼”项目，激发优胜劣汰的活力。

导弹创新培育阶段。导弹创新培育阶段是指对自然胜出的创新项目重点培育、支持发展，使之成为导弹工程项目的发展过程。这个阶段的导弹创新项目犹如“小荷才露尖尖角”，会遇到许多“天敌”的侵害，需要格外呵护和培育。

导弹创新培育阶段的生态应当具有四个特征：一是移植到特区的“自留地”；二是专门的看管和养育；三是宽容项目的夭折和失败；四是加大“施肥施药”，加强支持，消除“天敌”。

二、导弹创新的文化

导弹创新的文化是指创新组织和个人在导弹创新及管理活动中所创造和形成的具有特色的创新精神财富以及创新物质形态的综合。导弹创新文化能够唤起导弹研制单位和人员不可估计的能量、热情、主动性和责任感，能够实现为导弹创造新能力的创新目标。

民主。导弹创新需要营造民主的导弹创新文化。一是学术上的民主。消除“一言堂”，提倡学术民主、技术民主，让普通技术人员“说话”，实现百花齐放而不应由于某些权威的存在而听不到不同的声音，不应由于“权威”的眼界限制而约束了行业的眼界。二是管理上的民主。在创新项目评审中要多找亮点，少看问题，避免有潜力的创意被评审掉。

包容。导弹创新需要建立包容的文化。一是包容不同意见、不同思路、不同途径，鼓励质疑现有的成熟思路、方法、途径。二是包容失败。既然是创新就可能会失败，在型号研制中的创新应是以预先研究中的创新为基础的，即便是这样，在型号的研制中也可能会出现反复，因此应该做好备选方案或保底方案，多方案并行研究。

鼓励。导弹创新要建立鼓励导弹创新的文化。激励设计人员多提出新思路、新设计、新技术，即使最终证明不成功，也应该鼓励尝试，并且不能因为失败影响创新者后续的发展。导弹的创新在思路上应鼓励发散，不过多受研制经验的束缚，大胆求证。创新不一定能完全解决实际问题，但所有良好的改变均应鼓励，其关键在于积累，单个及群体性创新的不断积累将会使整个国家、行业产生蓬勃的生命力。

宽松。导弹创新需要宽松的文化。一是对导弹创新项目的管理要宽松，不要用型号研制的管理方法对创新项目的进度进行管理，可由项目组自行提出考核节点，并可根据进展状况随时进行调整，不要因为严格考核节点让创新项目中途夭折。二是对导弹创新者的考核要宽松，不以成败论英雄，不要因为严格的考核要求让导弹创新者对创新想法、创新项目望而生畏，失去创新的兴趣。

开放。导弹创新需要开放的文化。一是导弹行业需要开放的工作方式。搞导弹创新需要不断扩大"朋友圈"。光靠一家单位开展创新的眼界是狭隘的，成果也可能是局部片面的，需要有开放包容的态度，在开展导弹创新过程中让"朋友圈"不断扩大，互利共赢。二是导弹从业者需要开放的眼界。军工体制下因保密等因素限制，导弹设计单位技术壁垒较高。要进行导弹创新，应开阔设计人员眼界，技术人才之间的沟通融合是创新的加速器，在不违反保密等要求下，多走出去，与高校、名企、强企进行沟通交流、合作，吸收先进技术及掌握技术发展动向，落实"军民融合""民为军用"。

第六节　导弹创新的阻力与挑战

导弹创新的阻力与挑战同样集中于自我、极限、传统、权威和利益。但由于导弹创新主体、生态与文化的特殊性，导弹创新的阻力与挑战也会有其特殊性。了解和掌握导弹创新阻力与挑战的特殊性，对于克服困难、避开陷阱，有针对性地战胜阻力与挑战，取得导弹创新的成功，具有重要意义。

一、挑战导弹创新的自我阻力

自我阻力体现在三个方面：人有惰性，恐惧失败、恐惧困难，自身局限。因此，挑战自我阻力主要体现在三个方面：一是挑战惰性阻力，首先是要有挑战自我的意识和决心，要敢于走出舒适区，对个人和组织来说都是这样，组织也会存在管理惰性、创新惰性等；其次是要创新制度，通过激励机制等手段打破安于现状局面。二是挑战恐惧阻力，首先是完善风险识别、风险分析、风险规避、风险控制等措施，消除对创新失败的恐惧；其次是通过资源保障、开放协同等手段，不仅从思想上，更从行动上切实解决创新实践中遇到的困难。三是挑战自身局限阻力，首先是引入外脑，优势互补，形成合力，解决单靠自身力量无法解决的问题；其次是提升能力，知识、思维、管理手段、企业文化等全面提升。

导弹创新自我阻力的特殊性主要体现在三个方面：一是指令性问题，当前导弹创新主体的工作模式是按照预先编制的计划根据上级下达的指令开展工作，而导弹创新活动是创新主体出于自发的、出于责任的、出于理想信念的工作过程，而不是由上级下达创新指令，这就需要创新主体克服自身行业指令式工作模式的阻力；二是风险性问题，导弹创新实践的风险更大，导弹创新的文化与生态更加不包容失败，一旦失败，个人的命运、领导的前途、单位的声望都会受到影响，这就需要创新主体克服失去自我荣誉风险的阻力；三是评价性问题，对导弹创新活动的评价应以提高战斗力作为唯一标准，而不应当以为单位赚取利润、拓展领域等局部利益作为标准。

二、挑战导弹创新的极限阻力

极限阻力是指技术上的极限。过去，技术上的极限通常是人为设定的极限。例如，有一种说法：我国的导弹武器能赶上美国吗？能超过美国吗？挑战极限阻力主要体现在四个方面：一是从理论上挑战极限阻力；二是从观念上挑战极限阻力；三是从设计准则上挑战极限阻力；四是从专家经验上挑战极限阻力。

导弹创新极限阻力的特殊性主要体现在四个方面：一是基础理论，我国导弹创新的技术基础薄弱，长期以来导弹装备的跟踪研仿式研发模式导致导弹领域缺乏原创理论，缺乏原始创新的土壤；二是设计准则，我国的导弹研发模式继承于苏联，无论是总体加各分系统的组织形式，还是层层过关式的研发流程，都是为了符合“稳妥可靠、万无一失”的保守设计准则，这与创新所需的包容、自由、民主的生态格格不入；三是传统观念，我国导弹工业的研发思路普遍依靠直接借鉴国外先进的技术成果，这样容易导致对先进技术吃不透，知其然不知其所以然，所以很难突破技术极限，很难进行创新；四是已有经验，我国导弹工业经过数十年发展形成了顺畅的研发程序，积累了丰富的工程经验和良性的管理机制，构建了完善的导弹研制系统工程，但这种技术、管理程序适合工程研制，不适合创新。

三、挑战导弹创新的传统阻力

传统阻力是指传统的文化、传统的观念、传统的组织、传统的做法等对创新的阻碍或束缚。这里的传统观念不仅包括社会经验、思维模式等，还包括受众或用户的认知经验等。挑战传统阻力体现在四个方面：一是挑战传统文化阻力，营造拥有良好创新氛围的社会文化基础，确立鲜明的竞争意识、理性论证、个体独立性等特征，破解重“功名”、重农轻商、重人治轻法治等创新阻碍因素。二是挑战传统观念阻力，传统观念一方面来自人们积累的认识活动经验以及在实践中形成的稳定的思维路线、方式、程序、模式等，要防止并纠正过时的传统观念导致思维的保守和僵化，解放创新思维；另一方面来自受众或用户，让受众或用户接受新的观念或点子是有风险的。无论创新者认为自己的创新多么有意义，都有遇到受众或用户阻力的可能。三是挑战传统组织阻力，建立适于创新的管理体制机制，调动内在发展动力和人的积极性。2018 年全国企业创新调查结果显示，在创新的阻碍因素方面，有 27.7% 的企业家认为"缺乏人才或人才流失"是企业创新的主要障碍。而人才流失与管理体制机制密不可分。四是挑战传统做法阻力，建立鼓励创新、适合创新的流程、规章制度，从资源、人才、成果等多方面保障创新。

导弹创新挑战传统阻力的特殊性主要体现在三个方面：一是文化，我国导弹研制企业的文化是严肃认真、周到细致、稳妥可靠、万无一失，这种文化的核心是不能出错，而创新的特点就是风险性，需要包容失败的生态；二是组织，我国当前导弹研制企业的组织形式是层层审批、层层过关，以防止出错为目的的多层级管理机制，而导弹创新的理念是尽早暴露问题尽早解决，因而导弹创新需要更大包容性的特殊生态、需要更精心呵护的特区试验田；三是做法，我国导弹工业的研发方法是系统工程的方法，是按照从总体到分系统再到设备部件的层层分解的串行工作方式，这样就导致进度慢、效率低、层层留余量，而导弹创新的方法是统筹安排、并行工作的一体化模式。

导弹创新挑战传统阻力还体现在国家军工体制的特殊性方面。在技术发展方面，一是基础科研对工程技术创新发展存在许多瓶颈；二是传统体制限制技术创新应用；三是核心技术和产品还有待形成；四是低成本技术之路还有待探索；五是先进设计方法和技术手段应用不足。在产业链方面，一是传统的科研体系庞大，自我封闭；二是国家基础设施还有待开放；三是市场化、社会化协同还有待探索。

四、挑战导弹创新的权威阻力

权威阻力是指在社会生活中形成的受到他人景仰和服从的权力威望对创新的阻碍，包括领导权威、专家权威和国外的权威。挑战权威阻力主要体现在三个方面：一是挑战领导权威阻力，领导出于任期追求政绩的需要，不愿承担创新的风险，需要通过意志、决心换取理解、支持、接受，打消领导对于创新的顾虑。二是挑战专家权威阻力，首先要尊重权威，要参考专家的权威意见，而不是盲目遵循。最好的办法是用事实说服，打消顾虑和担心，得到支持，用技术上扎实的功底说服权威。其次不搞学术崇拜。牛顿之后，直到 19 世纪中叶，100 多年间英国没有产生物理学和数学大师。实际上，挑战延续多年的传统，往往能走出一条崭新的路子，正如爱因斯坦挑战牛顿力学一样。三是挑战国外的权威阻力，经常有这样的现象：看看“领导怎么说，专家怎么说，国外怎么做”。要打破崇洋媚外心理，不怕权威，有敢于超越国外权威的决心。国外已经做到最先进的水平，也不迷信，敢于突破、尝试。

导弹创新权威阻力的特殊性主要体现在三个方面：一是管理多头，我国导弹研制企业的研发者同时接受两总系统（总工程师、总指挥）、所在部门、机关的领导和军方的管理，这种管理形式是纵向层级多、横向交叉多的纵横交织的矩阵式结构，这种多头管理形式对研发者的约束多、要求多、限制多、考核严格；二是迷信国外，我国导弹工业长期仿制跟随式的发展传统造成了迷信国外的心理，从心理上觉得国外先进，难以超越，当要采用一项新技术、论证一个新项目或研发一种新产品时，头脑中根深蒂固的想法就是首先查看国外有没有同类技术、产品或者项目，如果国外有，从申报者到批准者和决策者似乎心中都有底气，如果国外没有此类研究，不但申报者会打退堂鼓，甚至批准者和决策者也会产生怀疑；三是专家权威，我国导弹领域经过几十年的发展，锻炼成长起来大批导弹技术专家，他们固有的知识和经验，是技术经验、是知识积累，但不是创新的知识和经验，甚至成为创新的障碍，许多创新项目就是由于专家评审投票而遭否决的。

五、挑战导弹创新的利益阻力

利益阻力主要体现在三个方面：自身利益受损、利益格局调整、创新失败的代价。因此，要挑战三个方面的利益阻力：一是挑战自身利益受损阻力，不要被短时利益受损左右，要以长远眼光、战略眼光看待创新的未来发展趋势。二是挑战利益格局调整阻力，一方面，产品更新换代，供应商利益格局调整，需要重新建立供应链；另一方面，创新了产品并不意味着创新成功，创新的本意是创造新价值。创新产品，还要调整市场模式，改变市场格局，实现从技术到应用和价值形成。例如，柯达发明了数码相机，却安于既有胶卷相机市场，惨败在首先将数码相机商业化的索尼手中。三是挑战失败的代价阻力，与避免失败、不愿创新、不敢创新相对，同时进行不同创新，如开展多种经营、创新不同产品，弥补创新失败的代价。

导弹创新利益阻力的特殊性主要体现在三个方面：一是自身利益，当前我国导弹工业的考核评价机制是利润指标，而不是将提升军队战斗力作为考核标准，这种考核评价机制导致导弹研制企业过度地追求产值与利润，从而忽视了从根本上提高战斗力；二是利益格局，导弹工业长期发展已经形成了固有利益分配格局和既得利益者，而导弹创新实践是按照最优方式选择外协、选择系统设备和部件，这将打破原有的利益分配格局，触动既得利益者的“奶酪”；三是失败代价，导弹创新项目一般都是大项目，投入更多，风险更大，一旦失败，代价也更大，不但直接影响上级领导的考核，而且影响单位的声誉。

第七节　导弹创新的思维与素质

导弹创新不是天才的专利，它并不高深莫测，也不是可遇不可求的随机事件。导弹创新是导弹研发者具备一定的思维方式、一定的能力素质，运用一定的方法，遵循一定的原则后，自然而然、顺其自然的工作成果。因此，导弹创新的思维与素质是导弹创新实践的前提与基础。

一、导弹创新的思维

除了科学思维、战略思维、联想思维、发散思维、批判思维、交叉思维、非对称思维、超越思维、综合思维、求是思维外，导弹创新还需要战争思维、问题思维和原创思维。

战争思维。导弹创新所需的战争思维是指为打赢未来战争而进行战争问题观察思考、战争设计和作战筹划的基本思维理念和方式。战争思维是导弹创新实践因势而谋、主动作为的基础，是导弹创新实践脚踏实地、有的放矢的前提。

导弹创新所需的战争思维体现在三个方面：一是打赢思维，即时刻保持从打赢未来战争出发进行导弹创新思考的思维；二是制胜思维，即灵活运用远、快、狠、隐、抗、高的导弹作战制胜机理从事导弹创新的思维；三是技战思维，即牢固树立技术研发与战术运用相结合开展导弹创新的思维。

问题思维。导弹创新所需的问题思维就是不断从导弹研发过程中发现问题的思维方式。发现问题是解决问题的前提，是创意产生的基础，是创新发展的动力。

导弹创新所需的问题思维体现在三个方面：一是从暴露的问题进行思考的思维，这样能够有目的地开展创新活动，确定创新的内容；二是从短板瓶颈进行思考的思维，这样能够有针对性地发展创新，找到创新的方向；三是从敌人的问题进行思考的思维，也就是找到敌人的“七寸”“死穴”，这样有利于选择导弹创新的着眼点。

原创思维。导弹创新所需的原创思维就是杜绝仿制的观念，按照独立自主、自行设计、自行研发的发展模式思考导弹创新实践活动的思维方式。原创思维是导弹创新的土壤，是实现跨越式发展的支柱。

导弹创新所需的原创思维体现在三个方面：一是开展原始创新，原始创新是摆脱照搬跟随的根本思维方式和行为标准；二是从事原点创新，原点创新是追根溯源的原创式思维方式和实践活动；三是加强基础研究和作战概念研究，为原创思维提供思想内涵和理论依据。

二、导弹创新的素质

习近平主席在出席全军装备工作会议时强调指出，现代战争制胜的决定因素是人。随着国防科学技术的飞速发展，装备技术因素对于战斗力的影响也在与日俱增。有鉴于此，如何将人的因素与装备的因素更为紧密地结合就成为当前军事斗争准备需要探讨的一个重要课题。

纵观整个军事领域，世界各国在武器装备创新研发层面的差距，也集中体现为国防科技创新专家、人才的能力素质差距，这深刻地制约着国防科技创新发展的核心竞争力以及新型武器装备的研制进程。对于导弹创新，情况同样如此。导弹创新者是实现导弹创新的基础和重心，而导弹创新者的能力素质则直接关系到导弹创新的发展进程和前景。作为武器装备发展的引领者，导弹创新者既有一般创新者应具备的普遍素质，也具有区别于一般创新者的特殊素质，主要体现在对前沿科学军事应用前景的敏锐洞察力、支撑导弹武器装备跨越发展的决策支撑力和跨学科跨领域交叉的融会贯通力。

对前沿科学军事应用前景的敏锐洞察力。前沿科学军事应用前景的敏锐洞察力是洞悉前沿科学军事应用价值的捕捉力，是预判前沿科学与武器装备创新之间转换关系的直觉力。这种洞察力体现在三个方面：一是深厚的基础科学功底，这是武器装备创新者具备敏锐洞察力的必要条件。但凡预言基础科学成果的军事应用方向并获得成功的科技专家，都是科技史上开拓领域与引领方向的顶尖人才。二是对军事应用的前瞻眼光。前沿基础科学是一个充满探索性和不确定性的领域，要准确预判前沿领域最新进展的军事应用轨迹，必须对军事应用具有前瞻的眼光。三是对国家与民族利益的崇高责任感。只有基于爱国主义的朴素情感和对国家肩负责任的使命感，创新者才会自觉地将基础科学领域的研究成果与军事需求相契合，才能拨开重重迷雾找到前行的方向。

支撑导弹武器装备跨越发展的决策支撑力。支撑武器装备跨越发展的决策支撑力是指从导弹装备层面为国防科技颠覆式创新提供对策、建议、意见等辅助决策的能力。这是导弹创新的重要素质之一。

这种决策支撑力体现在两个方面：一是战略选择能力，在从战略高度综合考虑各方面影响因素的基础上，对武器装备长远发展方向、发展目标及发展方式进行选择，为优先发展的目标与方向进行辅助决策。二是时间窗口意识，决策历来与速度和机遇联系在一起。导弹创新者应当善于从国际军事博弈层面，把握发展的机遇期，提供建设性决策支撑。

跨学科跨领域交叉的融会贯通力。跨学科跨领域交叉的融会贯通力是超越学科体系、超越领域界限的综合创造力，是导弹创新者必备的素质之一。这种融会贯通力体现在两个方面：一是在不同学科、不同专业之间进行交叉融合；二是从“科学、技术、工程”三位一体的视角融会贯通。

第八节　导弹创新的管理与要求

从前面的分析可以看出，导弹创新的意义更加重大，需求更加迫切；同时，导弹创新的生态与文化更加保守，导弹创新工作者面临的阻力和挑战将更严峻。因此，导弹创新之路并不是一帆风顺、一蹴而就的。如何在现有导弹创新生态与文化的约束下，如何在导弹创新阻力与挑战短时间内也无法消除的情况下开展创新实践活动，如何使长期从事传统技术开发的导弹研发者不再对导弹创新望而却步，并具备一定的导弹创新能力，正是导弹创新的管理与要求。

一、导弹创新的管理

导弹创新的管理，本质就是进一步培育有利于导弹创新的生态与文化，逐步建立能够激励导弹创新者克服阻力迎接挑战的机制。据统计，美国权威科学杂志《自然》中的1 000篇文章里只有一两篇文章涉及的项目能获得成功。管理者要形成一种允许失败的观念，就是对创新要有非常大的支持和宽容度。创新不是一蹴而就的事，创新需要投入、需要执着，甚至需要狂热，创新努力几乎总是包含着反反复复的试错和不断学习，急功近利、限期成功的管理机制都是不切实际的。管理者应该宽容失败，赞美成功，欣赏努力，逐步培育建立导弹创新的文化和生态。具体来说体现在以下方面。

培育导弹创新生态。

在技术生态上，为导弹研发者创建简化、自主、自由的工作氛围。一是简化对导弹研发者的管理结构，改变当前导弹设计人员同时接受型号队伍、所属研究室、机关各部门的管理和领导的状况，建立项目负责人制，赋予项目负责人相关的管理权和自主权，简化工作流程，创造宽松的工作氛围；二是树立容许失败的观念，创新不是一蹴而就的事，创新需要建立配套的规章制度，支撑开展长期的有效探索；三是完善激励机制，要以导弹创新思维的培养、导弹创新素质的养成、导弹创新创意的提出、导弹创新任务的完成等作为标准确立激励机制，而非岗位、职位、职务等。

在管理生态上，为导弹研发者创建高效的管理制度和程序。一是简化行政管理制度，构建垂直化、扁平化、小而高效的项目办公室，以灵活的商业公司体制和高效的小型团队开展科研活动；二是简化审批程序，避免繁文缛节对科研进度的影响，避免项目间不必要、不合理的人力资源利用，给导弹设计师实际动手直接解决问题的机会；三是控制时间成本，减少管理与设计人员在不必要的报告、会议上的时间，同时编制合理、紧凑的进度安排，提前考虑可能发生的延期或返工。

建立导弹创新文化。营造有利于导弹创新的世界观、人生观、价值观的文化。一是完善竞争机制，把竞争作为国防科技创新发展的基本手段，进一步营造竞争环境、扩大竞争范围、完善竞争规则，通过竞争树立正确的导弹创新世界观，正确看待导弹创新的实践活动；二是改善监督机制，质量检验体系通过军方标准，风险管理方面减少无意义的规定，只将关键性能参数作为需求加以规定，其他次要性能参数只定义目标，不必完全达标；三是健全评价机制，不以项目成败作为评价导弹创新实践的标准。

克服导弹创新阻力。营造有利于克服导弹创新“五个阻力”的工作氛围和文化。

在克服自我阻力上，一是克服小我思想，在创新实践中放弃个人眼前利益，树立正确的导弹创新世界观、人生观和价值观；二是放弃大我观念，在导弹创新实践中放弃以型号队伍、部门、单位等小团队利益为出发点的观念，着眼于战争的成败，着眼于国家和民族利益。

在克服极限阻力上，一是克服技术极限。在管理与考核上引导导弹创新工作者乐于挑战技术极限。没有做不到，只有想不到，只有建立不满足于当下的管理体制，才能不断挑战现有成就，挑战技术极限。二是克服进度极限。在管理机制体制上鼓励在最短的时间内完成研制工作，在论证之初就充分考虑研制过程可能遇到的风险和不可预测状况，避免进度一拖再拖的状况。三是克服成本极限。在管理上提倡成本意识，解决好重复性试验验证、缺乏寿命周期成本总体考虑等因素带来的成本攀升问题，降低成本，使导弹装备成为部队“使得起、用得起，敢使、敢用”的撒手锏武器装备。

在克服传统阻力上，一是克服技术传统阻力。在管理上创造开发、民主、自由的氛围，鼓励导弹研发者大胆质疑长期形成的技术经验、标准流程以及技术权威，宽容新观点、新技术、新方案与传统技术的冲突。二是克服用户传统阻力，扭转用户以“性能”为核心的武器装备试验检验标准，为用户构建面向实战的武器装备试验与考核评价方法。三是克服文化传统阻力，引导导弹创新工作者克服传统文化在自身的局限性，以建功立业为己任，以国家利益为重，不计个人得失，不怕失败，挺身而出，坚持己见，为导弹创新的方向、技术和项目奔走游说。

在克服权威阻力上，一是克服技术权威阻力。在管理上引导导弹创新者想前无古人之思想，做前无古人之事业，鼓励导弹创新者乐于说出有悖于现有技术传统与观念的新思想、新想法、新观念。二是克服行政权威阻力，在机制体制上建立导弹创新者敢说话、能说话，不怕说错话、不怕做错事的氛围。三是克服迷信国外的心理。在导弹创新实践中，管理者和决策者要摒弃头脑中长期形成的首先查看国外有没有同类技术、产品或者项目的做法。

在克服利益阻力上，一是克服利益分配阻力。上到国家对单位的审查机制体制，下到单位对个人的考核评价，都要确立基本型系列化的导弹发展之路，避免从管理上造成各单位为保持自身利益而形成的谱系多、型号繁杂和军兵种割裂、不通用的局面。二是克服行业分工阻力。从国家对导弹行业的管理上，打破当前按照研发的导弹的作战任务进行分工的格局，而是建立“大一统”的导弹管理观念。导弹作为武器运用，并无进攻和防御的属性，往往都是攻防兼备的。承担进攻任务的导弹，也必须具备防御性能，以保证自身生存。承担防御任务的导弹，也应该具备打击的性能，毕竟打击是最好的防御。

二、导弹创新的要求

导弹创新的要求实际上就是要求导弹创新工作者在现有约束和限制条件下，从哪些方面着手，按照怎样的思路，运用什么样的方法从事具体的导弹创新工作。

首先，导弹作为一种产品，具有一般产品创新的普遍特点和规律；但是导弹作为一种武器装备，因其产品、系统、体系特点的特殊性，因其使用环境的特殊性，因其用户的特殊性，因其研发过程的特殊性，具有特殊的创新原则和方法，需要对此进行学习并加以运用，建立导弹创新的思维方式和方法体系，建立导弹创新的理论工具，为导弹创新奠定方法论基础。

其次，从导弹的研制过程看，从概念论证、方案设计到试验验收，每个环节都至关重要，关系导弹产品的性能和导弹作战的能力。因此，导弹的创新应该体现在研制流程的各个环节，应该研究导弹作战概念的创新，研究导弹作战体系的创新，研究导弹武器系统的创新和导弹的创新。

再次，从导弹的作战流程看，导弹作战是由观察、调整、决策和行动组成的 OODA 作战环的闭合过程，其中每个环节的手段、方式、时间、效果都直接影响作战结果。因此，导弹的创新发展应该研究 OODA 作战环的各个环节，研究 OODA 作战环的闭合过程，也就是研究导弹作战流程的创新。

最后，从导弹的战场运用看，导弹武器装备具有固定的使用方法、使用条件和使用要求，但是，在复杂、恶劣、残酷的战场条件下，导弹武器装备能否超常规运用决定着战争的最终走向，因此，导弹创新发展应该研究导弹作战运用的创新。

第三章
导弹作战概念创新方法

追随式的作战能力建设与装备发展，主动权在别人手中，使得能力的形成滞后、装备发展困难突出。从装备发展与技术进步的角度进行战争设计，将使作战能力受限于技术的发展，需求端对技术的引领作用不足。我国正在努力建设一支世界一流军队，传统的跟随式、伴随式发展将难以满足实战能力的发展要求，必须革新思路，从学习战争、设计战争向创造战争进行转变，立足我国军事需求、装备基础、技术发展、作战优势等，发展出诸如闪击战、航母作战、“外科手术式打击”等经典作战形态，引领未来战争潮流，实现能力超越。作战概念是牵引作战形态发展的重要手段，是全面反映战场组织方式的集合，开展导弹作战概念创新将直接改变未来作战的格局。

导弹装备自第二次世界大战末期诞生以来，经历了四代发展历程。世界主要军事大国正在进行第五代导弹的研制发展和第六代导弹的概念论证。推动导弹升级换代的主要力量有两个方面：一是技术的发展和变革推动，如动力技术、制导技术、材料技术的发展等；二是导弹攻防作战的需求牵引，如远程、快速、突防、精准、高效的作战要求等。在导弹发展的早期阶段，技术推动是导弹升级换代的主要因素。随着导弹远程、快速、精准、高效技术的突破发展，导弹性能的逐步提升，导弹作战体系的成熟完备，满足多样化作战需要的牵引已经成为导弹发展的根本动力。作战概念是引领作战形态改变的源头，作战概念的领先和发展成为一个国家军事力量强大的重要标志。

美军自第二次世界大战以来，不断提出新的作战概念，牵引了武器装备的建设发展和部队的作战方式，如“空地一体战”“信息化作战”“网络中心战”“外科手术式打击”“空海一体战”“分布式作战”“非对称作战”“穿透性制空”“无人作战”“智能作战”“马赛克战”等作战概念，不仅引领了战争样式的发展趋势，更为建立强大的一流军队指明了方向。美军的作战概念有四重含义：一是反映某一作战理论精髓要义的核心理念，如“全球一体化作战”；二是反映联合作战行动核心要素和特点的标识符，如“空海一体战”；三是反映具有战略构想意义的行动指南，如“海上分布式杀伤”；四是反映占领新的战略制高点的联合行动，如“电磁频谱战”。本章系统研究美军几十年来生成和提出作战概念的有关背景、方式方法、演变过程和实战运用，结合我国研究作战概念的经验体会，归纳形成生成作战概念的七种方法。

第一节　威胁应对法

威胁应对法是指针对敌方作战优势对己方形成的不对称威胁，通过寻找和打击敌方作战体系的薄弱环节和短板瓶颈，抵消和剥夺敌方威胁的作战概念生成方法。应用威胁应对法可以生成相应的作战概念，从而牵引军队作战力量的建设重点和方向。美军“空海一体战”作战概念的提出就是采用威胁应对法的典型代表。剖析“空海一体战”的概念内涵、提出背景、发展历程和思路做法，归纳美军一系列采用威胁应对法提出的作战概念的共性特征和要素，对于启发我们深入思考、归纳总结，形成威胁应对法的一般步骤和方法，具有现实的借鉴意义。

一、概念与内涵

“空海一体战”是美军为应对中俄等国家“反介入/区域拒止”能力，确保其在全球公域的行动自由而提出的作战概念。该概念旨在利用美军海空联合优势和其在天空、海洋、陆地、太空、网络空间五大作战域中的作战优势，以一体化的方式摧毁和击败“反介入/区域拒止”作战体系，以确保美军在全球公域的自由行动和在敌方的前沿存在。

“反介入/区域拒止”能力一般是指为应对突发事件，在划定的禁区内限制或阻止第三方外部势力介入干预的能力。在“空海一体战”作战概念中，这一能力特指我军的反航母弹道导弹作战体系，这一体系主要由预警侦察、指挥控制和打击装备等系统组成。

“空海一体战”主要包括三类作战行动：一是对我军部署于天基、空基、海基和陆基的预警侦察系统、指挥控制系统，采用软硬攻击的一体化手段实施摧毁和破袭，迫使我反航母作战体系丧失发现美军航母打击群的“眼睛”和“喉舌”；二是对我军部署于国土前沿的反弹道导弹武器系统，采用陆海空天网一体化侦察发现、隐身战机突破攻击、远程导弹打击、特战行动袭扰等联合作战行动，实施摧毁和破袭，削弱和摧毁我反航母弹道导弹武器系统生存能力、机动能力和发射能力；三是对已经发射的反航母弹道导弹，采用干扰欺骗、防御拦截等综合手段，实施被动防御，降低我反航母弹道导弹的突防能力和命中概率。

"空海一体战"作战概念的制胜机理包括两个方面：一是通过打击雷达等信息节点，削弱和压缩感知的"空间差"；二是通过打击导弹发射车，摧毁或迟扰拒止能力和行动的实施，夺取"时间差"。

二、背景与历程

美军提出"空海一体战"的背景在于其认为"反介入/区域拒止"能力以及综合运用这些能力的战略，将导致美军的力量投送行动面临越来越大的危险，有些情况下甚至会使美军无法实施兵力投送，从而损害美军威慑的可信度，导致美军和盟军反应升级，并削弱美军的国际联盟，包括与之有关的贸易、经济和外交协定。

1992 年，美海军上将史塔夫里德斯首先撰文提出"空海一体战"概念，成为最早提出该概念的军方人士。

2009 年 9 月，美空军参谋长史瓦兹上将及海军军令部长罗海德上将签订一份机密备忘录，启动海军及空军两军种一项新作战概念的研究，被称为"空海一体战"。

2010 年，美军出版的《四年防务评估报告》中首次提出"空海一体战"作战概念，用以在广泛的军事作战领域中击败敌人，包括应对具备"反介入/区域拒止"能力的敌人。

2011 年年底，时任美国防部长罗伯特·盖茨做出批示，称"空海一体战"概念是美军应对"反介入/区域拒止"挑战必要的第一步，指示各军种进一步发展这一概念。为此各军种共同成立了标志性的"空海一体战"执行委员会和高级指导小组，负责"空海一体战"概念的实施。

2012 年，美四大军种签署了一份谅解备忘录，确立了在建设联合部队过程中实施"空海一体战"概念的框架，这支联合部队要具备塑造和利用"反介入/区域拒止"环境的能力，目的是保持其在全球公域的行动自由，并确保作战介入以实施联合作战行动。

2013 年，美国防部出版了《空海一体战：军种合作应对反介入/区域拒止挑战》报告，指出"空海一体战"目的在于减少风险、维持美军行动自由及改善各军种能力，该概念寻求各军种以创新方式进行更好的整合，并且支持美国 21 世纪的国家安全战略。

2015 年，美空军中将大卫·高德芬在一份备忘录中宣布，将创立"全球公域介入与机动联合"（JAM - GC）概念取代"空海一体战"，其办公室也将整合到美联合参谋部 J - 7（负责联合部队发展指导），新的作战概念最重要的改变是将陆上武力纳入概念中。JAM - GC 从字面意义上是指通过改善部队的整合以及资源的分配，保证美军与其盟军部队能够在全球公共领域的任何地方及任何领域（空中、海上、陆地、太空、网络）自由介入。

美国防部“空海一体战”办公室副主任、海军上校泰瑞·摩里斯指出，JAM－GC概念并非放弃“空海一体战”另起炉灶，而是基于对新国际情势的了解，将概念加以改进。但美相关专家对此次作战概念升级存在一些反对意见：福布斯在众议院指出，将原本“空海一体战”改为高度官僚化的名字，扼杀了其具备的创新思维，并稀释了其原本的焦点；美《外交家》杂志指出，新表述显示美军新战略的侵略性，暗示美军企图主导全球议题的所有领域，这将损坏美国打算与中国改善军对军关系的企图。

美军提出“空海一体战”概念之后，在装备发展、体系构建、力量运用和作战推演、训练演习中，不断加强和检验概念的正确性和操作性。2014年，“勇敢之盾”大规模海空联合演习中，美军以中国为假想敌，按照“空海一体战”的作战构想，从致盲中国卫星、瘫痪网络开始，然后利用海空优势逐个消灭中国导弹武器平台，从实战角度检验了“空海一体战”作战概念。

三、思路与做法

体现联合作战思想。从以空海军作战力量为主体，到引入陆军作战力量，始终联合运用各军种力量，形成一体化作战优势。

反映体系作战思维。“空海一体战”综合运用美军在天空、海洋、陆地、太空、网络空间五大作战域中的作战优势，构建体系作战的整体优势。

呈现不断深化过程。从“空海一体战”作战概念提出和深化研究，到“全球公域介入与机动联合”作战概念的替代，反映出美军作战概念的生成有一个逐步发展成熟的过程，并不是一蹴而就的即时概念。

注重主动进攻作战。三类作战形态中的前两类均属于对“反介入/区域拒止”作战体系发起的主动攻击，只有第三类作战行动属于被动防御，反映出美军“攻防兼备、以攻为主”的作战思想。

重视实战演习检验。作战概念研究不仅仅停留在理论层面，更加重视兵棋推演、实战演习等实际检验，不断暴露和发现问题，丰富和改进作战概念及其作战运用，进而提高作战概念在未来实战中的先进性、针对性和有效性。

四、思考与启示

威胁是作战概念生成的“温床”。针对新出现的军事威胁，需要从作战理论、现有力量重构和运用、发展新的作战力量及其新的作战运用等各个方面加以应对。威胁不仅是显现的，更重要的是那些潜在的和未来的威胁，这需要有对威胁敏锐的、准确的、超前的、动态的预判和把握。由于威胁的不断涌现和层出不穷，威胁应对法也是作战概念生成的重要方法。

应对威胁首先要研究威胁。要深入研究威胁的体系构成、作战运用及其薄弱环节，始终将打击其薄弱环节作为破袭作战体系的主要手段，作为威胁应对的重要方式，作为作战理论和概念的切入点。这种薄弱环节，可以体现在体系的构成要素方面，可以体现在各要素组成的作战链方面，可以体现在特定的作战空间和时间方面，也可以体现在体系运用的策略和方法方面。

以我之长克敌制胜。充分发挥己方作战体系和联合行动的一体化优势，在各个作战域形成非对称的作战优势，达到摧毁和击败威胁行动的战略目的。形成“我之长”，首先立足于现有的作战力量，其次对现有作战力量进行重构、优化和改进，最后才是发展新的作战力量。各种作战力量必须合理划分、联合运用、扬长避短，形成联合的一体化优势。形成“我之长”，还必须研究作战运用的新概念和新方法，使得作战力量作用的发挥更具有针对性和有效性。

实战是完善和检验作战概念的重要环节。作战概念研究不能仅仅停留在理论层面，必须经过作战和训练演习的实际检验。只有这样，才能确保作战概念的正确性。从这个意义上讲，作战概念研究需要作战部队全程和持续的参与。

五、步骤与方法

系统地研究美军采用威胁应对法生成的诸多作战概念，借鉴我国根据威胁目标生成导弹武器装备需求和能力的传统思路，威胁应对法一般可分为五步开展。

（一）把握威胁

威胁分为现实威胁和潜在威胁两种。对现实威胁需要有清醒的认知，对潜在威胁需要有前瞻的预判。离开对威胁的感应，将丧失机遇的主动。

认知威胁需要把握三个方面的关节。

一是威胁辨识。威胁辨识主要对威胁进行全方位的考量，辨别其是真威胁还是假威胁，是现实威胁还是潜在威胁，是主要威胁还是次要威胁，是全面威胁还是局部威胁，是长期威胁还是短期威胁，从而将最重大、最紧迫、最根本、最普遍的威胁辨别出来，拉条挂账，逐一研究解决。切忌不分轻重缓急，“眉毛胡子一把抓”。没有重点，就没有有效对策。

二是威胁分析。威胁分析主要对威胁的性质和程度进行全面的考量，一是分析威胁出现的概率和频次，把高概率和多发性的威胁梳理出来；二是分析威胁发生后可能带来的后果，把后果严重的威胁梳理出来；三是分析威胁的规律和特点以及运用威胁的战略指导和传统观念，把威胁的外部特征抓住，梳理出来。这样就从频次、后果和特征三个维度上，对高频次、后果严重且特征显著的威胁交集可以有定性加定量的分析结果。没有对威胁的定量分析，就难以把握主要威胁和威胁的主要方面。

三是威胁软肋。对于梳理出的必须应对的威胁，一方面从威胁体系的构成中，寻找出薄弱环节和短板瓶颈，剥离出威胁体系的核心构成要素和核心节点，辨识出阻滞和中断威胁体系 OODA 作战环闭合时间的切入点和介入方式，从而挖掘出威胁体系所固有的“七寸”；另一方面从威胁体系的作战运用中，查找威胁体系的暴露征候、作战流程和保障要素，从而挖掘出摧毁和限制威胁体系作战运用及能力发挥的“死穴”。“七寸”和“死穴”是威胁体系的“阿喀琉斯之踵”。如果说威胁辨识和分析是诊断的话，查找出威胁的软肋就是找准病因，病因找准了，就有了对症下药的前提和基础。切忌“有病乱投医”，只重病症不顾病因。

认知威胁的目的在于应对威胁。为了更好地应对威胁，必须更深刻地认知威胁。应对威胁的最有效对策，存在于威胁本身。

（二）瞄准痛点

完成了对威胁的认知之后，就需要全面地衡量己方现有的体系应对威胁的能力。如果现有体系足以应对存在的威胁，那也就是没有构成威胁，可以不加处置。如果现有体系难以应对存在的威胁，首先需要做的是查找现有体系中的痛点，厘清哪些是真正的痛点、哪些是影响根本和全局的痛点、哪些是长期存在的重大痛点、哪些是难以克服的顽固痛点。

辨识出最重大、最根本、最顽固的痛点之后，还需要分析造成这些痛点的根本原因。根本的原因往往存在于固有观念、体制机制、体系能力、装备水平、技术基础以及作战运用等方面。查找痛点的根源是解决痛点的前提。

找准痛点及其根源是研究和确定威胁应对的又一出发点和切入点。把握威胁和瞄准痛点之后，即可以研究提出应对威胁的一种或多种初步的作战概念。

（三）立足现有

认清了“七寸”“死穴”和痛点之后，首先要研究和分析能否利用现有体系，或改进现有体系应对威胁。首先，立足于不改变体系构成的前提，通过改变体系作战运用的方式进行应对；其次，在保持现有体系组成要素不变的情况下，通过体系要素的重构实现体系的能力提升，从而应对威胁；最后，对现有体系的痛点加以改进和完善，进而提升现有体系应对威胁的能力。

立足现有的理论基础是现有体系仍具有尚未认知的能力潜质，立足现有主要手段是挖潜和改造。立足现有可以用最短的时间、最小的代价，形成应对威胁的有效能力。切忌盲目追求新体系、新手段、新能力，忽视现有体系所具有的可能性。

针对研究提出的多种不同的作战概念，可以形成立足现有体系的不同组合、不同要素和不同方式。对此，需要利用仿真和推演手段，比较不同作战概念之间的差异和优劣，从中优选出最适合的作战概念，从而形成原型的作战概念。

（四）重塑能力

如果现有体系确不能有效应对威胁，就必须根据确定的原型作战概念，一方面通过发展新的体系要素替换原有的痛点要素，重塑体系的能力；另一方面通过改变体系要素的构建方式和作战运用方式，重塑体系的能力。

发展新的能力，首先应立足于现有技术、装备、系统的创新组合和运用，形成颠覆性创新的能力提升；其次应通过采用新的技术、装备和系统，形成突破性创新的能力提升。两种途径相比较，显然第一种途径更具有现实性和有效性。在采用第二种途径发展新的能力时，应首先对拟采用的新技术、新装备和新系统进行“技术五维度”[①] 的方案评价，慎重选择最终采用的新技术、新装备和新系统，以使重塑的体系能力更加好用、实用和管用，满足“召之即来、来之能战、战之必胜”的实战化要求。

（五）培育概念

研究提出原型的作战概念不是最终目的，还需要对此概念进行贴近实战情况下的检验验证和训练考核，并通过实际的检验发现和暴露原型的作战概念所存在的不足和问题，从而不断地修正、完善和丰富原型的作战概念，直到确立完备的作战概念。因此，作战概念有一个从研究提出、孕育成熟、检验完善到实战运用的系统工程和演变过程，而这一过程将贯穿战争准备和战争实施的全过程。

第二节　能力塑造法

能力塑造法是指从作战力量构成的要素出发，将整体作战能力分解成若干有机联系的子能力，确立子能力发展的方向和目标，重新构建和生成新的作战能力的作战概念生成方法。通过塑造新的作战能力，获得和拥有能够打赢未来战争的力量结构、力量要素和作战能力。美军“电磁频谱战”作战概念的提出就是采用能力塑造法的典型代表。剖析“电磁频谱战”的概念内涵、提出背景、发展历程和思路做法，归纳美军一系列采用能力塑造法提出的作战概念

---

① 详见《技术五维度评价方法》，中国宇航出版社，2019 年。

的共性特征和要素，对于启发我们深入思考、归纳总结，形成能力塑造法的一般步骤和方法，具有现实的借鉴意义。

一、概念与内涵

电磁频谱战是指使用电磁辐射能以控制电磁作战环境，保护己方人员、设施、设备或攻击敌人，在电磁频谱域有效完成任务的军事行动。电磁频谱战主要包括电磁频谱利用、电磁频谱管理、电磁频谱攻击和电磁频谱防护等作战行动。其中，电磁频谱利用包括情报收集、分发和电子战支援；电磁频谱管理包括电磁谱段管理与电磁战斗管理；电磁频谱攻击包括电子攻击和导航战；电磁频谱防护包括电子防护和联合频谱干扰消除等。陆地、空中、海洋、太空和赛博空间的优势都取决于电磁频谱的优势。

电磁频谱战可对电磁作战环境中的联合部队电磁频谱行动进行作战集成、确立重点优先事项、组织行动协同和冲突消除，通过充分集成电磁作战方案、力量和行动，强化协调统一，实现战场电磁频谱控制能力，可有效支撑联合部队的指挥控制、情报收集、火力打击、机动调整、打击实施、有效防护等作战行动。电磁频谱战是其他联合作战行动的前提和保证，其作战行动贯穿联合作战的全过程、全方位和全领域。

美军电磁频谱作战力量分三级构成，由联合部队司令部进行统筹，下属陆军电磁频谱作战分队、海军电磁频谱作战分队、空军电磁频谱作战分队、海军陆战队电磁频谱作战分队以及联合部队电磁频谱作战分队等。电磁频谱战主要分为电磁频谱侦察与预警、电磁频谱管理与控制、电磁频谱进攻与防御等作战行动。

电磁频谱战并不等同于电子战，而是电子战的一种更高级形式，它将电磁频谱域中的应用对抗上升为战争频谱控制，将电子战和频谱管理进行融合提升。

电磁频谱战与赛博空间战作为两类基于新域的作战概念是现今发展的热点，是既有联系又有区别的两个作战概念。在所有的作战域中，陆海空天具有相对确定的边界，而赛博空间和电磁频谱都具有跨域特性。赛博空间联通了陆海空天，电磁频谱则联通了陆海空天和赛博空间。赛博空间和电磁频谱是既相互独立又存在一定交集的两个作战域，不存在“包含”或“属于”的关系。从相互联系的角度来看，电磁频谱属于信号层，赛博空间属于信息层，电磁频谱是赛博空间的载体和物质基础。但由于电磁频谱战基于自然形成的环境，对于现在和将来的作战人员来说，将会比狭义的赛博空间更重要，因此电磁频谱战目前发展得更为迅速。目前美军已经正式提出“赛博空间—电磁频谱”联合作战概念，这是未来的发展趋势。美陆军不仅谋求恢复其电子战能力，以抗衡俄罗斯强大的电子战能力，还致力于在战术层面整合赛博空间和电磁频谱作战能力，重点关注兵力建设、作战行动、能力发展、教育和培训、伙伴关系五大领域。

电磁频谱战的制胜机理包括以下两个方面：一是通过电磁频谱进攻作战摧毁和迟滞敌方 OODA 作战环闭环时间，夺取“时间差”；二是通过电磁频谱防御作战压缩敌方的进攻作战空间，夺取“空间差”。

二、背景与历程

“冷战”结束后，由于缺乏实力相当的对手，美国防部没有继续开发新的能力维持其电磁频谱作战优势。美军认为，电磁频谱域的发展停滞为中国、俄罗斯及其他国家提供了针对其传感器和通信网络中的弱点进行装备研发、部署的机会，使得美在电磁频谱域的优势开始出现消退。进入 21 世纪后，美军认为一些国家在电磁频谱作战领域已经达到了相当高的水平，如俄罗斯在叙利亚和乌克兰冲突中运用电子战能力的效果“令人难以想象”，中国自 2006 年以来将电磁频谱作为优先发展的重要能力，并在全军范围内举行过多次针对复杂电磁环境的训练演习。为了争夺和保持电磁频谱优势，美国决定重塑电磁频谱战优势。

美军电磁频谱战演进过程可划分为四个阶段。

第一阶段（电子战阶段）。随着雷达和通信等电子装备的问世，通过采用有源和无源电子战手段，开始出现电子侦察与反侦察、电子干扰与反干扰、电子进攻及电子防护、电子支援与电子保障等作战行动，这一类作战行动被称为电子战。电子战形态延续至今，是电磁频谱作战的重要组成部分和重要作战样式。根据美国防部定义，电子战是指利用电磁能来控制电磁频谱，并对敌人发动攻击的军事行动。

美陆军在其 2007 年《电子战》联合出版物中首次提出了对先进电子战能力的要求，确定了电子战能力的三个维度：一是致力于创新武器，运用电磁、定向能或反辐射武器攻击敌方士兵、设施和设备，旨在降级、摧毁敌方作战能力或使其失效；二是运用电子战能力保护盟军士兵和基础设施免受敌方的电子攻击；三是提供支援，帮助士兵识别辐射的电磁能并做出相应响应。

第二阶段（信息战阶段）。随着计算机技术和计算机网络技术的发展，以计算机硬件、信息传输通道为目标的电子侦测、监听，以及对战场在线的信息进行破坏与干扰等作战行动成为电子战的重要组成，电子战步入信息战阶段。信息战概念首先由美国社会预测学家阿尔温·托夫勒于 1983 年在其著作《第三次浪潮》中提出；1991年的海湾战争开启了信息战的先河；1996年，美参谋长联席会议将信息战定义为夺取信息优势，对敌方信息系统与计算机网络等设施施加影响，并对己方的信息系统和计算机网络等设施进行保护的作战行动；1998年10月，美参谋长联席会议发布《信息战共同教条》，将国家信息基础设施列入信息战作战范围。随后美军第1军成立了增强型G39（信息作战行动）参谋部门，统筹信息战的组织与实施。

信息战领域包含网络空间作战、信号情报作战和电子战，具有信息种类多、对抗手段多样、影响广泛、作用迅速等特点。信息优势成为军事力量的非对称作战优势。制信息权成为继制陆权、制海权、制空权之后，又一新的战争制高点。信息战发展成为电子战的更高形态和阶段。信息战与导弹战的结合，引发了战争样式从机械化战争向信息化战争的转变。

第三阶段（电磁频谱战阶段）。2006年，美军提出了与“电磁频谱战”概念相近的“电磁频谱作战”概念。2009年，美战略司令部推出“电磁频谱战”概念，美军第43届条令会议提出“联合电磁频谱作战”概念。2010年，美军在《电磁频谱战结构视图》报告中，明确将“电磁频谱”定位为一个新的“作战域”，并指出“电磁频谱域”与“陆地域、海域、空域”一样客观存在，且对战争的影响逐步深化。2012年，美战略司令部建立联合电磁频谱控制中心（JEMSCC），旨在实现电子战和电磁频谱管理全面集成，各部队也分别建立相应的组织协调机构和分队。2013年，美国防部颁布《电磁频谱战略》，提出了电磁频谱战略目标、能力需求和发展举措，为美军电磁频谱战能力建设发展指引了方向。2015年，美战略与预算评估中心（CSBA）发布了《电波制胜：重拾美国在电磁频谱领域霸主地位》研究报告，进一步发展了“电磁频谱战”概念，提出了“低至无功率”电磁频谱战新型作战理念及新型作战系统特点。同年12月，美国防部首席信息官特里·豪沃森将电磁频谱视作继陆、海、空、天和赛博空间之外的“第六个作战域”。

2017年，美战略与预算评估中心发布《决胜灰色地带》研究报告，将电磁频谱战进一步简称为“电磁战”，指由电磁频谱中的通信、感知、干扰和欺骗所有军事行动组成，是电磁频谱作战域内的战争形式。2018年1月，美空军组建了一个名为电子战/电磁频谱优势体系能力协作小组（ECCT）的跨职能团队，旨在研究如何确保美军电磁频谱优势。2019年1月，ECCT团队公布了其研究报告，报告指出空军应该将重点放在电子战和整个电磁频谱上。

美军电磁频谱战概念仍处于快速发展阶段，其作战能力正在逐步形成，将对战场电磁域的对抗产生深刻影响。

第四阶段（网络/电磁战阶段）。1997年美海军提出“网络中心战”概念。2001 年，美国防部在提交给国会的《网络中心战》报告中指出，网络中心战是通过部队网络化和发展新兴信息优势而实现的军事行动，它是同时发生在物理域、信息域和认知域内及三者之间的战争。2009 年年初，美军将网络中心战能力列为“核心能力”，美国防部于当年 6 月创建网络战司令部。2012 年，美国防部正式将“网络中心战”概念写入国防政策报告中。2017 年美国总统特朗普宣布将网络战司令部升级为美军第十个联合作战司令部，美军网络部队也同时成为一个独立军种。

2014 年 3 月，美陆军网络司令部合并了原网络作战、信息作战和信号部队的力量，组建了新的作战中心，目的是推进网络、电磁作战力量协同运用的研究与力量的整合。2014 年 5 月，美陆军网络司令部实施了“集团军及以下单位网络支援”项目，目的是通过作战试验摸索如何编组、加强和协调网络/电磁行动部队。2014 年以来，美陆军在多场演习中开展了大规模作战试验，研究网络/电磁行动作战编组问题，并且初步形成了“远程网络电磁行动”的概念。美 2018 年《国防战略》将增强电磁频谱能力，以及联合作战能力的发展列入优先事项，2019 年美空军将其第 24 航空队和第 25 航空队合并，成立首个信息战编号航空队（NAF），利用电磁频谱域、网络域的协同作用，为作战指挥官提供更好的辅助。美军不断强化网络战和电磁频谱战的融合，使得电磁频谱战与网络作战一体化作战的概念不断发展，网络/电磁战作战概念正在逐步形成。

在可以预见的未来，将网络战杀伤链、电磁频谱战杀伤链和动力打击作战杀伤链综合集成，形成对网络电磁目标完备的、可视情择优和选择的一体化武器系统是发展趋势，网络/电磁对抗将在所有行动开始之前展开，而且将在其他作战域行动结束后继续进行。网络/电磁战将成为未来重要的作战样式。

三、思路与做法

概念内涵逐渐深化。从电子战、信息战、电磁频谱战到网络/电磁战，作战概念从简单到逐步扩充；作战频段从窄波段向全频谱扩展；作战任务从最初的电子对抗向电磁频谱利用和管理等拓展；作战域从物理域向信息域和认知域延伸。

地位作用不断提高。力量形态从作战要素发展成为独立军种；作战力量从机械化战争的附属发展成为信息化战争的主导；作战空间从传统的“陆海空天”四维空间发展成为“陆海空天电网”六维空间；网络/电磁空间成为战争新的战略制高点。

作战体系逐步完备。网络/电磁进攻力量、防护力量和支援力量体系基本建成，与其他作战体系联合运用逐步成熟，网络/电磁战能力初步形成并不断发展。

作战样式不断丰富。侦察与反侦察、干扰与反干扰、进攻与防护、支援与保障等作战样式同步推进发展、联合作战运用，制网络/电磁权与制陆权、制海权、制空权、制天权的联合作战样式更加多样。

注重继承创新结合。通过发挥既有优势，同时不断以新型作战概念牵引，实现电磁作战域作战体系的重塑。

适应既有体系结构。电磁频谱战“联合部队司令部—各军兵种—作战部队”的三级组织结构，适应美军现有作战体系，可促进作战能力尽快形成。

管理促进技术融合。美陆军网络司令部通过合并网络作战、信息作战和信号部队的力量，促进网络/电磁战联合作战运用技术的发展，这是管理驱动技术发展的典型案例。

四、思考与启示

拓展新空间。从传统的电子战到最新的网络/电磁战，作战空间逐步涵盖物理域、信息域和认知域，从依附于传统的作战空间到逐步形成独立的作战空间，网络/电磁战的空间范围拓展到全部的战场空间。空间的拓展为空间的利用和控制创造了更多的维度和更大的天地。

认识新空间。作为独立的作战域和新的战略制高点，首先必须认清这个战场空间的特点规律和与传统空间的联系区别，必须把握在这个新的战场空间进行作战的普遍规律和特殊要求，必须具备认知新空间足够的知识储备和探索能力，必须制定抢占新战略制高点的战略规划。

利用新空间。认识新空间的目的在于为我所用。利用新空间形成撬动传统空间的“支点”，利用新空间创造非对称的作战能力，利用新空间改变传统的战争形态和作战样式，利用新空间引领科技的发展和军事力量的变革，利用新空间引发作战理论和制胜机理的深刻演进。

控制新空间。控制新空间是指自己不仅可以利用该空间，而且拥有阻止敌方利用该空间的能力。控制新空间就是有能力阻止敌方进入新空间，控制新空间就是有能力摧毁和削弱敌方在新空间形成的作战能力和利用新空间的能力，控制新空间就是有能力有效控制战场空间的秩序和环境。

占领新空间。占领新空间一定要在新空间形成有利的作战力量布势，一定要形成绝对优势的作战体系，一定要建立与之相适应的作战规则和战略战术，一定要强化新的战场空间作战的训练和推演，一定要不断地推进认识、利用、控制和占领新空间的迭代提升。

五、步骤与方法

塑造新的能力不能一蹴而就，需要一个长期的积累和发展过程。塑造的能力是相对的、动态的和发展的，不可能一成不变。能力塑造可分为五个步骤开展。

（一）寻找能力突破点

能力突破点是指需要重点发展和塑造的能力。突破点一般从三个方向进行寻找：一是能力痛点，即己方能力存在的薄弱环节和短板瓶颈；二是能力优势点，即己方拥有的传统优势能力；三是能力趋势点，即技术变革引发的能力突破和能力颠覆，以及新的作战空间作战能力的需求。能力突破点的正确选定是形成非对称作战能力的关键所在。

（二）延伸能力长板优势

长板优势是指已方所拥有的传统优势能力，且敌方在这些能力领域具有代差。延伸能力长板一般有三种途径：一是重构现有长板能力，形成新质的能力长板；二是发展现有的长板能力，扩大与敌方的能力差；三是封锁敌方的科技基础，阻碍敌方相应能力的提升。这是典型的“抵消战略”和“科技战”。

（三）布局新质作战能力

对于新的作战空间，必须提前布局，形成新质的作战能力。抢占新的战略制高点需要抓住三个关键环节：一是对新的作战空间地位作用的战略预判；二是强化对新的作战空间的战略布局；三是全面推进认知新空间、利用新空间、控制新空间、占领新空间的各项工作和任务。

（四）制定长远战略规划

由于能力形成是一个长期的过程，必须制定长远的战略规划，持续地塑造优势的和新质的作战能力。一是要制定顶层发展规划，确定能力需求、发展目标、发展路线图，并随发展的变化动态地调整和完善；二是要制定科技发展规划，支撑和保障能力塑造发展需求；三是要制定实施方案，健全组织管理，合理分工协作，明确工作要求，集中人力、物力和财力打“歼灭战”；四是及时进行成果转化，按照“边研、边建、边用”的原则，加快研发流程和进度，加速中间成果检验和转化运用，以利于尽早形成作战能力。

（五）深化作战概念研究

从寻找能力突破点入手，基于能力的新的作战概念开始形成。作战概念的深化研究贯穿于能力需求、能力建设、能力检验、能力运用的循环往复的全过程。作战概念随着能力形态的显现而逐步清晰。深化作战概念研究要不忘初心，始终朝向能力的突破点持续用力。深化作战概念研究要动态跟进，根据变化的情况和作战对手能力的调整变化而及时调整和补充。深化作战概念研究要随时补充新鲜血液，不断增添新兴的和逐步成熟的技术能力，逐步淘汰老旧和落后的技术装备，始终保持作战能力鲜活的生命力。深化作战概念研究要注重新老能力的交叉融合，通过新老能力的联合运用，实现作战能力的颠覆性创新。

第三节　对手定制法

对手定制法是指对标现实的或潜在的战略对手，以打赢与对手的未来战争为根本出发点和最终目标，为对手量身定制战略方针、作战体系、武器装备和作战运用的作战概念生成方法。对手定制既有战略层面的，如战略方针等；也有战役层面的，如力量建设等；也有战术层面的，如装备发展等；还有目标层面的，如定制毁伤等。美军提出和实施的“马赛克战”是对手定制法的典型代表。剖析“马赛克战”的概念内涵、提出背景、发展历程和思路做法，归纳美军一系列采用对手定制法提出的作战概念的共性特征和要素，对于启发我们深入思考、归纳总结，形成对手定制法的一般步骤和方法，具有现实的借鉴意义。

一、概念与内涵

“马赛克战”是指将大量低成本的、功能分布的、冗余部署的节点或作战单元由高级数据链连成一体，依靠无中心节点设计构建动态杀伤链，增强体系弹性，改变现有体系对抗作战链条线性单一的作战样式，其作战目标是利用信息网络创建一个高度分布式的杀伤网络，确保美国军事体系在竞争环境下发挥效能，并使节点最小化。“马赛克战”具体实现途径是指挥员将低成本、低复杂度的系统以多种方式连接在一起，以类似于“马赛克”艺术形式构建新的复杂的作战系统，在满足作战能力需要的同时，依靠作战系统潜在的重组方案，提升了系统的生存能力。

“马赛克战”是分布式作战的深化与发展，其体系结构基于OODA环进行构造，主要包括观察节点、定位节点、决策节点和行动节点等。作战实施时，“马赛克战”作战概念将传统杀伤链的单个OODA循环转变为网络体系架构下的多OODA环协作，传统点对点链被传感器节点网络替代，所有传感器节点都在收集、排序、处理和共享数据，然后将其融合到一个实时更新的共享作战态势图中。

“马赛克战”核心在于利用工程设计方法，自下而上地构建一个自由组合的新系统，单个作战单元或分系统作为“马赛克”，组合起来动态地产生新的效果，彻底改变作战系统重构的时间周期，提升系统对作战环境的适应性。“马赛克战”的技术特点有以下几个方面：一是关键技术从传统的平台和关键子系统的集成转变为战斗网络的连接、命令和控制；二是作战概念中的基础要素可以按需组合、集成和互操作；三是关键技术具备强大的兼容性，可以在时间、空间等多维度连接新的作战节点，扩展作战能力。基于以上关键技术的支撑，“马赛克战”作战概念可以保持庞大的规模且极具活力，适应未来持久作战、快速作战的需求。

典型的“马赛克战”作战实施流程包括决策、组合、任务规划、资源管理、任务实施计划和执行六个环节，通过六个环节的不断循环，“马赛克战”作战将空中、网络、陆地、海洋和太空领域等多域作战资源纳入综合的框架内，按照具体冲突需求，促成各种系统的快速、智能、战略性组合和分解，生成成本较低廉的具有多样性和适应性的多域杀伤链的弹性组合，实现网络化作战并生成一系列的效果链。这些效果链是非线性的，可以在战术、作战及战役层面组合生成作战能力。

“马赛克战”作战概念制胜机理包括以下几个方面：一是通过分布式的部署和作战，进一步拓展了预警侦察、指挥控制和火力打击的范围，夺取“空间差”；二是通过重构传统 OODA 作战环组织形态，基于威胁实现最优的作战组织，缩短了 OODA 作战环闭环时间，夺取“时间差”；三是通过不断的重构与组织，可以增强体系的弹性，实现作战能力的长久保持与持续有效，夺取“能量差”。

二、背景与历程

“马赛克战”概念提出的背景主要有以下几个方面：一是美军高科技武器装备竞争优势削弱，随着高科技在全球范围内的传播和商业化，美国在传统的不对称技术如先进卫星、隐身飞机及精确弹药等方面的优势不断削弱，这些高精尖武器装备的战略价值和威慑能力不断减小；二是武器装备开发周期长，武器装备的开发时间直线上升，而科技日新月异的提升可能导致许多装备在投入使用时，其中的电子器件等零部件采用的技术已不适应新发展，使新的军事装备或系统在交付之前就已过时；三是原有军事系统单一、依赖性强，美军的军事力量主要依靠不同作战环境下的整体军事系统中的某一类撒手锏武器，如果该类武器被损坏或击落，则整体作战效能显著下降；四是军事想定单一，目前军事系统只针对单一或简单的作战环境，当想定发生变化时，需要重新构建和定制系统。

2017 年，DARPA 下属的战略技术办公室（STO）公布了获取非对称战争优势的新概念，正式确立了“马赛克战”的作战概念。相比于传统战争，“马赛克战”根据可用资源，基于动态威胁进行快速作战方案定制，将低成本传感器、多域指挥与控制节点以及相互协作的有人、无人系统等低成本、低复杂系统灵活组合，实现基于作战场景的作战方案。

2019 年 5 月，DARPA 战略技术办公室宣布启动空战演变（ACE）项目，重点提升“马赛克战”作战概念中人机协作进行空中格斗时的自主性，该项目将自动空中格斗的战术应用到更复杂的、异构的、多要素的战役级场景模拟，为未来实时、战役级的“马赛克战”试验奠定基础。

2019 年 10 月，美米切尔航天研究所撰写了名为《恢复美国的军事竞争力》的报告，对“马赛克战”作战概念进行了进一步的阐述，提出美军应该采用一种新的、适应性强和有韧性的力量设计，以消除可能使美军在对等作战中面临风险的单点故障，如关键的数据链。

美军 STO 主任和副主任将“马赛克战”视为美国传统体系作战的替代品，若“马赛克战”能够实现，必将使未来作战样式产生颠覆性的变革。通过新技术、新概念对现有装备、平台、系统进行 1 + 1 > 2 的整合，“马赛克战”高适应性、战法多变的作战概念，将对敌方现有的传统防御能力造成巨大挑战。

“马赛克战”概念虽然由 DARPA 而非军兵种、智库或战争学院提出，但已在美军队领导人中收获了较好的反响。作为对“马赛克战”作战概念研究的支撑，美军已确定布局开展系统之系统增强小型作战单元（SESU）、海洋即时信息项目（TIMEly）、LogX 项目等，推进作战概念的不断成熟。

三、思路与做法

目的明确。目的是改变战争竞争规则，赢得长远技术优势。目标针对中俄，主要针对中国。服务未来作战态势变化。

创新驱动。不断细化作战概念，创新实施方法，推进作战概念向实战能力转变。

体系视角。以体系级对抗视角进行作战概念设计，以解决未来战略环境的需求和当前部队的缺点入手，将平台分解为最小的实际功能单元，在联网杀伤网络中创建协同节点，即使敌方破坏网络的某些单元，该网络仍然具有高度的弹性，并且可以保持操作的有效性。

建立机制。提出概念后，通过与现有技术、装备发展结合，寻找已有的支撑性技术，同时建立长效的发展机制。

专项管理。由战略技术办公室进行概念的专项论证，实现集中管理和推进。

加速推进。概念于 2017 年提出，但已经在各个领域进行了应用、推进，并初步显示了巨大的作战潜力。

四、思考与启示

分布是核心。“马赛克战”是对分布式作战的进一步发展与内涵扩充。分布式的组织形态、体系架构、运用流程是实现其作战能力的核心，四类基础节点是其基本要素。

弹性是关键。作战架构的重组、作战能力的重构以及极强的抗毁性，都源于体系自身的弹性，都源于作战体系的灵活重组。

集成是手段。体系构建时，借鉴了正在开发或已成形的技术；体系运用时，基于统一的框架，不断集成新的技术、装备，实现作战能力的保持和升级。

链路是基础。“马赛克战”作战概念基于分散、聚合不断循环重组的方式实现作战能力的提升，因而构建高性能数据链，支撑各功能模块、分系统或作战装备间信息高可靠、强实时传输是作战的前提和基础。

能力是目的。“马赛克战”提出是以提升实战能力为目的，旨在弥补美军传统作战架构、能力的短板，中和敌方不对称作战能力的发展，进一步拉大能力差距、赢得未来技术优势、改变战争竞技规则。

五、步骤与方法

针对作战对手定制军事力量的发展建设是一个长期性、全局性和战略性的课题。战略对手的改变意味着战略方向的重大调整，必将引发作战体系建设、武器装备发展、部队作战训练的根本变革。对手定制可分为五个步骤开展。

（一）分析战略形势

深刻分析世界战略安全形势的态势和动向，准确研判战略态势的走向，始终牢牢把握对战略形势判断的主动权。一方面保持战略定力，防止对世界安全形势扰动的过激反应；另一方面保持前瞻性和敏捷性，对未来可能发展的根本变化保持敏锐，防患于未然，做好最坏情况下的应对准备，超前部署和实施战略转型的各项应对措施，决不允许出现在变化的形势面前惊慌失措、仓促应对。

（二）研究战略对手

研究战略对手的战略意图、目标和方向，保持战略定位的清晰认知；研究战略对手的地缘格局，形成最广泛的战略联盟；研究战略对手的优势和短板，提供专项发展的方向牵引；研究战略对手的应对习惯和“套路”，制定长期发展的政策和策略；研究战略对手的技术潜力，把握技术发展的节奏和进程。

（三）选择发展重点

发展的重点是与对手形成非对称能力的核心所在，是赢得技术优势的重要领域。发展重点要从己方的传统优势中选择，要从对手传统劣势中选择，要从技术发展的趋势和重点中选择，要从民用和商用的前沿技术中选择。这四个维度选择的交集，就可以作为对手定制战略的重要内容、非对称作战能力的重点方向、军事技术发展的重点领域。选择发展重点不能实施全面竞争和对抗，必须有所为有所不为，集中力量在敌人防御的薄弱点上取得突破。

（四）制定专项规划

根据选择的方案重点，提炼作战概念，形成由作战概念牵引并贯穿对手定制全过程的核心要素，使对手定制的各项工作始终围绕作战概念延伸和展开。根据作战概念牵引的发展重点，制定科技、装备、体系、力量建设和发展的顶层规划，使各种资源保障和组织管理配套到位，适应对手定制力量建设的发展要求。

（五）加强系统推进

对手定制的能力建设和发展重点涉及国家和军队建设的方方面面，是一个长期、复杂的系统工程，必须统筹协调、同步推进。要围绕作战概念的要旨，统一系统工程各方面的行动和意志；要制订阶段性发展目标，协调各方面工作的有序开展；要在推进的过程中，根据变化的情况实时调整规划计划和工作重点，不断深化作战概念的研究和检验，使能力的建设和形成与作战概念的成熟和完善协同并进。

第四节　技术突破法

技术突破法是指依靠新技术的发展进步和突破成熟，使武器装备和作战体系产生新的能力增长和突破，从而引发作战样式和战争形态改变的作战概念生成方法。新技术的采用、新能力的突破和战争新形态的改变是技术突破法缺一不可的三大要素。美军提出和实施的“无人机蜂群作战”是技术突破法的典型代表。剖析“无人机蜂群作战”的概念内涵、提出背景、发展历程和思路做法，归纳美军一系列采用技术突破法提出的作战概念的共性特征和要素，对于启发我们深入思考、归纳总结，形成技术突破法的一般步骤和方法，具有现实的借鉴意义。

一、概念与内涵

“无人机蜂群作战”是指大量小型无人机基于开放式体系架构进行综合集成，以通信网络信息为中心，以无人机间的协同交互能力为基础，以单平台的节点作战能力为支撑，构建的具有抗毁性、低成本、功能分布等优势和智能特征的空中作战体系。其核心思想是将单个完备的作战平台所具备的功能“化整为零”，分散到大量低成本、功能单一的作战平台上，成千上万架无人机自主协同，实现飞行控制、态势感知、目标分配和智能决策，依靠整体战斗力，应对复杂、强对抗、高动态的空中作战环境。

“无人机蜂群作战”最大特点在于体系的区域分布性、作战单元的自主性以及体系的去中心化，集群中的个体单元均未处于中心控制地位，在单一平台受损后，仍可有序协同作战，所以“无人机蜂群作战”具有极佳的战场生存能力和任务完成能力，可执行情报侦察、压制防空、诱饵作战、对陆/海攻击、对地电子干扰、战损评估、作战支援等作战任务，以及人道主义援助等非军事任务。

“无人机蜂群作战”作战模式有两种：一种是集群作战模式，即集群型无人机自主编队飞行，实现对大范围目标和单个目标长时间的监视、侦察和干扰，可以形成无人机“蜂群”协同探测、无人“蜂群”协同攻击等新的作战样式；另一种是“忠诚僚机”作战模式，即“蜂群”无人机编队成为有人作战飞机的“传感器”和“射手”，在有人机的指挥下，执行远程态势感知、武器投放、欺骗干扰等作战任务，扩展有人机的作战任务和作战频次，同时有效保护有人机的安全，可以形成有人—无人协同探测、有人—无人协同攻击等新的作战样式。

“无人机蜂群作战”概念具有以下四个典型特征：一是重新定义以数量取胜的战争规则。相较于大型多功能无人机，“无人机蜂群作战”是以一种“人海战术”，打破了近年来追求高精尖作战能力的发展定式。二是极大促进分布式作战概念扩展，“海上分布式杀伤”“空海一体化”“无人机蜂群作战”等都是基于功能分布思想构建的新型概念，但“无人机蜂群作战”对分布式的贯彻最为彻底，对分布式概念推广具有标志性作用。三是大幅提高体系生存能力，“无人机蜂群作战”的无中心、自主协同、数量大的特点，使得其体系抗毁能力、战场适应能力显著提升。四是彻底改变空中作战样式，“无人机蜂群作战”具备的智能化、自主化特征，适应未来高动态、高复杂性的战场作战需求，将打破以往基于规划实施作战的组织模式，变为基于态势的自主调整、即时反应的新型作战样式。

“无人机蜂群作战”的制胜机理包括以下两个方面：一是通过“蜂群”的协同探测，增加感知的“空间差”；二是通过“蜂群”的协同打击，实现“发现即摧毁”，夺得打击的“时间差”。

二、背景与历程

“无人机蜂群作战”概念的产生有两大背景。第一大背景是当前大型军用无人机在作战运用中存在以下问题：一是单机载荷有限，难以形成对大范围目标或单个目标长时间侦察监视；二是无人机数量有限，一旦某一架发生故障，容易导致任务延误或取消；三是面临高强度防空体系威胁，容易被拦截；四是地面控制链路难以对多架无人机同时控制，无人机有效作战力量偏少；五是智能化水平不高，自主作战能力不足；六是大型无人机价格持续提升，与有人作战飞机相比，成本优势不再显著。第二大背景是“蜂群”技术逐步成熟，小型无人机在小型化载荷、续航时间、超视距通信、低成本等方面取得显著发展，且集群技术、自主技术、协同技术等智能化技术正推动着小型无人机战斗力的提升。

2013 年，美国防部发布《无人系统一体化路线图（2013—2038 财年）》，勾画了美军未来 25 年无人系统的建设发展思路，统筹布局了无人空天系统、无人海上系统和无人地面系统等无人装备体系发展计划。

2016 年，美空军发布了首份《小型无人机系统发展路线图》，阐述了小型无人机系统的作战任务，包括压制/摧毁防空系统、协同打击与侦察、反无人机、超视距作战、气象探测、空中分层网络、信息优势等。

2018 年，美国防部发布《无人系统综合路线图（2017—2042 财年）》，报告梳理出了 14 项支撑因素、17 项相关挑战、11 个未来方向、19 项关键技术，显示出美军无人系统发展正进入高效提升整个谱系能力、全面推进概念技术融合、逐步推动装备更新拓展的“三管齐下”的新时期。

2014 年以来，美军各机构相继开展了“无人机蜂群”项目的研发与试验验证，重点项目包括：美空军研究实验室提出的“忠诚僚机”项目、美海军研究办公室提出的“低成本无人机集群技术”项目、美国防高级研究计划局提出的“小精灵”项目和“体系综合技术和试验”项目以及美国防部战略能力办公室开展的“‘灰山鹑’无人机蜂群”试验等。这些项目均处于研制试验阶段，在系统架构、平台研发和无人机控制技术上均有较多的技术积累，但尚不具备高等级自主能力，尚无成熟的装备。

“无人机蜂群作战”概念的成熟源于“蜂群”作战技术的发展和突破。这些技术主要包括分布式作战管理技术、体系集成技术、拒止环境中的自主协同作战技术、平台技术、协同控制技术、传感器技术等。

三、思路与做法

问题导向。着眼解决有人机和大型无人机装备建设和作战运用高成本、高风险的问题和痛点，不是在原短板基础上做补丁和增长来加强短板，而是从原点出发，另辟蹊径，从源头上规避问题和痛点的存在。

概念牵引。逆向提出低成本、低风险、大规模的“无人机蜂群作战”概念，以此牵引和统领技术创新、作战创新、组织创新、融合创新等各项工作。

技术突破。“无人机蜂群作战”最核心的技术是自主智能协同探测和打击，人工智能技术和无中心自组网技术的快速发展和突破，为“无人机蜂群作战”概念的提出提供了土壤、创造了条件。没有技术的突破，也就不会有此种作战概念的生成和发展。这是技术突破法生成作战概念的应有之义。

全面布局。“无人机蜂群作战”最终要达到实用的程度，必须从技术攻关、演示验证、概念研究、推演仿真、训练对抗、作战运用、与人的协同关系以及强对抗环境下自主智能的可信性等各个方面统筹协调和协同推进。任何一个环节薄弱和脱节，“无人机蜂群作战”就仍是一句空话。不仅如此，多方案、多途径的同步探索，对于探寻优选方案、规避重大风险同样不可忽视。

提升能力。能力是检验概念的唯一标准。发展和深化“无人机蜂群作战”概念的同时，不断强化“蜂群”释放、组网、协同、探测等技术的试验验证，从简单到复杂，从数架无人机到数十架、数百架无人机，从自然环境到对抗环境，循序渐进，逐步提升“无人机蜂群”的作战能力。能力提升的过程，不仅用于完善作战概念，而且对于探索作战运用方式方法、积累体制编制变革和作战条例制定经验，都具有重要意义。

四、思考与启示

增强对技术突破影响的敏锐性。技术突破和变革会带来战斗力质的提升。对前沿技术有前瞻性地定位和布局，对技术突破和发展持续不断地投入和加强，对技术突破后的应用方向和可能产生的重大影响敏锐性地认知和把握，对具备一定成熟度的前沿性技术适时地转入应用和工程研究，既是保持技术领先的必要条件，更是拥有作战概念和能力优势的根本保证。

强化对解决痛点问题的创新性。善于将痛点问题当作原点问题，善于从原点出发寻求解决痛点问题的方法途径，不局限于原有方案的挖潜和增长，不局限于别人解决类似问题的经验和道路，而是在遵循科学原理、把握技术前景、拓展思维眼界基础上，探寻解决问题、提升能力的新方法和新途径，开辟作战概念和作战能力生成的新境界。

加强对作战概念研究的牵引性。另辟蹊径的解决方案和技术突破的重大贡献为生成作战概念提供了可能。越早地梳理出清晰的作战概念，越系统地规划出作战概念涉及的诸多要素，越自觉地把各项工作向作战概念聚焦和反馈，作战概念的牵引性就越强，作战概念研究的完备性就越好，作战运用的实战性就越高，研究和提出作战概念的意义和作用就越重要。

注重对作战能力生成的系统性。研究和提出作战概念不是最终目的，目的在于生成和提高作战能力。要始终把提高作战能力作为一切工作的出发点和落脚点，始终把作战概念研究所涉及的诸多要素作为一个系统工程顶层筹划、协同推进，始终把概念的研究、技术的突破、能力的验证融成一个有机联系的整体，始终把加快作战能力的生成落到实处。

丰富对作战概念拓展的适应性。在加强对“无人机蜂群作战”概念研究的同时，适时地将这一概念向陆战场、海战场、天战场和网电战场延伸和移植，形成“蜂群”作战概念集，生成不同战场“蜂群”作战能力的同步提升，从而为从根本上改变战争形态和样式奠定基础。

五、步骤与方法

解决痛点和技术突破的高度结合是技术突破法的核心要义。在这一方法中，既要面对现实问题，又要前瞻未来的可能，突破创新的约束，这就决定了采用技术突破法研究和提出作战概念更具挑战性。技术突破法可分为五个步骤开展。

（一）从现实出发梳理原点问题

从分析现有作战能力入手，以打赢未来战争为标准，逐一找出存在的问题和痛点，剖析存在问题和痛点的根本原因，针对原因梳理出原点问题。原点问题是解决现实问题的出发点。

原点问题可分为认识原点、技术原点、管理原点、运用原点、保障原点五类问题。认识原点问题主要涉及理论的欠缺、知识的盲点和观念的束缚；技术原点问题主要涉及技术差距、基础差距、应用差距等；管理原点问题主要涉及管理体制和机制等；运用原点问题主要涉及作战运用的理论性、针对性和有效性等；保障原点问题主要涉及产生原点问题的生态和环境。

（二）从技术出发认清突破可能

一是发现新技术。按照技术成熟度、技术贡献度、技术承受度、技术普适度、技术体验度的标准和要求，对众多前沿技术和新技术进行全面辨识和考量，筛选出技术实用度强或某些技术维度优势突出的技术，超前布局安排攻关。

二是发展新技术。对选定的优势技术进行重点培育和持续发展，不断提高其成熟度和自主可控度。在培育和发展的过程中，实行丛林法则，优胜劣汰，确保“好用、实用、管用”的技术和具有突破性的技术能够脱颖而出、茁壮成长。

三是发挥新技术。按照未来装备和能力的需要，根据技术的类型特点和优势特长，选出特定需求与技术可能的最佳匹配和组合，并把这种最佳匹配和组合的技术应用于特定的装备和能力需求之中，使技术在特定的能力环境中持续生长、发挥作用。

（三）从原点和突破出发提出作战概念

首先从原点出发，探寻解决原点问题的所有原点类作战概念。其次从突破出发，梳理可能支撑解决问题的突破类作战概念。再次将两类作战概念进行交集，在交集的作战概念中筛选出最有优势、最具可能性、最能够提升作战能力的概念，作为初步的作战概念正式提出。最后不断地催化和成熟作战概念。

（四）从作战概念出发推进系统工程

一是梳理出作战概念所涉及的各个系统、各个单位、各个要素、各个环节的工作，分清主次，确立主线，界定分工界面，明确相互关系，形成系统工程图谱。

二是顶层规划系统工程图谱中明确的各项工作，形成系统整体推进的网络图。

三是结合当前和长远，制定技术路线图和实施方案，明确组织管理要求。

推进系统工程的目的在于确保作战概念的落地和作战能力提升的科学性。

（五）从作战能力出发加强推演验证

不忘初心，把提升作战能力贯穿始终。遵循规律，边技术突破、边能力验证、边深化作战概念研究，始终把握作战能力提升的主动权。适时转化，一方面将成果向能力转化，另一方面将成果向其他作战域推广。

只有取得技术群的突破和多种作战域的能力提升，才有可能引发作战能力全面跃升和战争样式主动变革。

第五节　集成颠覆法

集成颠覆法是指基于既有成熟技术、平台、系统、体系等作战要素，通过融合、协同、集成等方式，实现作战能力显著提升的作战概念生成方法。相比于通过技术创新驱动的作战能力生成方式，集成颠覆法在实战能力生成速度、构建难度、成本效益等方面具有显著优势。美海军“海上分布式杀伤”作战概念的提出就是采用集成颠覆法的典型代表。剖析“海上分布式杀伤”的概念内涵、提出背景、发展历程和思路做法，归纳美军一系列采用集成颠覆法提出的作战概念的共性特征和要素，对于启发我们深入思考、归纳总结，形成集成颠覆法的一般步骤和方法，具有现实的借鉴意义。

一、概念与内涵

“海上分布式杀伤”是美海军为解决航母打击群前沿和集中部署带来的易被发现、易被打击问题而提出的兵力分散、火力集中的作战概念。该作战概念是使更多的水面舰艇具备更强的中远程火力打击能力，并将其以分散形式部署，以增加敌方的应对难度，提高己方的战场生存能力的新型作战概念。其核心思想是以隐蔽、分散、灵活的作战方式，集成大量具有强大进攻能力的水面舰艇，使敌方无法选择性地将传感器和火力聚焦于少数大型舰艇，迫使其分散探测和火力资源，从而突破敌方的“反介入/区域拒止”系统。“海上分布式杀伤”概念依托的基础性技术包括“宙斯盾”系统、一体化防空反导系统和海军一体化火控系统，核心是实现数据互联和协同作战。

“海上分布式杀伤”作战概念内涵包括两层含义：一是战术层面，增加单舰杀伤力，降低己方舰艇被探测和打击的可能性；二是战役层面，将军舰视作进攻性自适应作战单元，具有任务导向型特点和大范围分散作战能力，自适应作战单元使得海上作战系统有利于拓展作战空间、实现隐蔽和欺骗，从而增加敌方打击目标时的不确定性和复杂性。

“海上分布式杀伤”作战概念主要有五种作战任务：一是保护水面部队，尤其是美航母战斗群和其他海军重要资产；二是增加作战舰艇在防区外实施目标打击的能力，同时提升整个海上作战体系的火力密度；三是增强电子战优势，以欺骗和干扰等手段降低敌方海上作战能力；四是增强海上作战力量的情报、监视和侦察能力，整体提升行动的战场态势感知能力；五是将水面舰艇分布式配置，提高己方战场生存能力。

“海上分布式杀伤”作战概念制胜机理包括以下几个方面：一是空间上的分散使得作战体系可以选择距离目标最近的装备实施打击，缩短了OODA作战环闭环时间，取得“时间差”优势；二是分散的作战舰艇可通过分布式部署，拓展作战空间，以夺取“空间差”优势；三是通过集中优势火力实施杀伤，降低了打击成本，可取得“能量差”优势。

二、背景与历程

在他国海域附近远洋作战是美海军的常规作战模式，在该作战模式下，美军极度依靠战场制空权、制天权、制电权以及制海权的获取和维持。我军利用各类弹道导弹、巡航导弹和潜艇部队，在西太平洋构建了严密的阻拦网，严重威胁美军既有海上作战模式的正常运行。“亚太再平衡”战略使得美海军必须直面中国的“反介入/区域拒止”能力，针对该情况美海军提出了“海上分布式杀伤”作战概念。

“海上分布式杀伤”作战概念使美海军可充分利用海军为数众多的水面舰队（包含大型和小型船艇），通过改变现有的水面力量编组和指挥控制、火力运用、电磁空间对抗方式，来实现分布式杀伤的目标。

2014 年美海军战争学院根据濒海战列舰编队对海上、陆上目标打击的兵棋推演结果，针对水面舰艇海上生存能力与反舰能力不足提出“海上分布式杀伤”作战概念。2015 年 1 月，美海军水面舰艇部队高层发表了《分布式杀伤》论文，随后，美海军中将罗登通过公开演讲和网络媒体持续宣传“海上分布式杀伤”作战概念，且其内涵由最初的提高反舰能力扩展为提升进攻杀伤性能、有效应对“反介入/区域拒止”、基于有限经费实现战斗力提升等。“海上分布式杀伤”作战概念被提出以后，美海军开展了密集的理论研讨、桌上推演、装备改装与实兵演练，论证其存在的问题和面临的挑战，加速推进该作战概念成熟。

2015 年春天，美海军成立了由战斗人员和分析人员组成的“分布式杀伤”特遣部队，与海军战争学院合作，开展建模、仿真及战术层面的战争演习，为“海上分布式杀伤”作战概念的发展奠定基础。2015 年 5 月，美海军成立“海上分布式杀伤”工作组，重点讨论研究基于“海上分布式杀伤”的未来作战方式，以及基于现有武器条件的打击能力。为检验“海上分布式杀伤”作战概念的威慑能力，美海军研究生院开展了系列化模拟演习，包括 2015 年西太平洋作战想定演习、2016 年东地中海作战想定演习、2017 年南海作战想定演习等。

2016 年 1 月，美海军“阿利·伯克”级导弹驱逐舰发射的“标准 -6”导弹击中了一艘导弹护卫舰，首次实弹测试了海军“海上分布式杀伤”作战概念。2016 年 7 月，美海军“科罗拉多”号濒海战斗舰成功发射了“鱼叉”导弹，验证了濒海战斗舰装备反舰导弹的可行性。2016 年 6 月，美海军舰队司令将“海上分布式杀伤”作战概念提升为海军作战部队概念，用于指导所有海上作战装备能力建设。2017 年 1 月，美海军在《水面部队战略》报告中，正式明确“海上分布式杀伤”作战概念内涵，并将其上升为“重回制海权”的核心作战理论。

三、思路与做法

从问题出发。致力于解决海上作战力量生存能力和打击能力不足的突出问题。

从运用入手。在力量部署、作战运用、手段连接上寻找能力突破点。

从现有着眼。不是立足发展新的作战手段，而是立足现有的作战手段，通过创新运用来提升作战能力。

从能力落脚。检验作战概念是否正确有效的唯一标准是作战能力和作战样式的颠覆性。

四、思考与启示

从追求创新到聚焦能力。降低对技术创新的痴迷，回归实战能力生成这一创新原点，在深入认识现有系统与体系的基础上，综合运用融合、协同、调整、优化等措施，实现作战能力的提升。

从原始创新到综合创新。融合原始创新、集成创新实现综合创新，可以最大限度地发挥技术突破带来的能力颠覆，同时避免技术不成熟带来的潜在风险，实现作战能力的稳步提升。

从攻防结合到攻防一体。攻防一体是武器系统多任务发展的重要形态，可将现有的攻防协同作战转变为攻防一体作战，充分提升不同作战任务需求下的火力优势，实现多样化的作战能力。

五、步骤与方法

（一）分析问题及其原因

把现有作战体系的短板瓶颈及产生短板瓶颈的根本原因找出来，针对根本原因寻找解决问题的办法，作为提出新的作战概念的出发点。

（二）立足现有提出概念

从根本上解决能力的短板瓶颈，一定要立足现有的作战体系和力量手段，通过创新运用提升作战能力，形成新的作战概念。

（三）推演研讨完善概念

对新提出的作战概念，通过研讨、推演不断地丰富和完善。

（四）实战训练检验概念

对于不同阶段的作战概念，通过实战性的训练和演习，实际检验其正确性和有效性。

第六节 作战构想法

作战构想法是指综合分析与作战相关的政治、经济、文化、外交、军事，全球、区域、地缘、态势等要素，构建贴近实战的典型作战场景，然后根据作战场景牵引生成新型作战概念的方法。作战构想法从实际战场需求出发，紧密围绕作战能力生成这一根本，具有贴近实战、需求明确、概念直观的特点。美陆军“多域战”作战概念的提出就是采用作战构想法的典型代表。剖析“多域战”的概念内涵、提出背景、发展历程和思路做法，归纳美军一系列采用作战构想法提出的作战概念的共性特征和要素，对于启发我们深入思考、归纳总结，形成作战构想法的一般步骤和方法，具有现实的借鉴意义。

一、概念与内涵

“多域战”是指美陆军针对未来大国对抗的战争形态，提出的打破军种、领域之间的界限，拓展各军种在空中、海洋、陆地、太空、网络、电磁频谱等领域作战能力，实现同步跨域火力和全域机动，夺取物理域、信息域、认知域以及时间方面优势的新型作战概念。美陆军提出“多域战”的核心目标是构建富有灵活性和弹性的力量编成，能够将作战力量从传统的陆地和空中，拓展到海洋、太空、网络空间、电磁频谱等其他作战域，获取并维持相应作战域优势，控制关键作战域，支援并确保美军的行动自由，从物理打击和认知两个方面挫败强敌。“多域战”作战概念包含跨域火力、作战车辆、远征任务指挥、先进防御、网络与电磁频谱、未来垂直起降飞行器、机器人/自主化系统、单兵/编队作战能力与对敌优势八大关键能力领域。

“多域战”作战概念特征包括以下五个方面：一是作战域多维空间拓展，各军种间高度融合，作战职责和生存空间得以丰富和拓展，最终实现全域火力和机动能力的同步协调和联动；二是作战要素向高度融合转变，未来作战空间逐渐一体化，维度单一、军种独占的作战域将不复存在，作战将向作战要素融合、能力融合与体系融合转变；三是指挥体制向高效扁平化延伸，以作战任务为牵引，采取集中计划、分散执行的指挥模式，赋予基层指挥官更大的战场指挥权；四是军队编制向精简多能转变，着力建设灵活、更具适应性的编队，通过改变部署态势加强对敌威慑；五是技术装备向整合创新发展，各作战力量基于更加紧密的协作关系，实现作战能力的提升。

“多域战”作战概念对作战力量的设想体现在以下四个方面：一是全球性作战框架，“多域战”将原先的三区（后方、近战、纵深）地区性框架拓展为七区（战略支援区、战役支援区、战术支援区、近战区、纵深机动区、战役纵深火力区、战略纵深火力区）全球性框架；二是多域融合作战，单个作战分队建制内编配陆、海、空、天、网络等域的作战力量，使作战分队具备在多个作战域行动并释放火力的能力；三是弹性作战编制，作战分队可以根据任务对相关力量进行灵活编组，以应对瞬息万变的战场环境；四是构建跨域优势态势，从敌方各作战域内的弱点、失误或体系缺口入手，通过跨域聚能形成优势态势，保证联合作战部队始终掌握主动。

“多域战”作战概念的制胜机理主要有以下两个方面：一是通过“域差”形成“空间差”；二是通过域内能力差形成“能量差”。

二、背景与历程

美陆军认为，中俄等高端对手正在通过实施“反介入/区域拒止”策略，部署先进传感器网络、一体化防空系统以及大量远程精确打击武器，抵消美军在空域和海域的作战优势；积极发展太空、网络等新兴作战能力，限制美军对太空、网络空间、电磁频谱等作战域的利用，使得美军在陆地、海洋、空中、太空、网络空间、电磁频谱等作战域均面临竞争和对抗，极大限制了美军的行动自由和优势保持。对美陆军而言，一方面，对手的“反介入/区域拒止”策略极大限制了美海军、空军通过空中、海洋、太空等作战域为其提供作战支援的能力；另一方面，作战环境的变化也使得美陆军需要在各作战域为其他军种提供支援。美2015年《国家军事战略》提出，“美军要与盟友能够在多个作战域投送力量，迫使对手停止敌对行动或解除其军事能力”。

在此背景下，美陆军提出“多域战”作战概念。通过组建用于执行“多域战”的联合部队，将能够为指挥官提供多种选择来抵御和打败实力强大的敌人。“多域战”作战概念的核心是地面作战力量编组部署要具有灵活性和适应性，可以从陆地向其他作战域投送兵力，使美军能够自由行动、夺取相对优势地位并控制关键区域来巩固取得的作战效果。

2012年，美国防部颁布《联合作战介入概念》，提出“全球公域”概念，强调“跨域协同”是联合作战介入的重要基础。2015年，美军初步完成了《联合跨域作战指挥控制行动概念》，明确将“跨域”指向陆、海、空、天、网等作战域，正式提出“多域战”作战概念。2016年11月，“多域战”作战概念被正式写入新颁布的美陆军作战条令，明确指出“多域战”作为联合部队的一部分，美军将通过开展“多域战”，获取、掌握或剥夺敌方力量控制权。2017年，美太平洋战区陆军将“多域战”纳入演习中；次年，美欧洲战区陆军也将“多域战”纳入演习中。

2017 年 2 月，美陆军和海军陆战队联合发布了《多域战：21 世纪合成兵种》白皮书，详细阐述了“多域战”作战概念的具体落实方案，明确提出要在联合部队内建立灵活、更具适应性的编队，通过改变部队部署态势加强对敌威慑。“多域战”要求美军的编制在小型化、更加灵活和具有弹性的同时，在横向上要和其他军种进行融合，在纵向上要将其他军种优势力量融入自身。依靠这种多能高效的作战编制，美军将实现快速、多线部署和独立、多域作战。

2018 年 4 月，驻欧美军部队在德国组织了首次“联合作战评估”演习，以未来“多域战”为背景，试验了“多域战”作战概念，对其作战能力进行了评估。2018 年 12 月，美陆军训练与条令司令部发布《多域战 2028》新概念，即“多域作战 1.5 版本”，对之前公布的《多域战：21 世纪合成兵种》（多域战 1.0 版本）中相关概念进行了进一步的阐释，主要包括多域作战中心思想、主要原则、战略目标，分析了多域作战面临的问题，并提出了解决中国、俄罗斯等大国威胁的详细方案，指出了陆军的能力建设重点。新概念中，美陆军将“多域战”更改为“多域作战”，即作战层级从战斗、战术升级到战役乃至战略层次，拓展了作战范围。

“多域战”作战概念仍处于不断论证发展中，但其融合、协同的建设思路已经扩展至多个领域，促进了美军作战样式的转变。

三、思路与做法

作战对象和背景明确。以中俄为作战对象，以在各个作战域的全面对抗为作战背景。

在各作战域战胜对手。追求在每一个作战域都取得作战的优势，从而战胜对手。

实施多作战域的联合。取得作战域优势的途径是依靠多军种在同一作战域的力量联合，以及不同作战域力量的融合。

追求战术战役战略优势。获取作战域的优势，不仅在于获取战术、战役和战场上的局部优势，更注重获取整个战争的全局性、战略性优势，从而夺得战争的主动权。

四、思考与启示

注重纵向联合。将传统的建制力量联合运用，发展成为建制力量在各作战域能力的融合，并通过作战域间力量的联合运用夺取域内作战能力的优势。

注重多域优势。不仅夺得某一作战域的优势，更加注重在所有作战域上夺取优势。

注重能力拓展。通过夺取多域优势，拓展陆军使命任务和作战能力，发挥陆军在未来大国对抗中的作用地位。

五、步骤与方法

（一）分析全面挑战

针对作战对手和作战背景，分析和正视面对的全面挑战和威胁。

（二）提出作战构想

以战胜对手为目标，以全面对全面为思路，以纵向和横向力量联合运用为手段，提出新的作战构想。

（三）聚焦能力提升

新的作战构想旨在形成对作战对手的全面优势，旨在促进作战力量的发展和能力的提升。

（四）完善作战概念

将新的作战构想提炼成新的作战概念，并通过研究、推演、演练和实战，不断检验作战概念的正确性和合理性，不断丰富和完善作战概念的内涵。

第七节　组合设计法

组合设计法是指利用威胁应对法、能力塑造法、对手定制法、技术突破法、集成颠覆法、作战构想法中的两种或两种以上方法，综合生成新型作战概念的方法。未来战争设计需要考虑的要素众多，战场环境复杂，组合设计法可以发挥各类方法的优势，形成全面而完备的新型作战概念，是适应未来战场环境的一类最常用的作战概念生成方法。美军“穿透性制空”作战概念的提出就是采用组合设计法的典型代表。剖析“穿透性制空”的概念内涵、提出背景、发展历程和思路做法，归纳美军一系列采用组合设计法提出的作战概念的共性特征和要素，对于启发我们深入思考、归纳总结，形成组合设计法的一般步骤和方法，具有现实的借鉴意义。

一、概念与内涵

“穿透性制空”是指美军针对传统制空作战面临的代价高、难度大等问题，应对中俄等大国防空作战能力强的特点，提出的新型制空作战概念。此作战概念借鉴的是导弹突防概念，目的是让对手的防御系统看不见、辨不清、拦不了实施穿透的空中作战力量。“穿透性制空”可使美军自由进出敌方严密的防空区域实施作战行动。“穿透性制空”是美军适应强敌作战能力提升、自身经费缩减等现状，摒弃以往追求全空域控制而提出的新型作战概念。

“穿透性制空”能力的内涵包括以下两个方面：一是物质穿透，“穿透性制空”作战平台利用其极低隐身、低空飞行、航路规划等突防措施，穿透敌方防御体系，实现对严密防护的高价值目标的精确打击；二是信息穿透，“穿透性制空”作战平台可作为作战网络的节点，建立由空、天、网等空间传感器组成的一体化网络，进而利用所有在此网络内的武器平台，夺取战区局部制空权。

“穿透性制空”作战概念制胜机理主要有以下两个方面：一是通过隐身压缩对方的感知空间，形成“空间差”；二是通过伴随的电子战能力，压缩敌方防御系统的快速反应能力，形成“时间差”。

二、背景与历程

“穿透性制空”作战概念的提出主要有以下考虑：一是从中俄两国不断强化的防御作战能力出发，以实现有效打击为目标，这是典型的基于威胁应对法生成的作战概念；二是着眼于中国已构建的强大的“反介入/区域拒止”能力，美军摒弃以往追求全战区制空权的思想，提出执行穿透式精确打击的定制化作战概念；三是“穿透性制空”作战概念的核心是其作战平台，目前论证的形态为有人—无人飞机编队，即高隐身、强机动和超远航程战斗机，运用人工智能技术，同时操控多架无人战斗机，形成联网作战的空中火力体系，而这类作战概念是由目前发展迅速的有人—无人协同技术、高性能发动机技术牵引出的作战概念。

2016 年，美空军发布的《2030 年空中优势飞机规划》首次提到“穿透性制空”作战概念，其定义是在 2030 年强对抗和高威胁复杂战场环境下，能够突破敌方强大的防空系统，有效侦测、打击，确保联合作战所要求的时域和空域优势的能力解决方案。“穿透性制空”、武库机、B－21 轰炸机、电子战等，一同成为穿透高对抗环境和防区外施加影响的能力组合。

2019 年，美智库战略和预算评估中心公布的《走向大国竞争时代的美国空军》中，阐释了美对南海作战的设想，“穿透性制空”作战成为战争初期的主要作战样式：基于 B－21 轰炸机、“穿透性制空”作战平台、穿透性电子战平台、穿透性 ISR（情报监视侦查）飞机，对中国内陆大纵深部署的重要目标、大陆和南海上的指控节点、轰炸机和运输机的指控设施等进行精确打击。

按装备不同，“穿透性制空”能力发展可分为两个阶段。

第一阶段，基于当前的隐身飞机、巡航导弹等装备构建穿透性打击作战能力。该阶段的穿透性打击完全依靠作战平台自身的能力，在面临敌方防御系统时，被拦截的可能性较大。该阶段是美军充分发挥现有装备能力实现的一类作战样式。

第二阶段，美军认识到未来获取作战飞机代差、实现全战区制空权的难度越来越大，因而着力发展“穿透性制空”的作战概念，由谋求全域优势转向追求局部的空中优势。美将下一代战机命名为“穿透性制空”（PCA）战机，计划在2030年用PCA战机替代F－22。PCA是一种能够突破强大防空系统并在其中自由作战的新型作战飞机，其核心使命任务是使用各类武器，执行制空作战和对面打击，并作为网络节点为体系中其他装备提供态势信息支持，具有高速、高机动、宽频宽谱隐身、大航程、高载重、宽谱航电、先进电子战设备、有人—无人结合等技术特征，目前该飞机整体上处于概念阶段，美军正在加紧开展相关装备的探索工作。此外，美空军上将霍克·卡莱尔认为，PCA可能拥有大航程、大载弹量、隐身等能力的多类飞机，如B－21，通过大弹舱挂载先进中距空空导弹或远程空空导弹，来夺取制空权，其目标信息来自前出的隐身无人战机。隐身无人战机承担传感器的角色，其主要作战任务是发现目标并传输数据，具有较大的航程，采用目前最先进的变循环自适应发动机。

三、思路与做法

针对力量不足现状。针对军费减少、制空作战力量不足的问题，寻找新的制空思路。

借鉴导弹突防概念。不是追求传统的绝对制空概念，而是像导弹突防一样，通过隐身、诱饵、干扰和欺骗等手段，穿透敌方严密防御的空域，使敌防御系统看不见、辨不清、拦不了实施穿透的作战力量。

发挥己方力量优势。充分利用在隐身、电子战等方面的作战优势。

实施穿透而非摧毁。不再追求对敌防御体系实施摧毁，从而降低作战成本，节省制空作战力量，运用非对称的作战手段，达成制胜大国的作战目的。

四、思考与启示

以作战目的为牵引。夺取制空权不是目的，目的是将空中作战力量投送到作战区实施作战行动。最简便的投送手段是“穿透性制空”。

以威胁环境为条件。将大国对手严密的防御能力作为“马奇诺防线”，不是摧毁“马奇诺防线”，而是绕过或穿透“马奇诺防线”。

以现有力量的创新运用为前提。以现有的隐身作战力量和电子作战力量为依托，构建“穿透性制空”的主战力量。

以颠覆作战能力为目标。“穿透性制空”相比传统的制空作战，会产生作战能力、作战样式的颠覆和改变。

五、步骤与方法

（一）针对直接作战目的选取作战概念生成方法

在 OODA 作战环中，一般 A 是直接作战目的，而 OOD 是间接的作战目的，是实现直接作战目的的支撑和保障。生成作战概念首先围绕直接作战目的选择生成方法。

（二）针对达成作战目的的途径选取作战概念生成方法

直接作战目的往往要经过若干步骤和途径才得以实现，需要对这些步骤和途径选择合适的作战概念生成方法。所生成的作战概念是过程性和阶段性的。

（三）将两者进行组合形成作战概念

把实现直接作战目的的作战概念与步骤和途径所生成的作战概念进行组合，最终形成新的作战概念。

第四章
重新定义导弹装备

导弹装备创新与否是可以定量判别的。投掷比冲是一个很好的衡量工具，投掷比冲是导弹战斗部重量、飞行速度、导弹重量、导弹成本的函数，具体的方程描述为

投掷比冲 = 战斗部重量 × 飞行速度/导弹重量/导弹成本

一型新的导弹产品是否是创新的产品，可以用投掷比冲相对前代产品是否有提高定量地判断出来。如果有提高，则可以判断其为创新的产品，如果没有提高，即便其声称采用了一些创新的手段，也不是真正的创新。

重新定义导弹装备是指在现有装备性能水平情况下，通过重新定义从需求到作战运用的各个环节，突破传统对导弹装备的认知局限、理论局限、形态局限等，达到大幅提升装备能力的目的。重新定义导弹装备包括重新定义需求、概念、能力、形态、途径、设计、生产和保障。

第一节　重新定义需求

与任何其他产品一样，导弹的需求来自使用者和生产者两个方面。在使用者看来，导弹是一类需要在特定场景下完成作战任务的装备，使用者对导弹的需求主要包括：能完成什么任务，即任务需求；完成任务的好坏，即能力需求；在什么场景下能使用，即环境需求。在生产者看来，导弹是一类技术难度高、投资规模大的产品，生产者除了首先满足使用者任务需求外，关心的是新产品是否符合自身企业的产品规划，即型谱需求。使用者和生产者都希望导弹装备能够有一个大的使用量、低的成本、短的时间周期，即规模需求。

本节分别从重新定义任务需求、重新定义能力需求、重新定义环境需求、重新定义型谱需求、重新定义规模需求五个方面，对重新定义导弹需求进行阐述，相对全面地梳理了从需求出发的导弹创新方法。

一、重新定义任务需求

（一）概念与内涵

在以往的作战使用中，导弹的任务一般为火力打击。导弹作为一型具备高精度探测、高威力毁伤功能的高速飞行器，还可以承担一定的火力打击之外的任务。重新定义任务需求就是指充分利用导弹的飞行、探测、载荷等固有能力，拓展导弹的任务范围，从火力打击以外的维度，探索导弹新的作战使命和功能，从而牵引导弹装备的创新发展。

（二）目的与意义

通过重新定义任务需求，可为导弹赋予持续的创新生命力，其主要意义在于：

重新定义任务需求，可促进导弹装备已有潜能的挖掘。导弹是一个高度复杂的信息化、智能化产品，当前人们只利用其飞行和打击能力，将其作为运载器将战斗部运送到指定位置，而对其他能力的开发不足。利用重新定义导弹需求的方法，可以系统地将导弹平台潜能充分地开发出来。

重新定义任务需求，可促进导弹装备概念边界的拓展。随着技术的发展，导弹的种类和功能趋于融合，导弹在新的作战域作战和跨域作战的能力正在形成，各种新概念的导弹不断涌现，为导弹装备的发展提供了更多的可能性。

（三）思路与方法

从重新定义作战任务的不同方式出发，任务需求包括任务的增加、任务的缩减、任务的转移、任务的改性。

任务的增加。此为增加和挖掘导弹装备任务能力的需求方法。任务增加是指对导弹作战任务进行扩展，在保留原打击任务的基础上，增加其他任务需求。对导弹作战任务的拓展，应尽可能在不增加导弹装备的复杂性和成本的前提下进行，使得导弹具备一专多能的能力。例如，导弹除了毁伤能力之外，弹上一般都会带有自主探测设备，利用弹上探测设备得到信息并将其回传，可以将导弹变成一个侦察平台。此时导弹的需求不再是单一的毁伤目标，而是侦察、探测、打击一体。美国的“弹簧刀”巡飞弹、以色列的“英雄”巡飞弹均为此类装备。通过巡飞弹自身的察打一体能力，解决了地面手段的侦察探测死角，以及利用无人机侦察探测再利用导弹打击的延时性问题，实现了及时发现、及时判断、及时打击，传感器与“射手”一体化无缝连接。这种巡飞弹就是通过重新定义导弹需求从而实现创新的一个典型案例。

任务的缩减。此为重新分配导弹任务能力的需求方法。任务缩减是指对导弹的任务需求进行简化或重新分配，在保证载荷能力不变的情况下，降低导弹的功能和成本，简化导弹作战的运用。单个导弹装备任务的缩减，必须在群组导弹作战任务能力提升的前提下进行。例如，协同攻击的导弹群，把原来集中在一枚导弹上的任务和能力分散到多枚导弹上，组成协同的攻击群，实现 1 + 1 >2 的作战目的。

任务的转移。此为难点分散的需求方法。任务转移是指将导弹的任务转移至其他装备，降低对导弹自身的要求。通过任务的转移，不仅使导弹作战运用更加灵活，而且可以整体提升导弹作战的能力。例如，电磁弹射导弹，本质上是将导弹发动机的任务转移至地面发射系统，降低导弹的重量；与之类似的还有美国“标准”系列导弹系统，可以利用预警机的信息制导，这是将制导雷达的任务进行了转移，简化了对制导雷达的要求。

任务的改性。此为改变装备属性的需求方法。任务的改性是指将导弹的任务性质进行改变。其主要包括：将常规导弹安装核战斗部，将常规任务改为战略任务；利用“标准-6”导弹打击水面舰艇，将防御任务改为进攻任务，提升导弹的使用范围；利用导弹射程远、飞行高度高等特点，进行战场前出观察，观察信息通过数据链回传，为后方提供即时的前线信息，将打击任务改为侦察任务。

二、重新定义能力需求

（一）概念与内涵

以往对导弹能力的需求过于看重导弹装备的技术指标。导弹作为一型在复杂战场环境下使用的武器装备，其实战化能力也非常重要。重新定义能力需求是指改变以往技术指标优先，进一步拓展导弹作战能力内涵，从提升导弹的实战能力方面，牵引导弹装备的创新发展。

（二）目的与意义

通过重新定义能力需求，可为导弹能力突破标定方向，其主要意义在于：

重新定义能力需求，可完善导弹装备的评价体系。导弹最终是要走向战场的。如果对导弹能力的内涵定义得过于局限，不能真实反映导弹的实战能力，势必会影响对其评价的最终结果。

重新定义能力需求，可规定导弹装备的发展方向。导弹能力需求是导弹的顶层需求之一，通过完善导弹能力内涵，可以寻找到更准确的导弹装备发展方向，也可以作为导弹装备创新的切入点。

（三）思路与方法

从能力的不同维度出发，能力需求包括召之即来、来之能战、战之必胜能力，好用、实用、管用能力，以及机动力、信息力、火力、防护力、指控力、保障力、智能力，体能、技能、战能等。

召之即来、来之能战、战之必胜能力。一是召之即来能力，指导弹装备由交付完成到预设就位的能力需求，是导弹装备实战能力的前提条件。支撑召之即来能力需求主要包括储存完好能力、机动规划能力、运输能力、伪装防护能力、指挥通信能力等。二是来之能战能力，指导弹装备由部署展开至完成作战准备、进入战斗状态的能力需求，是导弹装备实战能力的基本条件。支撑来之能战能力需求主要包括导弹装备部署能力、展开能力、任务规划能力、转进能力、撤收能力、环境适应能力等。三是战之必胜能力，指导弹装备有效实施作战过程、完成预定作战任务的能力需求，是武器装备实战能力的最终体现。支撑战之必胜能力需求主要包括体系引导能力、协同作战能力、快速反应能力、综合防抗能力、毁伤评估能力、持续作战能力等。

好用、实用、管用能力。一是好用能力，是指用户对导弹装备操作界面有效性以及效率的感知度量，是导弹装备易操作、易打理、易维修的程度。好用能力是用户对导弹装备的直接体验，重点解决导弹装备“用得好”的问题。二是实用能力，是指导弹装备功能和性价比满足用户实用要求的度量，是导弹装备高价值、高皮实、高承受的程度。实用能力是导弹装备的深度体验，相对于好用能力的直接体验，深度体验具有潜在性、决定性，重点解决导弹装备“用得起”的问题。三是管用能力，是指导弹装备能力满足用户使用要求的度量，是导弹装备强作战、强不对称、强自主可控的程度，集中反映了导弹装备的对抗能力，其体验对象是决策类用户，设计目标是完成作战使命，重点解决导弹装备“用得对”的问题。

机动力、信息力、火力、防护力、指控力、保障力、智能力。此为从导弹平台的能力内涵的维度梳理提炼导弹装备能力。机动力是指导弹机动加速度、速度和机动范围；信息力是指导弹装备感知、获取战场和目标信息的能力；火力是指导弹装备战斗部的毁伤能力；防护力是指导弹装备的生存、突防和抗干扰能力；指控力是指作战体系对导弹装备作战过程中，实时指挥和控制的能力；保障力是指作战系统对导弹装备技术和作战保障的能力；智能力是指导弹装备自主实现 OODA 的作战能力。从这个维度梳理导弹的能力，可解决导弹装备能力的全面性和均衡性问题。

体能、技能、战能。一是体能，导弹装备的体能是指导弹适应、支配、控制和完成各种导弹作战行动的能力，是导弹作战能力的基本要素。导弹作战体能是导弹装备主要战技性能的实战化体现，主要包括导弹的速度、射程、敏捷性、载荷能力、打击目标、重量尺寸、突防能力、飞行高度和采购成本等。二是技能，导弹装备的技能是指导弹作战部队掌握和运用导弹作战技术的能力。

导弹作战技术是完成导弹作战行动的基本方法，是实施导弹作战行动的基础，是导弹作战能力的重要因素。导弹作战技术由作战行动要素和作战技术结构组成：导弹作战行动要素包括行动态势（如作战力量的布势）、行动轨迹（如兵力机动路线、火力机动弹道）、行动时间（如发现时间、决策时间）、行动速度（如反应速度、机动速度、飞行速度）、行动力量（如火力密度、打击威力）和行动节奏（如打击波次、攻防转换）等。导弹作战技术结构包括行动基本结构和作战技术组合两层含义，行动基本结构是指一组作战行动要素按照先后顺序组成的作战技术链（如防御反击作战技术）；作战技术组合是指若干独立的作战技术集合（如不同导弹组合运用作战技术）。三是战能，导弹装备的战能是指导弹作战部队掌握和运用导弹作战战术的能力，是作战部队整体作战能力的重要组成部分。作战技术风格往往决定着战术风格，战术的多样性取决于作战技术的全面性。导弹作战战术主要包括导弹进攻作战战术、导弹防御作战战术等。

三、重新定义环境需求

（一）概念与内涵

导弹环境通常包括自然环境、人为环境、运输环境、飞行环境等。自然环境主要指储存测试环境，包括作战地域、海拔高度、地形地貌、季节等。人为环境主要指战场使用环境，包括能量强度、干扰样式、运用模式等。运输环境主要指运输性能的环境，包括装载平台、运输平台、跌落、碰撞、噪声等。飞行环境主要指导弹飞行过程中的力、热综合环境，包括载荷环境、冲击环境、振动环境、热环境等。

（二）目的与意义

通过重新定义环境需求，可为导弹提供更为真实准确的使用边界，其主要意义在于：

重新定义环境需求，可为导弹装备提供更加完整的环境条件。通过系统梳理导弹从测试储存到最后飞行各个任务剖面的环境需求，可形成一套完整的环境条件，避免导弹实际使用过程中出现不适应或超出环境条件的情况。

重新定义环境需求，可为导弹装备提供更加准确的环境边界。通过对环境需求的精确建模，为导弹装备提供较为精准的环境条件，降低产品由于环境条件不确定度大而引起的技术性能损失和武器装备的复杂程度。

（三）思路与方法

从环境需求重新定义的目标出发，重新定义环境需求包括全面重构、准确重构、合理重构。

全面重构。此为从环境需求要素维度梳理导弹装备环境需求。全面重构指从导弹测试储存、战场转运、飞行作战各个环节，系统梳理与导弹装备相关的自然环境、人为环境、运输环境和飞行环境，以保证环境要素不遗失、不遗漏。

准确重构。此为从环境需求表征维度构建导弹装备环境需求。准确重构指对导弹的各类环境需求进行准确的描述和表达，建立精确的环境需求模型。从准确重构环境需求的维度出发，可以开展许多有意义的研究，诸如热环境的准确建模、力学环境的准确建模等，是导弹装备创新的一个重要途径。

合理重构。此为从环境需求使用维度梳理导弹装备环境需求。合理重构指通过细分导弹装备各部分的使用条件，对环境需求进行进一步的细分，从而对导弹装备的不同部件提出不同的环境需求。例如，当前导弹在储存运输过程中大多有发射箱或发射筒进行保护，可以通过提高发射箱或发射筒的技术水平，降低对其内部的导弹的环境需求。相比导弹这个精密的装备，其外部的发射箱或发射筒的环境承载能力更容易提升。

四、重新定义型谱需求

（一）概念与内涵

导弹装备型谱需求不仅关系到作战装备的种类数量和战时保障的难易程度，也是一项企业层面的需求。由于导弹装备通常是由国家进行投资研制的，从国家是导弹装备的投资人的角度，型谱需求也是一种国家需求。型谱需求是导弹装备由仿制向自主创新转变带来的新的需求类型，它要求新型导弹装备必须符合现有产品的型谱规划，这也为导弹装备创新划定了创新边界。

（二）目的与意义

通过重新定义型谱需求，可一定程度上降低创新风险，提高创新价值，其主要意义在于：

重新定义型谱需求，可以减少导弹装备的品种规格。按照基本型系列化发展思路，在基本型的基础上发展系列化的导弹装备，以适应不同军种、不同作战平台、不同作战任务的不同要求，减少规格品种，提高研制和生产效益。

重新定义型谱需求，可以降低战时保障复杂程度。导弹的规格品种越多，战时需要的技术保障就越复杂，保持作战能力不降低的难度就越大。合理的型谱需求，可以提升军种通用、平台通用、系列通用的覆盖程度，减少战时技术保障要素配置，提升持续作战能力。

（三）思路与方法

从重新定义型谱需求的要素出发，型谱包括导弹型谱、分系统型谱、部件型谱、接口型谱、软件型谱。

导弹型谱。导弹型谱是指国家或导弹生产企业根据对现有导弹产品和未来一段时间的判断构建的导弹发展规划。一是基本型系列化方法，按跨代标准和某一军种需求选择导弹基本型，在基本型的基础上，横向通过局部改进移植到其他军种和其他作战平台，纵向在保持总体技术体制不变的情况下不断改进提升，形成系列化导弹装备。二是“一代平台多代导弹、一代导弹多代平台”的方法，跨代导弹的发展和导弹性能的跃升不是靠增加导弹的规模尺寸来实现，而是通过内涵式发展途径在不增加规模尺寸的前提下提升导弹的跨代性能，这样可以使新发展的导弹不仅能够适装老一代的作战平台，也可以适装不同的作战平台。三是模块化导弹方法，通过将导弹制导、战斗部、发动机等不同部件进行模块化设计和组装，实现导弹不同的作战能力、不同的作战任务。四是预留空间方法，在基本型导弹设计中，通过预留发展和改进的空间，为横向移植和纵向改进留有余地和可能性。五是目标定制方法，通过对同一类打击目标量身定制基于目标的基本型导弹，形成远中近、高中低不同能力的系列化导弹型谱。六是统筹需求方法，寻找不同军种、不同平台、不同任务对导弹需求的最大公约数，设计和发展基本型导弹。

分系统型谱。分系统是弹上能够实现一定功能的设备组合，导弹弹上分系统一般包括探测制导分系统、电气分系统、结构分系统、能源分系统等，其不构成独立的产品形态，但却是导弹装备的重要支撑。分系统型谱一般随导弹型谱同步规划和发展，采用导弹型谱相同或相似的方法，核心是保持分系统功能、技术体制、接口等的标准化和通用化。导弹分系统的划分不是一成不变的，也需要进行创新的重新定义。通过重新定义，形成新的分系统格局，以进一步简化导弹系统的组成和复杂性，提高研制和生产的通用性和便捷性，增强作战运用的丰富性和灵活性。

部件型谱。部件指的是导弹上的二级设备，如导引头、弹载计算机、发动机等弹上设备，其本身也是独立产品的形态。一是弹上部件标准化的方法，部件型谱是导弹生产企业根据自身上下游供应链及配套合作企业对弹上部件制定的规划，在能够满足导弹性能需求的前提下，使弹上设备尽可能在不同导弹上通用，提高部件利用率。二是弹上部件指标化的方法，对每个弹上部件，制定完备的指标体系库，对弹上设备的指标划分，应优先考虑指标体系库中的产品指标，以尽可能减少弹上设备的种类。三是弹上部件民用化的方法，采用民用标准、民用部件和民用元器件构建弹上部件，使导弹部件逐步形成货架产品。

接口型谱。接口指的是导弹装备内部分系统和部件之间、导弹装备与外界之间的连接形式，包括机械接口、电气接口、信息接口等。一是统一机械接口的方法，机械接口型谱是导弹生产企业根据自身或行业的标准规范，对弹上各个结构进行规定，设定统一的接口形式，使导弹装备可以应用于更多的武器系统；二是统一电气接口的方法，对接口设备相互连接的技术体制进行统一规划；三是统一信息接口的方法，对弹上设备间或弹地总线的形式进行统一的规定。为保证接口型谱的生命力，在选用接口标准和规范时，应尽可能采用应用范围广、技术成熟、发展潜力大的接口体制。

软件型谱。软件指的是导弹装载的代码程序。软件型谱是导弹生产企业根据自身的代码库，对软件编写制定的相应规范，以提高弹上软件的重用度，降低新编软件出现错误的概率。一是软件架构规范化的方法，对弹上软件的架构进行规范统一；二是软件函数通用的方法，建立统一的函数库，软件函数尽可能共用；三是操作系统软件的兼容方法，采用自主可控的操作系统，升级的操作系统软件应保持对升级前操作系统软件的兼容，以保证导弹装备的兼容性。

五、重新定义规模需求

（一）概念与内涵

导弹装备规模需求是一项使用者和生产者都关心的需求类型。使用者关心的是产品的供货量、供货成本以及供货周期。生产者关心的是导弹经过设计研发，在生产阶段能够以多大的生产数量来为企业带来利润。两者在导弹装备规模需求上是一致的。以往导弹创新较少涉及导弹规模需求，从规模需求的维度出发，可以为导弹创新带来新的思路。

（二）目的与意义

通过重新定义规模需求，可为军队使用者和生产企业方带来双赢，其主要意义在于：

重新定义规模需求，可缩短战斗力生成周期。规模需求要求新型导弹快速完成研制、大批量生产，同时降低单发导弹的成本。这为部队产品采购提供了便利，保证部队的火力储备。

重新定义规模需求，可提高企业生产利润。规模需求要求新型导弹完成设计研发后，具有一定数量的生产量。对生产企业来说，设计研发过程为投资环节，生产过程为利润回报环节，大批量生产可为生产企业带来较大的利润收入。

（三）思路与方法

从重新定义规模需求的要素出发，规模需求包括生产规模、成本规模、周期规模。

生产规模。此为从数量维度提升导弹规模需求。一是提高生产能力的方法，企业生产能力越强，其同等时间下可以生产的产品数量也会越多。二是借助民间生产能力的方法，在军工企业生产能力一定的情况下，在设计阶段采用创新的方法，通过导弹方案选用民用器件、民用工艺以及推广军工器件、军工工艺的民用化，降低导弹产品的生产门槛，释放民用工业产品的生产能力服务于导弹生产，扩大导弹的生产规模。例如，日本部分汽车生产线可以直接转为生产坦克，日本大部分战术导弹生产由电机厂和洗衣机厂承担，利用民间的生产能力是提高生产规模的重要途径。

成本规模。此为从价格维度提升导弹规模需求。成本规模是指单枚导弹的采购成本。一是低成本设计的方法，在设计阶段，通过低成本设计，尽可能避免采用价格较高的专用器件；二是低成本生产的方法，在生产阶段，通过大批量生产、竞争生产、限价生产等方法，降低导弹的成本规模。

周期规模。此为从时间维度提升导弹规模需求。周期规模主要指研制周期和生产周期。一是合理优化研制流程的方法，通过制定合理的研制流程，缩短研制周期；二是选择成熟技术方案的方法，使新型导弹能够快速形成作战能力；三是逐步改进的方法，持续提升装备性能。例如，“标准”系列导弹通过不断的局部改进，逐渐模糊装备研制周期概念，使装备能力不断提升。

第二节　重新定义概念

重新定义概念是指以针对系统设计提出的顶层概念，牵引装备形态的创新发展。重新定义概念可以从顶层概念出发，有理论依据地直接牵引出装备形态，以保证导弹装备创新的方向正确性和作战适用性。利用重新定义概念形成的新型创新装备通常具有较长的生命周期，相比针对作战需求形成的武器装备，具有更广阔的适应能力和应用场景。

当前导弹研制中涉及的各类概念，可以分为时间类概念、空间类概念、信息类概念、实战类概念四个方面。本节通过对这四个方面的概念进行重新定义，相对全面地梳理了从概念出发的导弹创新方法。

一、重新定义时间类概念

（一）概念与内涵

时间类概念牵引是指通过概念的设定，牵引出一系列导弹的发展，使导弹能够满足一段时间内的发展需求。常见的时间类概念牵引包括弹族化导弹、系列化导弹和模块化导弹。

（二）目的与意义

通过重新定义时间类概念，可为导弹规划一段时间内的整体发展，其主要意义在于：

降低导弹研发成本。时间类概念牵引的导弹以设计一型导弹的代价形成多型导弹的作战能力，可大幅降低研发成本。

提高导弹可靠性。由于采用顶层规划设计，各型导弹高度重用，相关的生产制造流程成熟，有利于提高导弹的可靠性。

提高导弹通用性。导弹覆盖的射程范围广，可适用于各种战场环境，能同时满足不同军种的需求，提高技术和作战保障的通用性。

（三）思路与方法

从导弹发展的先后顺序出发，时间类概念包括弹族化、系列化、模块化，并由此三个概念相结合形成的新的概念。

弹族化导弹。在时间维度的基础上，弹族化是从共有基因角度提出的。一是相同主级配不同助推级的方法，通过一系列多型导弹具有相同的主级，配备不同的助推级，形成覆盖不同射程的作战能力。这些导弹主级完全相同，属于同一家族，因此称为弹族化导弹。弹族化导弹在设计上采用“预筹设计”方式，可以使导弹在射程维度的性能指标快速提升。二是不同导弹采用相同或相近的技术体制以及相同弹上产品的方法，这是弹族化导弹的一种实现形式。弹族化导弹的特点是在同一时间维度上一次性形成多型导弹，各型导弹是并列关系，而不是继承关系。欧洲“紫苑”导弹是弹族化导弹的典型代表。

系列化导弹。在时间维度的基础上，系列化是从继承发展角度提出的，指一系列多型导弹具有相同或相似的气动外形、部位安排。一是弹上产品局部改进的方法，后代产品对前代产品具有较强的继承性，同时，导弹的性能随系列发展层层递进，在不对导弹进行颠覆性更改的前提下，不断满足日益增长的使用需求。二是软件模型持续优化的方法。有些导弹在研制初期，由于对导弹性能的掌握并不准确，软件模型并不完善，随着对导弹性能的认识逐渐精确，通过对弹上软件模型的改进，就可大大提升导弹能力。系列化导弹的特点是在同一时间维度上仅有一型导弹，在前代导弹完成研制后才开展后代导弹的研制。俄罗斯 C－300、C－400 导弹是系列化导弹的典型代表。

模块化导弹。在时间维度的基础上，模块化是从单元组合角度提出的。一是模块化结构的方法，模块化导弹是指导弹具有相同的中部弹体，采用模块化结构，在战场上可以针对不同的目标进行武器模块的替换，以使导弹满足特定的任务需求。二是模块化分系统的方法，在模块化导弹中，导弹各分系统都模块化为完全独立的单元，开放的功能与物理结构使这些分系统模块能够即插即用，而简化的接口设计则更有助于快速响应的装配。三是模块化组合的方法，通过模块的组合替换，导弹更加通用化，使用范围和打击能力更强。模块化导弹在某种意义上结合了系列化导弹和弹族化导弹两个概念的优点。欧洲的

CVW102 FlexiS 完全模块化空射导弹是 MBDA 公司提出的新概念导弹，是模块化导弹的典型代表。

弹族化、系列化、模块化的结合。弹族化、系列化、模块化三个概念各有侧重。弹族化强调在同一时间同时完成多型导弹的整体设计，不强调导弹性能随时间的延续性。系列化强调导弹性能随时间的延续性，但同一时期只有一型产品。模块化强调统一的接口设计，通过模块的迭代提升导弹性能。通过弹族化、系列化、模块化概念的结合，可以形成新型导弹设计理念。

二、重新定义空间类概念

（一）概念与内涵

空间类概念牵引是指通过概念的设定，牵引出一型新型能力的导弹发展，使导弹能够满足下一代的发展需求。常见的空间类概念牵引包括跨域化导弹、变速化导弹。

（二）目的与意义

空间类概念牵引的出发点在于牵引导弹具有更广的飞行空域。对于进攻型导弹和防御型导弹来说，跨域化导弹均具有较强的实战意义。通过空间类导弹概念牵引进行导弹创新，其主要意义在于：

对于进攻型导弹，有利于提升导弹的突防特性。进攻型导弹飞行空域速域越广，越难对其飞行轨迹进行预测，因此也就越难拦截。

对于防御型导弹，有利于提升导弹全空域全速域拦截能力。进攻型导弹跨域飞行促使防御型导弹也必须跨域飞行，才能实现对进攻型导弹的全空域拦截。

（三）思路与方法

从导弹飞行空域和飞行速域出发，空间类概念包括跨域化、变速化。

跨域化导弹。在空间维度的基础上，从速度维度提出的一种导弹概念。一是依靠先进动力系统实现跨域飞行，跨域化导弹是指导弹飞行空域多，从太空到临近空间，从大气层到水下，具备多域飞行能力。二是依靠先进控制技术实现跨域化飞行，导弹飞行高度是导弹控制方式的一项重要表征，跨域化导弹的提出，旨在牵引导弹的全空域作战能力。美国的 X37b 是典型的跨域飞行器，可以在太空空间、临近空间以及大气层内飞行。

变速化导弹。变速化导弹是从空间维度提出的一种导弹概念。一是依靠组合动力实现大范围变速，变速化导弹是指导弹飞行速域大，从亚声速到高超声速，具备大速域飞行能力。二是依靠变气动外形实现大范围变速，不同速度下需要导弹具备不同的升力面积。变速化导弹的提出，旨在牵引导弹的全速域作战能力。

三、重新定义信息类概念

（一）概念与内涵

信息类概念牵引是指通过概念的设定，牵引出一型信息化的导弹发展，使导弹能够满足下一代的发展需求。常见的信息类概念牵引包括工业化导弹、互联网导弹、智能化导弹。

（二）目的与意义

信息类概念牵引的导弹的出发点在于利用国家现有工业体系、信息体系、智能基础，完成对导弹产品的设计生产，其主要意义在于：

降低导弹成本。在充分分析导弹工作剖面的基础上，利用工业化器件，相比军品级器件，器件本身的成本较低，从而降低导弹的成本。

实现大批量生产。首先工业器件产品充足，能够支持工业化导弹的大批量生产；其次利用大规模工业生产的手段，适于对产品进行大批量生产。

实现智能化作战。通过对更广泛的数据信息的利用，提高导弹的智能水平，实现智能化作战。

（三）思路与方法

从导弹信息应用的类别出发，信息类概念包括工业化、互联网、智能化。

工业化导弹。工业化导弹的概念更加适用于微型导弹。以色列“长钉”微型导弹是工业化导弹的典型代表。一是设计上利用工业器件的方法，使导弹产品具备工业化属性。二是利用市场采购的方法，保证导弹元器件的渠道稳定，实现导弹低成本大批量生产。

互联网导弹。互联网导弹是指利用互联网技术和互联网通信，实现导弹的快速设计研发。一是利用互联网设计快速迭代的设计理念，缩短导弹的研制周期，满足导弹性能的快速迭代。二是利用 5G 通信技术为代表的互联网技术，提升导弹通信速率和通信带宽。

智能化导弹。智能化导弹是指利用人工智能算法，实现智能化导弹。一是智能化设计的方法，通过大量飞行试验数据、导弹设计结果等先验知识，进行导弹的智能化设计。二是智能化作战的方法，通过攻防对抗、深度学习，提高导弹的自主作战水平，满足导弹性能的跨代提升。

四、重新定义实战类概念

（一）概念与内涵

实战类概念牵引是指通过概念的设定，牵引出一型实战化能力强的导弹，使导弹能够满足实战环境的发展需求。常见的实战类概念牵引包括定制化导弹、实战化导弹。

（二）目的与意义

实战类概念的出发点在于针对真实的复杂战场环境，从用户体验的角度，对导弹装备进行实战化的设计，其主要意义在于：

提高导弹装备的好用性。其即提高导弹装备的易操作、易打理、易维修的程度。

提高导弹装备的实用性。其即提高导弹装备高价值、高皮实、高承受的程度。

提高导弹装备的管用性。其即提高导弹装备强作战、强不对称、强自主可控的程度。

（三）思路与方法

从导弹作战理念出发，实战类概念包括定制化、实战化。

定制化导弹。定制化导弹是指针对作战任务使命和目标的易损特性，对导弹的毁伤模块进行定制化设计，形成定制化导弹，实现对目标有针对性的毁伤。一是失基毁伤，针对目标的时代特性和进化特性中关键且易损的结构特性实施毁伤，使目标结构失稳而失效。二是失性毁伤，针对目标的时代特性和进化特性中关键且易损的运动、辐射、隐身等特性实施毁伤，使目标特性丧失而失效。三是失能毁伤，针对目标的时代特性和进化特性中关键且易损的机动力、火力、信息力、防护力等实施毁伤，使目标特定能力丧失而失效。四是失联毁伤，针对目标群、目标杀伤链的联通特性中关键且易损的互联特性实施毁伤，使目标失联而失效。五是失智毁伤，针对目标的感知、认知和行为特性中关键且易损的智能特性实施毁伤，使目标失智而失效。

实战化导弹。实战化导弹是指针对作战任务使命，从好用、实用、管用的实战角度出发，通过系统工程设计方法和用户体验设计方法对导弹进行设计，形成实战化导弹。一是系统工程设计方法，运用系统科学与系统工程的理论与方法，从系统的层次性、相关性、整体性及其同外界环境的辩证关系出发，研究影响实战化的因素、规律，及预防、预测诊断与修复的理论与方法，并运用这些规律、理论和方法开展一系列相关的技术与管理活动，包括实战化组织管理、实战化设计分析、实战化试验评价、实战化使用增长、实战化原则要求等工作，提升导弹在复杂战场环境下的作战能力。二是用户体验设计方法，指一系列用于人的交互行为的设计方法，目的是帮助用户工作得更快，以及减少用户犯错的概率。通常要解决的是应用环境的综合问题，兼顾视觉和功能两方面因素，同时还需解决产品所面临的其他问题。

第三节　重新定义能力

重新定义能力是指在已有装备基础上，通过技术重组，大幅提高装备性能，实现装备能力的颠覆。重新定义能力可以生成相应的新型导弹装备，实现装备作战能力的大幅拓展。

当前导弹能力主要包括快速反应能力、生存能力、突防能力、打击能力、抗干扰能力等六个方面，通过对这六方面能力进行重新定义，可以梳理出提升导弹能力的创新方法。

一、重新定义快速反应能力

（一）概念与内涵

导弹快速反应能力是指导弹从进入战场到完成打击任务的时间的长短。传统导弹作战流程包括预警—发现—决策—打击，重新定义导弹快速反应能力要通过缩短预警—发现—决策—打击时间，构建“从传感器到射手”的快速反应流程。

（二）目的与意义

通过重新定义导弹快速反应能力，可以缩短导弹的作战反应时间，其主要意义在于：

赢取战场先机。战争的制胜机理是利用更短的时间完成OODA循环，颠覆快速反应能力，通过缩短周期、删减环节等手段，提升快速反应能力，实现先敌打击。

提升打击或拦截次数。提升快速反应能力可提升打击或拦截次数，在单发杀伤概率固定的条件下，提升打击或拦截次数，可提升总的作战成功概率。

（三）思路与方法

从导弹作战过程出发，快速反应能力包括抓住目标快、部署调整快、指挥决策快、系统反应快、飞行机动快、随机应变快、波次攻击快、攻防转换快八个方面。

抓住目标快。抓住目标快就是要先于敌方快速发现导弹攻击的目标，快速确认目标，快速为导弹的攻击规划提供条件。抓住目标快将使敌方来不及展开作战行动，也会使敌方无法逃脱己方导弹的打击。

部署调整快。部署调整快是要根据敌方情况快速调整己方兵力部署，快速形成火力优势。部署调整快需要兵力火力各方面按照统一的部署和指挥实施联动。部署调整快，将使敌方跟不上己方调整的变化，摸不透己方调整的意图，而且敌方容易在被己方调动的过程中露出破绽，给己方以取胜的先机。这是导弹运动战的真谛之所在。

指挥决策快。指挥决策快就是要求各级指挥员根据发现的敌方情况，迅速判明形势，迅速判断敌方意图，迅速抓住敌方的弱点和短板，迅速定下决心和导弹作战的方案。指挥决策慢就会贻误战机，对敌方情况的误判造成的指挥决策失误，将会导致作战的失败。

系统反应快。系统反应快是指导弹武器系统能够快速响应指挥员的决心，快速将各作战要素指向导弹打击的目标，快速将目标的相关要素注入导弹的攻击规划之中。系统反应的快慢不仅取决于武器系统的固有能力，还与敌方对己方武器系统和打击链阻断、迟滞的作战影响密切相关。这就需要有效地提升对抗情况下的系统反应能力。

飞行机动快。飞行机动快是指导弹在飞行过程中具有强机动性。导弹的机动性正比于导弹的机动过载与机动速度的乘积。机动性是导弹突防能力的基础。导弹的飞行速度越快，越有利于实现对时敏目标的发现即摧毁，越有利于实现先于敌方命中。导弹在高速飞行条件下的机动过载能力越高，敌方对己方导弹的拦截难度就越大，己方导弹的突防能力就越强，导弹作战的有效性就越高。实施导弹有效机动的前提是导弹能够自主发现敌方的威胁和对己方导弹的拦截，但这就会增加导弹的复杂性。可以利用战术的办法和体系的能力，降低单纯依靠导弹的机动性抵消拦截的难度。

随机应变快。随机应变快是指快速适应战场的瞬息万变，坚持敌方变己方变、己方变在先，使敌方始终处于被动挨打的局面。随机应变快，一方面依靠战前充分的导弹作战预案准备，另一方面取决于精确打击体系和作战指挥的灵活高效。

波次攻击快。波次攻击快是指对敌方实施连续的导弹攻击，直至达到导弹作战的目的。波次攻击快的前提是指对作战效果快速地评估，是对敌方、己方态势快速再调整，是对导弹武器快速连续发射能力的高要求。波次攻击的速度快是一个方面，波次攻击的变化快是更重要的方面。变化快将使敌方无所适从、应接不暇。

攻防转换快。攻防转换快是指由进攻转入防御或由防御转入进攻的时间短、速度快。进攻与防御是导弹作战不可分割的组成部分。己方强大的进攻力量之所在，往往是敌方导弹重点打击之目标。因此，在导弹进攻的同时必须做好防御的准备，在进行防御的同时必须做好进攻的准备，有效缩短攻防转换的时间。最好的攻防转换是攻防一体，是防御的同时进行攻击，是进攻的同时进行防御。这就需要建立既相互独立又相互联系的攻防作战体系。

二、重新定义生存能力

（一）概念与内涵

导弹生存能力是指导弹在战场上存活时间的长短。尤其对于防御型导弹来说，导弹的生存能力尤为重要。目前典型的空袭作战模式为利用反辐射导弹、巡航导弹首轮打击防空导弹阵地，破坏其生存能力。提升生存能力，将大大提高作战能力。

（二）目的与意义

重新定义生存能力，延长导弹在战场上的存活时间，其主要意义在于：

是导弹武器完成作战使命的先决条件。只有导弹不被摧毁在阵地上，才能完成后续的作战任务。

补齐防空导弹当前能力短板。在历次空袭对抗中，由于采用有源对抗，防空阵地容易被发现，容易被打击。

（三）思路与方法

从提高导弹生存能力的途径出发，生存能力包括伪装生存、机动生存、躲藏生存、诱扰生存、断滞生存、防护生存。

伪装生存。伪装生存是指利用隐真示假的方式，使敌方难以发现己方真实的作战目标，或者迷惑敌方，给敌方造成错觉和误判。一是隐真生存，这是利用伪装等技术将真实的目标特征掩藏起来的伪装生存方法，常包括外形隐真、信号隐真、踪迹隐真和民用隐真。二是示假生存，利用假阵地、假目标、假信号、假动作、假情报等，以假乱真，以假掩真，从而迷惑敌方，消耗敌方的侦察和打击资源。

机动生存。机动生存是指导弹作战平台通过机动使得敌方难以发现、难以稳定跟踪、难以实施打击的被动生存方法。一是兵力机动，是指导弹作战兵力通过快速、连续、大范围的机动，阻扰敌方对己方的发现、分类和定位，使敌方难以建立导弹打击的基本条件。二是火力机动，是指在进行兵力机动的同时，随时做好火力机动的准备，为反击作战提供基础。兵力机动是防御的手段，火力机动是防御的目的。通过兵力机动调动敌方，制造敌方的漏洞和己方反击的机会。三是信息机动，是指利用伪装的电子信号进行佯动，对己方真实目标实行严格的电子信号管控，是确保己方兵力火力安全的重要措施。

躲藏生存。躲藏生存是指将真实的目标躲藏在自然或人为的特殊环境之中，避免被敌方发现的生存方法。一是地理躲藏法，是指利用自然的地形地貌和水系进行躲藏。二是气象躲藏法，是指利用特殊的气象条件对预警侦察系统感知的影响进行躲藏。三是静默躲藏法，是指实施无线电静默进行躲藏。四是民商躲藏法，是指将军用目标混入民用和商用目标中进行躲藏。五是敌情躲藏法，是指当己方目标被敌方导弹锁定后，主动混入敌方目标之中或之后进行躲藏，使来袭导弹有可能命中敌方自己的目标。

诱扰生存。诱扰生存是指采取欺骗和干扰的手段，使得来袭作战平台、导弹等失去目标。一是诱饵生存法，是指通过释放有源或无源诱饵，造成来袭导弹打向错误的目标。二是干扰生存法，是指对来袭导弹的导引头和其他传感器实施主动干扰，使其丧失和削弱感知目标和飞行状态的能力，从而使来袭导弹偏离打击目标。三是能量生存法，是指利用激光和微波定向能武器，对来袭导弹光学和红外传感器进行致盲或致眩，使其失效或不能正常工作，从而失去目标。

断滞生存。断滞生存是指阻断和迟滞敌方导弹进攻体系的 OODA 作战环闭环，形成与己方导弹防御 OODA 作战环闭环的时间差，以达到以快滞慢的目的。一是断链生存法，是指阻断敌方导弹进攻体系的作战环链条，使其作战环不能够闭环，从而不能够形成有效的导弹打击。二是迟滞生存法，是指通过采取各种有效的措施，迟滞敌方导弹进攻体系 OODA 作战环的闭环。

防护生存。防护生存是指对来袭导弹采取被动死守生存方法。一是主动防护生存法，是指对来袭导弹的拦截和诱扰。二是被动防护生存法，是指对来袭导弹的防抗，主要包括目标的加固、遭袭后的快速修复方法。

三、重新定义突防能力

（一）概念与内涵

导弹突防能力是指进攻导弹突破敌方导弹防御拦截的作战能力。从使防御失效和防御能力下降的角度出发，导弹突防作战能力可分为反发现作战能力、反识别作战能力和反拦截作战能力。根据不同导弹和导弹作战的不同运用，有效的导弹突防并不是致力于反发现、反识别、反拦截的同步提升，而是致力于提高“三反”中的“一反”。

（二）目的与意义

重新定义突防能力，有助于提升导弹的对抗反拦截性能，其主要意义在于：

破门打击，赢得首轮打击胜利。提升突防能力最重要的作用是成功完成首轮打击任务，占据战场先机。

持续打击，摧毁防御体系。通过提升导弹的突防能力，实现对敌方的持续打击，摧毁对方的防御体系，为后续部队扫除障碍。

（三）思路与方法

根据导弹突防作战的特点，导弹突防能力分为技术突防法、战术突防法和体系突防法。

技术突防法。一是隐身突防，是指依靠导弹的隐身性能，提高导弹的反发现能力，达成导弹突防的技术突防作战技术。二是弹道突防，是指尽可能地压低进攻导弹的飞行高度，压缩导弹防御作战体系的发现距离和防御时间；或指通过导弹的掠海和掠地飞行，降低空基和天基雷达对进攻导弹的发现距离；或指通过导弹航迹的规划，使导弹避开敌方导弹防御作战体系的拦截范围，实现导弹突防。三是诱饵突防，是指利用诱饵增加敌方导弹防御作战体系识别真实目标的难度，迫使敌方对未能识别出的诱饵和目标全部进行拦截，极大地消耗敌方反导作战资源。四是机动突防，是指利用进攻导弹的大过载机动能力，在探测到敌反导拦截弹抵近的情况下，迅速实施躲避机动以避开反导导弹的拦截。五是反拦截突防，是指在进攻导弹中加装反拦截导弹动能拦截器或激光系统，以摧毁拦截导弹或致眩、致盲拦截导弹的红外拦截器。六是传统自卫干扰突防，是指在进攻导弹中加装或拖曳自卫干扰突防装置，以对敌方防御系统雷达产生欺骗和干扰，掩护进攻导弹突防。七是智能认知干扰突防，是指在进攻导弹中加装智能干扰装置，该装置能够在导弹飞行过程中自主感知敌方的探测雷达信号类型，自主适应导弹飞行的战场环境，自主形成最佳的干扰措施，以掩护进攻导弹突防。

战术突防法。一是规模突防，是指在一个作战方向上大规模发射导弹，通过攻击规划使得导弹同时抵近目标，造成导弹防御作战体系资源瞬间饱和。二是多向突防，是指大规模发射导弹，通过攻击规划使得导弹在多个方向上同时抵近目标，造成导弹防御作战体系资源顾此失彼。三是波次突防，是指在一个作战方向上对作战目标实施连续的多波次导弹进攻，以消耗敌方导弹防御作战体系的资源，迫使敌方陷入持续的防御而无力实施导弹反击作战。四是协同突防，是指一组多发协同攻击的导弹进行功能协同，有的导弹负责进行电磁压制和欺骗干扰，削弱敌导弹防御作战体系的能力，以掩护其他导弹的进攻和打击。

体系突防法。一是压制突防，是指利用己方作战体系天基、空基、海基和陆基的电磁进攻力量，对敌反导体系的探测和指挥系统实施压制和干扰，掩护导弹进攻，提高导弹突防能力。二是摧毁突防，是指首先打击敌导弹防御作战体系探测、指挥、发射装置等节点目标，瘫痪敌反导体系之后，再实施对敌方目标的导弹攻击的体系突防作战技术。三是迟滞突防，是指利用己方作战体系的网电进攻能力，侵入敌导弹防御作战体系的网络，迟滞其反导作战 OODA 作战环的闭合，制造导弹攻防作战的时间差，提高进攻导弹突防能力。

四、重新定义打击能力

（一）概念与内涵

重新定义导弹打击能力是指创新导弹进攻作战的机动打击行动的方法，即根据导弹的弹道特点、速度特点、射程特点、规划特点等的不同而决定行动的方法。传统导弹通常仅可以对付一类特定目标，颠覆导弹打击能力要从导弹打击目标类型出发，扩展导弹可打击目标的类型数量。

（二）目的与意义

重新定义打击能力，可拓展导弹打击的目标类型，其主要意义在于以下两方面。

提升导弹的通用化。其使导弹具备多任务作战能力。

提升导弹的战场使用率。一型导弹能够拦截的目标种类越多，在战场上也就越受青睐，会有更高的战场使用率。

（三）思路与方法

按导弹类型的不同，导弹打击能力可分为亚声速巡航导弹打击法、弹道导弹打击法、超声速/高超声速/滑翔导弹打击法、空空导弹打击法、分布式导弹打击法和网电打击法六类。

亚声速巡航导弹打击法。一是正面攻击法，是指直接射向目标的导弹打击法。二是规划攻击法，是指对中远程亚声速巡航导弹的任务和航迹进行预先规划的打击法。三是自主攻击法，是指中远程亚声速智能巡航导弹自主规划航迹、选择打击目标的打击法。四是低—低攻击法，是指亚声速巡航导弹全程超低空飞行的打击法。五是低—高攻击法，是指亚声速巡航导弹主要飞行在超低空状态，在末段拉起俯冲的打击法。六是巡飞攻击法，是指利用亚声速巡航导弹滞空时间长、飞行机动灵活、任务功能多样的特点对目标实施打击。七是空中待机攻击法，是指利用亚声速巡航导弹长航时的特点，预先将巡航导弹发射至攻击目标区附近的待机区进行隐蔽盘旋待机，接到目标指示和打击命令之后，从近距离对目标进行快速打击的方法。八是刺探攻击法，是指利用换装侦察载荷的巡航导弹对疑似目标进行火力侦察，迫敌进行防御行动，从而暴露敌性质和漏洞的打击法。九是协同攻击法，是指一组多发巡航导弹对敌作战目标实施的多对一或多对多的分布式协同打击法。

弹道导弹打击法。一是正面直接攻击法，是指弹道导弹按标准惯性弹道飞行、不进行弹道机动的打击法。二是末段机动攻击法，是指弹道导弹弹头再入大气层后进行减速拉起和机动的打击法。三是躲避机动攻击法，是指弹道导弹在中段飞行中按程序或拦截威胁进行弹道机动的打击法。四是刺探攻击法，是指利用弹道导弹进行火力侦察的打击法。五是协同攻击法，是指一组多发弹道导弹进行分布式协同攻击的打击法。

超声速/高超声速/滑翔导弹打击法。一是高举高打法，是指利用超声速/高超声速/滑翔导弹的高速飞行的正面俯冲攻击能力实施的打击法。二是横向机动法，是指利用超声速/高超声速/滑翔导弹的横向机动能力躲避反导拦截、改变攻击任务和打击目标、对目标实施多向攻击的打击法。三是末段下压水平法，是指超声速/高超声速/滑翔导弹在飞行的后半程压低弹道做低空飞行、对目标实施水平攻击的打击法。四是末段螺旋俯冲法，是指超声速/高超声速/滑翔导弹采用螺旋机动的方式进行俯冲攻击的打击法。五是刺探攻击法，是指利用超声速/高超声速/滑翔导弹进行火力侦察的打击法。六是协同攻击法，是指一组超声速/高超声速/滑翔导弹对目标进行多对一、多对多攻击的打击法。

空空导弹打击法。一是远程导弹攻击法，是指利用远程空空导弹或“飞行挂架”对空中目标进行打击的方法。二是中距导弹拦截法，是指利用中距空空导弹对空中目标实施拦截的打击法。三是近距导弹格斗攻击法，是指近距格斗单打击空中目标的方法。

分布式导弹打击法。一是弹道导弹与超声速/高超声速/滑翔导弹进行分布式攻击法，是指利用弹道导弹飞行弹道高的特点执行目标侦察发现、目标指示和打击效果评估任务，直接引导和召唤超声速/高超声速/滑翔导弹对目标实施打击；也可以利用超声速/高超声速/滑翔导弹执行目标侦察发现、目标指示和打击效果评估任务，直接引导和召唤弹道导弹对目标实施打击。二是弹道导弹与亚声速巡航导弹进行分布式攻击法，是指利用亚声速巡航导弹对打击目标实施抵近侦察，直接引导和召唤弹道导弹对目标实施打击，并对打击效果实施评估。三是超声速/高超声速/滑翔导弹与亚声速巡航导弹进行分布式攻击法，是指利用亚声速巡航导弹对打击目标实施抵近侦察，直接引导和召唤超声速/高超声速/滑翔导弹对目标实施打击。

网电打击法。是指在实施导弹攻击作战之前或同时，对敌方作战体系和目标先行实施网络电磁攻击的软杀伤，以压制和降低敌方作战体系的能力，迟滞和阻断敌方 OODA 作战环的闭合。除使用常规的作战平台进行网络电磁进攻以外，利用无人作战平台和换装网络电磁进攻载荷的导弹，可以抵近敌方作战平台实施网电攻击。如果是将网电攻击导弹与打击导弹进行协同攻击，打击的效果更加显著。

五、重新定义抗干扰能力

（一）概念与内涵

导弹抗干扰是指针对雷达系统、指控系统和导弹末制导系统易受干扰的特点，在导弹攻防作战中提高雷达系统、指控系统和导弹末制导系统抗干扰能力的导弹作战技术。

（二）目的与意义

重新定义抗干扰能力，可提升导弹的电磁对抗能力，其主要意义在于：

是导弹武器完成作战使命的先决条件。只有导弹能够形成发射条件，才能完成后续的作战任务。

补齐防空导弹当前能力短板。从历次空袭对抗来看，由于采用电子干扰，防空导弹容易被干扰，丧失作战能力。

（三）思路与方法

按照干扰作战的种类和特点，导弹抗干扰分为技术能力抗干扰法、战术运用抗干扰法和体系支援抗干扰法。

技术能力抗干扰法。一是体制抗干扰法，是指针对采取单一制导体制的导弹末制导，通过抗干扰算法的优化等软硬措施，提高其自身在空域、时域和相参域适应能力，提高导弹的抗干扰能力。二是复合抗干扰作战法，是指导弹采用两种或两种以上技术体制的末制导，通过综合发挥两种体制复合的抗干扰优势，提高导弹抗干扰能力。三是智能抗干扰作战法，是指导弹利用机器学习、大数据处理等人工智能技术，融合处理导弹获取的综合战场和目标信息，提高导弹抗干扰能力。

战术运用抗干扰法。一是组合抗干扰法，是指发射一组具有不同末制导技术体制的导弹，同时对目标实施打击，依靠不同体制的综合抗干扰能力，提高导弹抗干扰能力的战术运用。二是饱和抗干扰法，是指大规模发射导弹，对敌目标形成同时多向的攻击态势，造成敌干扰能力分散或顾此失彼，提高导弹抗干扰能力的战术运用。三是佯动抗干扰法，是指在一个方向上实施导弹佯动攻击，吸引敌干扰的主要力量，掩护主攻方向的导弹进攻，提高导弹抗干扰能力的战术运用。四是协同抗干扰法，是指一组多发协同攻击的导弹进行不同末制导体制的功能协同，在干扰条件下，总有一种体制具有抗干扰的优势，从而引领其他导弹实施协同抗干扰能力的战术运用。

体系支援抗干扰法。一是压制支援抗干扰法，是指利用己方作战体系天基、空基、海基和陆基的电磁进攻力量，对敌反导体系的探测和指挥系统实施压制和干扰，压缩敌发现己方进攻导弹目标、干扰导弹末制导的空间和时间，提高导弹抗干扰能力。二是摧毁支援抗干扰法，是指首先打击敌导弹防御作战体系探测、指挥、发射装置等节点目标，瘫痪或削弱敌反导体系能力，再实施对敌方目标的导弹攻击，使敌无力或不能及时采取有效的干扰措施，提高导弹抗干扰能力。三是迟滞支援抗干扰法，是指利用己方作战体系的网电进攻能力，侵入敌导弹防御作战体系的网络，迟滞其反导作战的 OODA 作战环的闭合，制造导弹攻防作战的时间差，削弱敌防御系统的干扰能力，提高进攻导弹的抗干扰能力。

第四节　重新定义形态

重新定义形态是指通过打破现有装备固化形态的桎梏，通过对装备物理形态的突破，达到大幅提升装备水平的目的。重新定义形态可以生成相应的新型导弹装备，从而牵引导弹装备作战能力的大幅提升。

导弹形态可以分为能量流形态、信息流形态、控制流形态、认知流形态四个方面（图 4.1），通过对这 4 个方面能力进行重新定义，可以梳理出导弹形态创新的方法。

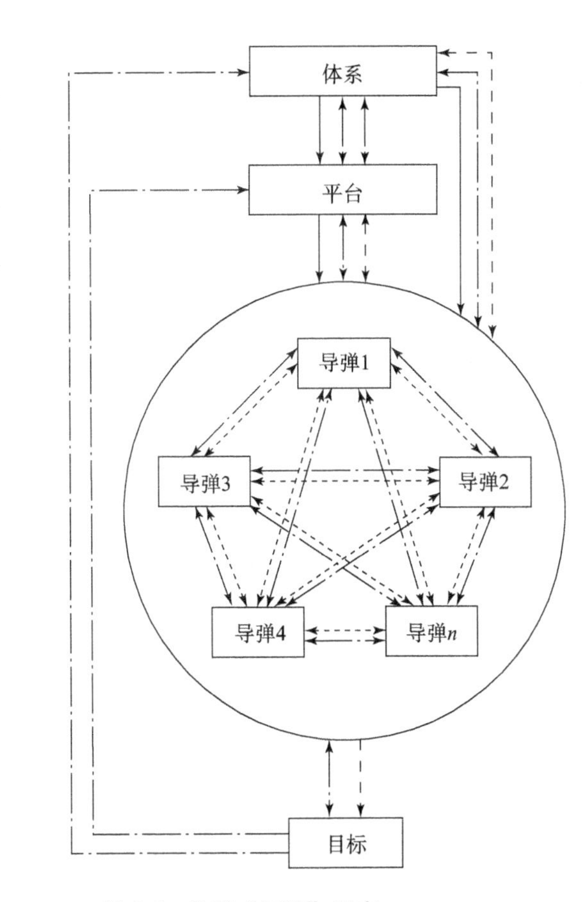

图 4.1　体系“四流”形态

一、重新定义导弹能量流形态

（一）概念与内涵

能量流是指导弹发动机提供飞行动力和导弹战斗部杀伤目标时所形成的能量流动，是作战功能发挥的直接承担者。能量流由动力能量与毁伤能量两部分组成。重新定义能量流形态是指突破现有导弹能量流，寻找新的能量流动方式。

（二）目的与意义

重新定义导弹能量流形态，可促进导弹拓展能量来源，其主要意义在于：

改变导弹的毁伤方式。利用导弹动能直接碰撞杀伤。

提升导弹的飞行速度。目前发动机均为化学能，可探索其他能量体制的发动机类型。

（三）思路与方法

从能量类型出发，新的导弹能量流包括新型动力能量、新型毁伤能量。

新型动力能量。在传统动力能量基础上，开发新型动力能量，提高飞行性能。一是利用新体制发动机，提高比能量，开发电推进发动机、核发动机等新能量类型的发动机；二是转移能量来源，如电磁发射法，利用电磁能将导弹以高初速发射，改变导弹依靠发动机作为动力来源的技术体制；三是能量的合理分配，如多脉冲发动机、变推力发动机等，合理分配发动机能量，减少能量损失；四是组合动力，开发利用组合动力的发动机，如固体动力和冲压动力共用燃烧室组合；五是动力组合，一型导弹上带多台发动机，如一型导弹带有助推发动机和主级发动机。

新型毁伤能量。利用新型毁伤能量，提高毁伤效率。一是动能毁伤法，利用直接碰撞的方法，实现动能毁伤。美国 THAAD（末段高空区域防御系统）导弹是能量流形态突破的典型代表。THAAD 采用动能直接碰撞技术，充分利用导弹自身的动能和目标的飞行动能，形成对目标的毁伤。二是化学能毁伤法，利用含能破片的方法，将含能材料放置在破片内部，利用含能毁伤技术，提高导弹战斗部的能量密度，通过含能毁伤技术的发展，打破传统惰性破片战斗部的毁伤量级。三是新型能量毁伤法，利用定向能武器的方法，实现未来及时毁伤。激光武器的成熟应用被认为是导弹形态的终结。本质上激光武器进行对导弹能量流形态的变革，将导弹能量流中的动能环境省略，通过更加高速的激光作为媒介，完成能力的传输。

二、重新定义导弹信息流形态

（一）概念与内涵

信息流是指导弹与体系之间的信息交互，体现了导弹作战过程中，信息流转的畅通性。导弹信息流由信息的获取、信息的传输、信息的融合三部分组成。重新定义信息流形态是指突破现有导弹信息流，从获取、传输、融合三个方面，寻找新的导弹信息流形态。

（二）目的与意义

重新定义导弹信息流形态，可促进导弹利用多源信息，其主要意义在于：

提升导弹的信息获取能力。利用导弹平台化，可大幅提升导弹自主探测目标的能力，促进导弹自主作战。

提升导弹的信息鲁棒性。按传统信息流，雷达被摧毁则导弹信息流中断；按新型信息流，即使个别信息源被摧毁，也不会彻底切断导弹的信息流。

（三）思路与方法

从提高导弹作战效能出发，新的导弹信息流包括新型目标信息获取、新型目标信息传输、新型目标信息融合。

新型目标信息获取。借鉴人体的眼、耳、鼻、舌、身、意六个感知器官，对应到预警侦察系统与导弹感知目标的功能拓展，形成视觉、听觉、嗅觉、味觉、触觉和直觉，拓展目标信息的获取方式。一是预警侦察系统与导弹的视觉，通过感知目标的散射/反射信号特征，发现、分类和定位/跟踪目标，比如利用雷达的反射信号感知目标，利用太阳光的散射信号进行光学成像等；二是预警侦察系统与导弹的听觉，通过感知目标自身的辐射特征信号，发现、分类和定位/跟踪目标，比如利用目标辐射红外信号感知目标的红外感知技术，利用目标上的雷达和通信辐射信号感知目标的电子侦察技术等；三是预警侦察系统与导弹的嗅觉/味觉，通过感知目标与其运动介质相互作用产生的衍生信号，发现、分类和定位/跟踪目标，比如利用水面舰艇高速航行，在其舰尾会形成长长的尾流，通过探测这种尾流就可以找到目标的位置；四是预警侦察系统与导弹的触觉，通过直接接收外部信息感知目标，比如目标的信息链信息中，就包含目标的性能、位置、速度等重要的目标信息，如果能够截获和破译数据链信息，就可以直接得到敌方的态势和位置信息；五是预警侦察系统与导弹的直觉，仅利用与目标相关的片段信息，就可以凭直觉和经验发现目标存在，比如，通过机器学习仅利用片段数据，结合先验知识，做出判断和结论。

新型目标信息传输。传统导弹通常只能通过专线，接收我方雷达传来的单一目标信息，新型目标信息传输可以形成应用更灵活的信息传输形态。一是多源信息接收，导弹在作战过程中，可以接收我方多源信息，如本部队雷达信息，我方其他部队雷达信息，我方预警机、战斗机、侦察机、无人机、天机卫星、特种兵实时引导信息等；二是多种信息传输渠道，包括专用数据链、通用数据链，甚至可以短时使用民用网络；三是同类导弹间有中心的信息传输，即一组协同攻击的导弹中，有一枚探测能力极强的探测弹，探测弹作为信息中心，将其探测信息传输给其他导弹；四是同类导弹间无中心分享弹载探测信息，即一组协同攻击导弹包含射频、光学等多种探测体制，弹群中导弹信息彼此共享；五是不同弹种间的信息传输，如防空导弹与空空导弹、巡航导弹与地地导弹之间彼此分享目标信息；六是导弹向体系上传目标信息，当前导弹通常充当信息资源的利用者而非信息资源的提供者，实际上大部分导弹均携带探测传感器，可通过数据链通信，将弹载传感器的探测资源上传至战场数据平台，为战场其他装备提供探测信息。美国“标准－6”导弹是信息流形态突破的典型代表。“标准－6”导弹不仅可以接收舰面雷达的目标信息，也可以直接接收空中平台的目标信息。

新型目标信息融合。未来导弹将面临多源冗余的信息来源，需要对多源信息进行融合，提取相对真实的信息数据。一是给定权重的信息融合，导弹接收到的各类信息数据需要附加信息精度说明，导弹按各个信息源的精度情况对各个信息源数据进行权重排序，优先使用权重靠前的信息数据；二是自主智能融合，对于没有附加精度说明的数据，导弹按先验知识，利用智能算法，为各个信息源数据赋权，按不同权重，对各个信息源数据进行融合，得出较为合理的信息数据。

三、重新定义导弹控制流形态

（一）概念与内涵

控制流是指导弹、平台、体系之间的闭环控制，体现了体系、平台和导弹对物质和能力的控制力。控制流由体系对导弹的控制、平台对导弹的控制和导弹自身的控制三部分组成。重新定义控制流形态是指突破现有导弹控制流，寻找新的控制流动方式。

（二）目的与意义

重新定义导弹控制流形态，可加快导弹的扁平化控制，压缩时间，其主要意义在于：

压缩导弹的响应时间。压缩导弹控制流程，压缩导弹控制响应时间，为导弹作战赢得先机。

使导弹作战更加高效。导弹直接接收指挥中心的控制指令，使导弹作战更加高效。

（三）思路与方法

从控制种类出发，控制流包括体系对导弹的控制、平台对导弹的控制和导弹自身的控制。

体系对导弹的控制。在传统导弹作战流程中，体系并不直接控制导弹，体系直接的控制对象是武器系统。通过优化指挥控制各个环节，缩短决策时间，提高决策精度。一是压缩指控流程，通过压缩指控流程中间环节，将指控树形结构扁平化。二是提升指控算法效率，利用人工智能的方法，提升指控能力。随着人工智能技术不断进步，战场指挥助手的算力不断提升，在计算资源上，战场指挥有更多的资源去实现多任务并行处理，实现从顶层指挥员到导弹装备的新型控制流模式。这种新型控制流模式有利于优化算法发挥作用，实现战场资源的最优动态调配。

平台对导弹的控制。未来平台对导弹的控制仅局限于发射控制。一是远程异地发射控制，通过天基信息链路等发射控制网络，可以实现作战人员在异地按下发射按钮，控制导弹发射；二是空中召唤发射控制，若发射控制网络被破坏，利用飞机、导弹等飞行器，当飞行器飞过发射平台附近时，通过发送特定信号，召唤地面导弹发射。

导弹自身的控制。传统导弹按预定的弹道轨迹飞行，通过重新定义导弹自身控制，提高导弹飞行轨迹的灵活性。一是智能飞控法，利用人工智能的方法，提升飞控能力。随着多源数据的接入，导弹上的飞行控制策略也会变得越来越智能，从传统的人在回路控制转为自主智能控制。二是动态飞控法，利用高带宽、低延迟通信技术，外界可以实时对导弹飞行控制进行干预，动态重组飞行任务。

四、重新定义导弹认知流形态

（一）概念与内涵

认知流是指体系、平台、导弹在运用智能化手段，对自身状态及战场环境感知和融合的基础上，通过对相互之间传递的信息流进行加工、归纳、演绎和提炼，形成的对作战态势的理解、预测和判断。认知流反映的是导弹的智能化水平。认知流主要包括导弹之间的认知流、体系与平台之间的认知流、平台与导弹之间的认知流以及体系与导弹之间的认知流。重新定义认知流是指突破现有认知流形成方式，促使导弹涌现新质能力的方法。

（二）目的与意义

重新定义导弹认知流形态，可显著提升导弹自主作战能力和智能化水平，其意义在于：

最大化体系作战效能。认知流是对信息流的再加工和升华，信息流的作用类似于加法，即通过信息流，体系、平台、导弹之间在建立了数据和业务交互关系的基础上，组合形成作战全链路信息。认知流作用类似于乘法，即对信息进行挖掘，形成推理，从而实现作战效能倍增。

提升导弹多弹协同能力。基于认知流，导弹之间可交互包括探测信息、制导信息、跟踪信息、识别信息在内的各类信息，从而具备协同探测、协同跟踪、协同识别、协同打击等功能，协同能力大幅提升。

（三）思路与方法

从导弹的认知信息来源出发，重新定义导弹认知流形态包括体系支撑导弹认知、平台支撑导弹认知和多弹协同涌现认知等。

体系支撑导弹认知。即导弹自身探测装置在体系的各类空天地海一体传感器的支援下，形成认知能力。一是陆基传感器形成认知。利用陆基预警雷达、目标指示雷达、制导雷达等对目标进行探测，在形成对其位置、速度、目标类型初步判断的基础上，由导弹在接近目标处对其精准探测，从而形成对目标的深层认识。二是天基传感器形成认知。利用天基预警卫星、红外卫星等对陆上、海面和空中目标实现发现，在明确目标态势级信息的基础上，利用单个或多个导弹协同探测跟踪能力，形成对目标作战意图、类型的认识。三是空基传感器形成认知。利用预警机、无人机等空基平台，对目标远距离探测，从不同高度、角度获取目标位置、速度等信息，由导弹在目标近处获取目标精细结构等信息，从而使导弹形成对目标脆弱点、易损性的认识。

平台支撑导弹认知。利用战斗机、轰炸机、地基雷达、舰艇等空中、地面和海面平台，为导弹提供战场态势、目标位置、干扰环境等信息，使导弹形成认知。一是传感器节点支撑导弹认知。即利用各种空天地海传感器，从不同维度，利用不同体制对目标进行跟踪和识别，再将这种探测识别结果提供给导弹，导弹在此基础上结合自己对目标的探测，形成对目标的认知。二是指控节点支撑导弹形成认知。即利用指控节点信息融合、信息综合能力，由指控车、预警机等地面或空中指挥平台对各种传感器数据进行深度挖掘，形成对战场态势等新的认识，并将其传递给导弹，支撑其形成对目标的认知。

多弹协同涌现认知。即多枚导弹通过交互信息，形成新质能力。一是高+低协同认知。即一枚导弹以高抛弹道方式飞行，获取目标信息，另一枚导弹以低空方式突防，增大突防概率，利用高弹为低弹提供目标信息，在攻击末段，由低弹完成对目标的精确定位和打击。二是前+后协同认知。即多枚导弹按照不同的先后顺序发射，形成前弹、后弹态势，后弹利用前弹信息对目标进行跟踪和识别，形成对目标的认知。三是多角度协同认知。即弹群从不同方向对目标进行探测，形成对目标结构、高度、宽度、体积、几何形状、易损性、脆弱点的认识。

第五节　重新定义途径

重新定义途径是指针对当前面临的具体问题，进行有针对性的创新。这样的创新更具有针对性，会产生较好的实际效果。重新定义途径也包括通过吸收借鉴其他型号、其他弹种、其他行业的设计与技术，以他山之石攻己之玉，实现技术的跨域运用，达到装备性能的快速提升。

导弹创新途径可以分为问题导向途径、实战导向途径、吸收借鉴途径三个方面，通过对这三方面进行重新定义，可以梳理出导弹途径创新的方法。

一、重新定义问题导向

（一）概念与内涵

问题导向是针对现有装备存在的问题，通过有针对性的弥补，达到装备性能提升的效果。重新定义问题导向是一种有针对性的创新方法，将创新精力集中于一点突破，有利于装备性能有针对性地提升。

（二）目的与意义

通过重新定义问题导向，可有针对性地提升装备性能，其主要意义在于：

重新定义问题导向，可快速弥补装备短板。导弹是一个复杂度较高、对抗性较强的系统，在任何一个维度出现短板都可能导致装备在对抗中被敌方克制。通过对装备短板进行有针对性的提升，可大大提升装备在对抗中的生存能力。

重新定义问题导向，可有针对性地加强装备优势。未来分布式协同作战为导弹装备长板效应的发挥提供了条件。通过在原有装备基础上，进一步加强装备优势，并利用分布式协同作战，发挥装备的长板优势，可大幅提升装备的整体作战能力。

（三）思路与方法

导弹不是万能的。导弹的功能、性能和能力都是依据特定的打击目标、特定的作战环节、特定的使命任务和特定的作战样式而设计和研发的。因此，导弹在不同的体系配置、部署及作战场景下表现各不相同，具有一定的局限性。按照层级的不同，可分为体系级和要素级两类。

体系级制约因素。体系级制约因素是指由于导弹顶层设计带来的制约因素。一是作战环节制约，瞬息多变的自然环境、综合交错的电磁环境和不可预测的打击目标环境等对导弹作战效能发挥构成了严峻挑战，如导弹使用的海拔高度、环境温度、最大相对湿度、地面风速等；二是作战领域制约，多域协同作战及新型作战域的出现对导弹作战提出了新的作战要求，仅在单一作战域的导弹作战远不能满足未来作战需求；三是作战使命制约，现有导弹武器设计都是依据特定作战需求来确定主要的作战任务，不同的作战任务对武器系统的要求会各不相同，所以每一型导弹都有其作战使命的局限，未来导弹的发展趋势之一就是多用途，具备一弹多能；四是作战目标的制约，作战目标种类及其能力的拓展与提升、目标作战体系及其作战模式的发展与演变使打击目标的难度加大，制约着导弹打击目标任务的完成；五是打击规模制约，打击体系要素的构成、优劣、运用情况，导弹研制周期采购成本等因素，都制约着导弹作战的打击规模；六是目标规模制约，编队/集群攻击作战样式下的目标规模密度将对导弹作战能力提出挑战，如防空体系作战能力有限，一旦来袭目标数量超过体系最大承受能力，防空体系将无法有效完成对规模作战目标的任务。

要素级制约因素。要素级制约因素是指由导弹具体使用带来的制约因素。一是预警探测功能制约，体现在预警探测体系组成功能的完备性、装备的作战使命和自然环境等因素，如可见光相机在遇到多云气象条件时，无法有效探测目标，无法提供早期预警与侦察信息；二是预警探测性能制约，体现在覆盖区域、发现概率、虚警率、告警时间、目标识别和目标跟踪等因素；三是反应时间制约，体现在威胁评估时间、部署展开时间、战斗准备时间、作战命令下达时间、武器系统反应时间和二次打击决策时间等因素；四是攻击距离制约，体现在作战目标的作战样式、作战能力和导弹的射程、战术运用等因素；五是发射条件制约，体现在自然与电磁环境、导弹发射高度、发射速度、最大离轴角和发射过载等因素；六是成本制约，体现在导弹的研发成本、采购成本和维护保养成本等因素；七是技术保障水平制约，体现在导弹的保障手段和保障频次等因素；八是人员水平制约，体现在作战人员的思维能力和熟练程度等因素；九是电磁对抗干扰能力制约，体现在体系级、系统级、设备级等不同层级在复杂多变的电磁干扰环境下作战效能受到影响；十是红外对抗干扰能力制约，体现在体系级、系统级、设备级等不同层级在红外干扰环境下作战效能受到影响。

二、重新定义实战导向

（一）概念与内涵

实战导向从对抗的维度出发，主要是针对实战对手和实战环境。利用对手漏洞和回避对手锋芒都可帮助我方装备的能力提升。通过梳理目标对手的劣势和优势，利用创新的手段，对其弱点进行有针对性的攻击，对其优点进行有意回避。控制环境是通过梳理战场环境，使环境为我所用。其具体包括适应环境、控制环境、制造环境、利用环境等。

（二）目的与意义

通过重新定义实战导向，可有针对性地攻击对手弱点，克制对手优点，其主要意义在于：

重新定义实战导向，可降低创新成本。实战导向更注重对对手的特点进行研究，本质上是非对称打击，以较低的创新成本实现较高的创新价值。

重新定义实战导向，更易获取创新成功。导弹装备最终还是要经过实战检验，以实战对抗为导向，瞄准对手特点发展自身装备，更易获得成功。

（三）思路与方法

从实战导向的手段出发，其重新定义包括利用漏洞法、避其锋芒法、扬长避短法、因地制宜法等方法。

利用漏洞法。通过作战目标特性分析，利用作战目标的漏洞，制定专门的战术，提高装备作战性能。通过梳理目标对手的劣势，抓住对手弱点进行打击，进行有针对性的创新。一是利用技术漏洞，如利用高超声速武器防热层易损坏的漏洞对其防热层进行重点毁伤。二是利用作战方式漏洞，历史上“贝卡谷地”战役就是战法的创新，进攻方利用防空导弹容易被欺骗的弱点，成功地对防空阵地进行了打击。

避其锋芒法。通过作战目标特性分析，回避目标的优势，制定专门的战术，提高装备作战性能。通过梳理目标对手的优势，对对手优点进行回避，保存自己的实力。一是在技术上避其锋芒，对于末段低层反导导弹而言，弹道导弹在再入段机动过载极大，单纯利用拦截弹的可用过载无法实现对其拦截，可以通过分析目标来袭弹道，避开目标大机动飞行段，选择目标机动较小的高空飞行段对其进行拦截。二是在作战使用上避其锋芒。俄罗斯“萨尔玛特”导弹是避其锋芒法的典型代表。“萨尔玛特”导弹利用其动力性能高的特点，通过大范围横向机动，绕开防御方防空反导武器系统的正面，从侧面甚至后面实施对敌方的打击。

扬长避短法。通过梳理目前导弹装备的长板和自己国家的作战优势，有针对性地开展创新。导弹飞行能力是导弹装备相对其他装备的长板，可通过大机动飞行、自主飞行等方式，进一步加强导弹的飞行能力。当前部分进攻型导弹，利用其大机动飞行能力，可以产生 $10 \sim 20g$ 的机动过载，相比有人战斗机，机动突防能力大大提升。

因地制宜法。因地制宜法是指充分利用自然和人为的特殊环境，实现自身作战效益的最大化。一是利用地理，即利用自然的地形地貌和水系，如利用山峰进行反斜面隐蔽、利用森林进行隐蔽等；二是利用气象，即利用特殊的气象条件对敌预警侦察系统感知进行破坏，如利用云雾、雨雪躲藏光学和红外侦察、利用恶劣天气躲避敌方的空中侦察、利用风浪躲避雷达侦察等；三是利用静默，即实施无线电静默；四是利用民商，即将军用目标混入民用和商用目标之中进行躲藏。

三、重新定义吸收借鉴

（一）概念与内涵

以往导弹研制过程中，吸收借鉴的技术一般都来自系列型号。导弹作为一型工业产品，其可以吸收借鉴的来源远远不止系列型号。重新定义吸收借鉴就是通过系统梳理导弹装备可以进行吸收借鉴的来源，扩大导弹装备的技术寻觅范围，提升导弹装备的技术水平。

（二）目的与意义

通过重新定义吸收借鉴，可为导弹寻找到更广泛的技术来源，其主要意义在于：

重新定义吸收借鉴，可降低创新成本。吸收借鉴的技术大多已经过实际应用的检验，技术可行性不需怀疑，创新成本较低。

重新定义吸收借鉴，可提高创新的成功率。吸收借鉴的技术原理已经在其他领域得到证明，创新途径一定是可行的，因此这类创新具有较高的成功率，不会犯原理上的错误。

（三）思路与方法

从吸收借鉴的来源出发，其包括借鉴同类装备、借鉴他类装备、借鉴民用能力、借鉴仿生技术、借鉴用户体验。

借鉴同类装备。借鉴同类装备技术为己所用，是装备快速形成作战能力的创新方法。美国 MHTK（微型击中杀伤）导弹是借鉴同类装备技术的典型代表。MHTK 导弹借鉴 PAC－3 导弹的直气复合控制技术，实现对火箭弹、制导炸弹的直接碰撞。

借鉴他类装备。借鉴其他类型装备技术为己所用，是装备快速形成作战能力的创新方法。美国 CUDA 空空导弹是借鉴他类装备技术的典型代表。CUDA（库达）空空导弹借鉴 PAC－3 导弹的直气复合控制技术，将反导导弹技术应用到空空导弹上。防空导弹借鉴巡航导弹的弹道在线规划技术，实现飞行弹道的实时优化，挖掘导弹的飞行性能。

借鉴民用能力。借鉴民用设施、技术、生产制造条件等，是装备快速形成作战能力的创新方法。以色列“英雄”系列巡飞弹，完全依托民营公司研制，是借鉴民用能力的典型代表；另外，日本民用产品生产能力的发展均预留了军事装备的生产接口，可以无缝转换为军品加工。

借鉴仿生技术。这是借鉴飞鸟、昆虫等生物，从动物的飞行中获取灵感，开展创新的方法。依据仿生学原理，德国学者 Rolf Isermann 提出了“五块论”，即现代机电系统是由控制、动力、传感及检测、操作、结构五大功能模块组成，将其类比于人的大脑、内脏、五官、四肢和躯体，得到了世界仿生学界的认可。美国哈佛大学团队研制的 RoboBee 飞行器，利用仿生技术，实现飞行器总重 259 mg，截至 2020 年 7 月，是重量最轻的飞行器，依靠太阳能供电，可实现长时间飞行。

借鉴用户体验。这是借鉴民用产品的设计理念、人因工程，开展武器装备的创新，使导弹装备具有更好的人机交互，提高装备使用性的创新方法。美国雷神公司制造的移动式高能激光系统，2019 年在白沙导弹靶场的一次示范中，打败了数十架无人机目标。其操作系统借鉴用户体验方法，操作手可以使用类似于 Xbox 的控制器控制激光操作杆，在实际场景中操作高功率微波。

第六节　重新定义设计

设计是导弹产品的源头，是产品从无到有的过程。重新定义设计侧重对导弹设计方法和技术体制的创新，从导弹的源头进行重新定义，可以产生颠覆性较强的创新产品。

按设计环节，重新定义设计分为重新定义构型、重新定义弹道、重新定义控制、重新定义毁伤、重新定义推进五个方面。通过对这五方面的重新定义，可以梳理出导弹设计创新的方法。

一、重新定义构型

（一）概念与内涵

导弹构型通常指导弹的气动外形和结构物理组成。重新定义导弹构型是指对导弹气动外形和结构物理组成进行创新，突破现有气动外形和物理组成的限制，拓展导弹的外形种类和组成形式。重新定义导弹构型是从导弹物理形态角度出发的一种创新途径。重新定义导弹构型不是简单地调整导弹气动翼面的大小和位置，也不是调整弹上设备的部位安排以优化质心，这些都够不上重新定义。重新定义导弹构型是打破导弹轴对称外形，增加或减少导弹的组成部分，从而实现导弹构型的真正重新定义。

（二）目的与意义

重新定义构型设计的意义在于：

突破局限。在人们传统印象中，导弹应该是轴对称、带翼、带舵的几何体，这样的印象会束缚导弹的设计边界，也不利于导弹装备形成新的能力。通过重新定义导弹构型，可为导弹设计提供更广的边界。

挖掘潜力。导弹的作战模式与其构型密切相关，固化的导弹构型对应固化的作战模式，打破固化的导弹构型，使导弹可以支持更多的作战模式。

跨界融合。导弹与其他飞行器有很多相通之处，可以从其他产品上学习到很多技术和技巧，通过跨界融合，利用他山之石，攻己之玉。

适应发展。导弹的组成不应存在标配的概念，每个弹上设备的存在都应有其意义，通过重新定义导弹构型，打破导弹组成标配的概念，实现导弹装备的轻质高效。

（三）思路与方法

从重新定义构型的不同方式出发，其包括由以平台为中心变为以载荷为中心、由串联构型变为并联构型、由轴对称变为异形构型、由舱段结构变为通舱结构、由固定外形变为可变外形、由独体结构变为多体结构、由电缆连接变为无线连接、由多层结构变为一体结构、由外部监测变为自主标测。

由以平台为中心变为以载荷为中心。传统导弹设计以飞行器平台为设计中心，先确定平台的概貌，再以平台尺寸重量为约束分配包括战斗部载荷在内的弹上设备指标要求。随着打击目标防护性能的提高，需要针对特定目标进行定制毁伤，形成以载荷为中心的导弹构型。一是加强对目标特性研究，对目标特性进行全方位的研究，分析目标的时代特性和易损特性，找准目标的“七寸”；二是以毁伤为中心，针对目标的时代特性和易损特性，找准目标的毁伤模式，减少对战斗部载荷的设计约束，使其能够发挥最佳的毁伤性能，最终根据战斗部的设计结果形成导弹形态。

由串联构型变为并联构型。大部分导弹都是串联构型，通过前后舱段的串联达到导弹飞行的目的。为了最大限度地利用导弹的径向空间，可将导弹设计为并联构型。一是部分舱段设备并联，导弹电气设备在舱体内并联排布，仅可能利用导弹的径向空间，这种并联方式在一些弹径较粗的地地导弹上较为常见；二是动力并联，达到降低轴向长度的目的，采用并联的构型，如美国“猎鹰-9”运载火箭，为了利用模块化的发动机，将三个发动机并联使用，这种构型也可为导弹借用；三是功能并联，即通过软件定义，导弹的硬件功能完备，通过发射前装订不同的参数，使导弹具备不同的作战使用功能。

由轴对称变为异形构型。导弹装备的外形通常是一个轴对称的外形，有时为了特殊需求，可将导弹设计为异形构型。一是满足气动特殊需求，轴对称外形的升阻比较低，为了提升升阻比，可将导弹外形设计为乘波体外形；二是满足平台装载需求，部分平台的装载要求将导弹外形设计为异形构型；三是满足探测需求，弹上探测设计一般都放在导弹的最前端，以色列拉斐尔公司和美国雷声公司联合研制的“大卫投石索”导弹突破了这一经典的导弹构型，其导弹头部带有一个明显的弯度，利用这一创新设计，改型导弹实现了雷达毫米波与红外双色复合的末制导探测体制，提升了导弹的实战性能。“大卫投石索”导弹就是重新定义导弹构型的一个典型案例。

由舱段结构变为通舱结构。大部分导弹通过若干个舱段连接起来，舱段与舱段之间通过螺钉等连接机构相连。为了节约舱内轴向空间，可以借鉴飞机通舱接口，将导弹整体设计为一个整体舱段。一是完全通舱，整个导弹舱体完全连通，实现减轻舱体连接重量的目标，这样的完全通舱结构常用于一些亚声速导弹和大气层外导弹，因为此类导弹通常载荷条件较低；二是并舱，部分导弹由于飞行动压大，无法做到完全通舱，可以通过将部分设备放在同一舱体中，实现减少舱段数量的目的，也可以在一定程度上减轻舱体的连接重量。

由固定外形变为可变外形。通常，导弹的外形在飞行过程中是固定不变的，随着导弹飞行包络的扩展，将会出现可变外形导弹。一是跨速度域变外形导弹，通过可变外形，满足导弹对亚声速、超声速、高超声速不同飞行速度的飞行需求；二是跨空域变外形导弹，通过可变外形，调整升力面面积，满足导弹对稠密大气层、稀薄大气层等不同飞行高度的飞行需求；三是跨介质域变外形导弹，通过可变外形，满足导弹水下发射条件下水动力与气动力性能差异大的需求。

由独体结构变为多体结构。大部分导弹都是单一个体。为了增加毁伤效果，国外一些导弹将独体结构变为多体结构，如英国的“星光”导弹，在拦截末段分离出 3 枚小导弹，3 枚小导弹独立攻击目标，提升毁伤概率。美国 JDAM（联合制导攻击武器）也是多体结构的典型代表，它由一个主承力弹身作为基准，根据任务的不同，可以捆绑不同的升力结构和控制结构。

由电缆连接变为无线连接。传统导弹弹上通信、供电通过有线电缆连接。随着无线供电、无线信息传输技术的发展，国外导弹创新者也开始考虑将无线供电和无线信息传输技术应用于导弹上，代替传统的电缆连接。

由多层结构变为一体结构。传统导弹弹体上需要涂覆多层结构，以分别实现防热、通信、承力等不同的功能。随着结构材料技术的发展，国外一些先进导弹开始尝试将一体化结构材料在导弹上进行应用，满足导弹复杂的力热需求。

由外部监测变为自主标测。传统导弹通常需要外界对其进行参数装订、标定、检测等。随着智能技术的发展，开始出现具备自标定、自检测、自瞄准功能的导弹，其利用先验知识和导弹自身传感器信息，自主完成作战使命。

二、重新定义弹道

（一）概念与内涵

导弹弹道指导弹的飞行轨迹。重新定义弹道是指对导弹的飞行轨迹进行创新，改变导弹的飞行速度和飞行高度，突破原有导弹的弹道模式，拓展导弹的飞行速域、空域。重新定义弹道是从导弹飞行性能出发的一种创新途径。重新定义弹道不是以提高导弹飞行速度为目标的简单的弹道优化，而是从导弹飞行空域突破的角度，提升或降低导弹的飞行高度、飞行速度及导弹的机动过载能力，从而实现弹道的重新定义。

（二）目的与意义

重新定义弹道的意义在于：

形成新的弹种。利用导弹自身的机动能力，丰富导弹飞行轨迹的多样性，通过飞行轨迹的多样化，形成新的弹种，实现作战样式的多样化。

提升能力。对于导弹作战，突防与拦截是一个永恒的主题，通过重新定义弹道，丰富导弹飞行通道，可大大提高导弹的突防能力。

（三）思路与方法

从重新定义弹道的不同方式出发，其包括提升弹道、压低弹道、组合弹道、机动弹道、新型弹道。

提升弹道。提升弹道是一种常见的弹道创新方法，一方面可以减小阻力，提升导弹速度性能；另一方面也可实现高空攻击，提升导弹的突防性能。常见的提升弹道的方法有临近空间武器、亚轨道武器和防空导弹常用的高抛弹道等。

压低弹道。压低弹道的方法常用于进攻型导弹。以地地导弹为例，传统地地导弹的弹道为抛物线弹道，抛物线弹道实现简单，且可以很好地减少能量损失。但抛物线弹道由于其高度较高，导弹在飞行轨迹上无法形成机动，故导致其易于被拦截方拦截。基于此，美国提出了以 HTV－2（2 号超声速飞机）、TBG（战术助推滑翔）等为代表的“临近空间滑翔弹头”项目，导弹在其飞行的大部分时间里，在临近空间进行机动滑翔，这样的飞行弹道改变了传统地地导弹抛物线弹道，具备更强的突防性能。“临近空间滑翔弹头”就是重新定义导弹弹道的一个典型案例。

组合弹道。组合弹道是通过组合不同形式的弹道，实现提升导弹飞行性能和突防性能的目的。常见的组合弹道包括弹道滑翔组合、弹道巡航组合、亚超组合等。

机动弹道。机动弹道是通过损失可以承受的飞行性能，达到提升导弹突防性能的目的。常见的机动弹道的形式包括螺旋机动、飘飞机动、躲避机动、隐蔽机动、变轨机动等。例如，俄罗斯“萨尔玛特”导弹的动力性能特别出色，可以飞越南极再向美国进行打击，从而避开了美国导弹防御体系的拦截，丰富了使用方的作战样式。

新型弹道。新型弹道是指近年来在一些创新课题中出现的新式弹道，包括近水面弹道、从近水面到水中的跨介质弹道等。其目的也是提升导弹的突防性能。

三、重新定义控制

（一）概念与内涵

导弹控制包括导航、制导与控制。重新定义控制是指对导弹的气动舵控制的方式进行拓展，寻找新型的控制方式，以期提升导弹的控制效率和控制精度。重新定义控制不是以应用新型技术为目的的猎奇性创新，而是从导弹的作战性能出发，去寻找那些真正能够为导弹作战效能提高带来优势的控制方式，或单一应用，或与气动舵复合应用，从而实现导弹控制的重新定义。

（二）目的与意义

重新定义控制的意义在于：

拓展导弹作战空域。随着导弹作战空域越来越高，大气密度越来越稀薄，气动舵控制的能力受到限制，通过探索新型的控制方式，来保证导弹在全作战空域的机动性。

提高导弹的作战精度。导弹是一种精确制导装备，作战精度的提升是导弹装备始终追求的目标之一。通过探索新型的控制方式，可缩短控制响应时间，从而提升导弹的作战精度。

（三）思路与方法

从重新定义控制的不同方式出发，其包括拓展控制方式、拓展导航方式、拓展制导方式。

拓展控制方式。拓展控制方式的方法常用于防御型导弹。一是直气复合的控制方法。在防空导弹领域，最近一次控制方式的重新定义为美国 PAC－3 导弹引入了侧向直接力控制，在导弹弹体上周布了侧向直接力发动机，利用直接力响应快速的特点，大大缩短了弹体的控制响应时间，提高了导弹机动快速性，为其直接碰撞毁伤提供了先决条件。美国 PAC－3 导弹应用侧向直接力控制是拓展控制方式的一个典型案例。二是变外形控制方法。通过导弹外形的变化，提升导弹的控制维度。

拓展导航方式。传统导弹一般仅利用惯导或卫星提供的信息进行导航，接收的信息源单一，拓展导航方式指的是拓展导弹导航所需的信息来源。一是地磁导航的方法，利用地球磁场进行导航；二是卫星导航的方法，利用卫星定位进行导航；三是星光导航的方法，利用天体进行导航；四是互联网导航的方法，利用互联网网络进行导航；五是广播电视外部信号源导航的方法，利用广播电视外部信号进行导航；等等。

拓展制导方式。传统导弹一般仅能利用雷达提供的目标信息进行制导，同样存在信息来源单一的问题，当雷达受到干扰或打击时，导弹无法作战。拓展制导方式指的是拓展目标信息的来源。一是指导式的方法，即目标指示雷达引导；二是势导式的方法，即态势级信息引导；三是分导式的方法，即协同探测制导；四是自导式的方法，即自主智能探测制导；五是召唤式的方法，即特战召唤、侦察召唤。

四、重新定义毁伤

（一）概念与内涵

重新定义毁伤是指创新毁伤模式，这里主要是指导弹定制毁伤，指向目标的易损结构，追求毁伤能量的最大限度发挥。导弹定制毁伤基于高超、隐身、“蜂群”等新时代信息化、智能化目标及特性，通过“五失”寻找目标的易损特性，通过导弹的选择性精准智能打击，实现对目标的“七寸”和“死穴”的重点毁伤效应。导弹定制毁伤可以产生新质作战能力，从而改变装备形态和作战样式，为打赢未来战争，完成多样化军事任务，提供更高效、更科学、更经济、更灵活的选择。

（二）目的与意义

重新定义毁伤的意义在于：

拓展导弹作战使命范围。随着导弹强调多功能多任务，导弹需要打击的目标种类越来越多，通过探索新的毁伤模式，以保证导弹对新型目标的可靠毁伤。

提升导弹作战效果。导弹的最终目的是打击目标，对目标给予较高毁伤等级的毁伤是导弹装备始终追求的目标之一。通过探索新的毁伤模式，可提升对目标的打击效果，提高导弹作战能力。

（三）思路与方法

从重新定义毁伤的不同程度出发，其包括失基毁伤、失性毁伤、失能毁伤、失联毁伤、失智毁伤。

失基毁伤。失基毁伤指的是使目标失去最基本的结果，属于硬毁伤的一种，包括失性命、失平台、失设施、失潜力等。失基毁伤机理是利用复合能和目标在运动中的附加能，对目标结构易损特性造成空间差、时间差或者能量差。失基毁伤的复合能主要体现在对准目标结构易损特性的热能、动能、化学能等的耦合。目标结构在运动中的附加能主要体现在目标的动能。失基毁伤的空间差是指定制毁伤能量作用空间范围与目标结构增量特性抗毁伤能力范围的差。失基毁伤的时间差是指定制毁伤能量在有效作用空间内的持续时间与有效毁伤目标结构增量特性所需时间的时间差。失基毁伤的能量差是指作用在目标结构增量易损特性上的定制毁伤要素能量超出保持目标结构增量易损特性稳定的能量要求的程度。

失性毁伤。失性毁伤指的是使目标丧失基本的特性，包括失物理特性、失信号特性、失衍生特性、失通用特性等。失性毁伤的机理是利用复合能和目标属性的附加能，对目标核心属性造成空间差、时间差或者能量差。失性毁伤的复合能主要体现在对准核心属性易损特性的热能、动能、化学能等的耦合。目标核心属性的附加能主要体现在目标电磁能、辐射能。失性毁伤的空间差是指定制毁伤能量作用空间范围与目标核心属性增量特性抗毁伤能力范围的差。失性毁伤的时间差是指定制毁伤能量在有效作用空间内的持续时间与有效毁伤目标核心属性增量特性所需时间的时间差。失性定制的能量差是指作用在目标核心属性增量易损特性上的定制毁伤要素能量超出保持目标核心属性增量易损特性稳定的能量要求的程度。

失能毁伤。失能毁伤指的是使目标丧失基本的作战能力，包括失机动力、失火力、失信息力、失防护力、失保障力等。失能毁伤的机理是利用复合能和目标能力的附加能，对核心能力的易损特性造成空间差、时间差或者能量差。失能毁伤的复合能主要体现在对准核心能力易损特性的热能、动能、化学能、电磁能等的耦合。目标核心能力的附加能主要体现在目标动能、电磁能、辐射能等。失能毁伤的空间差是指定制毁伤能量作用空间范围与目标核心能力增量特性抗毁伤能力范围的差。失能毁伤的时间差是指定制毁伤能量在有效作用空间内的持续时间与有效毁伤目标核心能力增量特性所需时间的时间差。失能毁伤的能量差是指作用在目标核心能力增量易损特性上的定制毁伤要素能量超出保持目标核心能力增量易损特性稳定的能量要求的程度。

失联毁伤。失联毁伤指的是目标失去与外界联系的功能，包括失导弹与导弹、导弹与平台、导弹与体系联络等。失联毁伤的机理是利用复合能和目标联系的附加能，对体系中和协同运行中目标核心属性或能力的易损特性造成空间差、时间差或者能量差。失联毁伤的复合能主要体现在对准体系中和协同运行中目标核心属性或能力易损特性的热能、动能、化学能、电磁能、电能等的耦合。目标体系中和协同运行中目标核心属性或能力的附加能主要体现在目标动能、电磁能、辐射能等。失联毁伤的空间差是指定制毁伤能量作用空间范围与目标体系中和协同运行中目标核心属性或能力增量特性抗毁伤能力范围的差。失联毁伤的时间差是指定制毁伤能量在有效作用空间内的持续时间与有效毁伤目标体系中和协同运行中目标核心属性或能力增量特性所需时间的时间差。失联毁伤的能量差是指作用在目标体系中和协同运行中目标核心属性或能力增量易损特性上的定制毁伤要素能量超出保持目标体系中和协同运行中目标核心属性或能力增量易损特性稳定的能量要求的程度。

失智毁伤。失智毁伤指的是应对智能化战争，使目标失去智能作战的能力，包括失自主感知、失自主认识、失自主行动等。失智毁伤的机理是利用复合能和目标智能的附加能，对智能体系中目标核心属性或能力的易损特性造成空间差、时间差或者能量差。失智毁伤的复合能主要体现在对准智能体系中目标核心属性或能力易损特性的热能、动能、化学能、电磁能、电能等的耦合。目标智能体系中目标核心属性或能力的附加能主要体现在目标动能、电磁能、辐射能等。失智毁伤的空间差是指定制毁伤能量作用空间范围与目标智能体系中目标核心属性或能力增量特性抗毁伤能力范围的差。失智毁伤的时间差是指定制毁伤能量在有效作用空间内的持续时间与有效毁伤目标智能体系中目标核心属性或能力增量特性所需时间的时间差。失智毁伤的能量差是指作用在目标智能体系中目标核心属性或能力增量易损特性上的定制毁伤要素能量超出保持目标智能体系中目标核心属性或能力增量易损特性稳定的能量要求的程度。

五、重新定义推进

（一）概念与内涵

导弹推进方式对不同弹种有所不同，地地导弹、防空导弹多为火箭发动机，巡航导弹多为冲压发动机或涡轮发动机。导弹的飞行特性基本由其推进方式决定。重新定义推进旨在对导弹的推进系统模式进行拓展，寻找新型的推进体制，从而提升导弹的飞行性能。重新定义推进不是简单地优化发动机的性能指标，而是从作战需求出发，选择那些真正能够为导弹作战效能提高带来优势的推进方式，从而实现推进方式的重新定义。

（二）目的与意义

重新定义推进的意义在于：

拓展导弹飞行性能。当前，对导弹飞行距离、飞行速度、机动性能的需求越来越强烈，而这样的飞行性能是直接由推进系统决定的，通过探索新型推进系统，以保证未来导弹具备更远的射程和更高的速度。

提高导弹使用维护便捷性。推进系统是导弹上的主要火工品之一，其使用维护便捷性差会给导弹的使用带来很大的安全隐患。通过探索新型推进方式，可大大提高导弹的使用维护便捷性，提高导弹作战能力。

拓展飞行介质。通过推进系统的变革，实现导弹跨域飞行。

（三）思路与方法

从重新定义推进的不同途径出发，其包括推进剂种类、组织燃烧模式、发动机本体的提升、发动机组合形式的拓展、动力体制组合。

推进剂种类。通过发动机推进剂形式的创新，实现提升导弹动力性能的目标。传统的推进剂包括冲压、固体、液体等形式。新概念推进包括激光推进、脉冲爆震推进、核动力推进等。

组织燃烧模式。通过组织燃烧模式的改变，形成不同体制的发动机，如涡轮、亚燃、超燃等。

发动机本体的提升。重新定义导弹推进需要依托动力技术的进步。防空导弹历史上一次典型的重新定义推进是第一代中高空防空导弹向第三代中高空导弹跨代时，由于固体动力技术的进步，大推力固体动力成为现实。中高空导弹由液体火箭发动机升级为固体火箭发动机，大大提高了导弹的使用维护性和储存性能，促进了防空导弹的跨代发展。

发动机组合形式的拓展。传统导弹一般只带一台发动机。通过动力组合形式的拓展，可以提升导弹对发动机的能量使用率，常见的动力组合形式包括：多级推进，如常见的多级弹道导弹；并联推进，如“猎鹰”重型火箭；多推力推进，如单室双推力发动机、双室双推力发动机；多脉冲推进，如多次启动发动机。

动力体制组合。传统导弹一般只有一种动力体制，通过动力体制的组合，可以提升导弹的飞行性能。常见的动力体制组合形式包括 RBCC（火箭基组合循环）、TBCC（涡轮基组合循环）、TRRE（涡轮火箭基冲压发动机）等。

第七节　重新定义生产

生产制造是导弹最终由设计方案变为实物产品的重要环节。重新定义生产旨在对导弹的生产制造方法、生产制造流程进行拓展，寻找新型的生产制造方式，从而提升导弹的生产制造效率，降低生产制造成本。

按生产维度，重新定义生产分为重新定义生产方式、重新定义生产标准、重新定义生产链条三个方面。本节通过对这三方面的重新定义，梳理出导弹生产创新的方法。

一、重新定义生产方式

（一）概念与内涵

重新定义生产方式需要将机械化设备与可重复生产流程结合，在导弹生产制造过程中，尽量减少手工操作，尽可能利用机械化自动化的手段，提高生产制造效率，实现弹性制造和军民融合。

（二）目的与意义

重新定义生产方式的出发点在于考虑到导弹在战场上是一种大量消耗型装备，需要在短时间内完成加工，才能保证战场有弹可用。通过重新定义生产方式对导弹进行创新，其主要意义在于：

缩短导弹的生产周期。未来战场需要导弹快速生产以满足战场源源不断的消耗，通过探索新型的生产方式，可以使导弹快速生产，以保证作战的需求。

降低导弹的生产成本。利用自动化、智能化的生产制造设备，减少手工操作，提高生产制造流程的可重复性，从而降低导弹的生产成本和低级错误发生的概率。

（三）思路与方法

从重新定义生产方式的不同途径出发，其包括先进加工、增材制造、弹性制造、定制制造、云制造、智能制造、货架制造、自组装制造、融合制造。

先进加工。采用先进加工方法，可以一定程度上定义生产流程。一是净形成型，指零件成型后只需少量加工或无须加工，就可满足使用要求的工艺方法，有时称作近形成型或精确成型。净形成型工艺综合了新材料、新能源、精密检测、自动化和仿真等多学科技术成果，改造了传统的毛坯成型方法，使得成型后的构件具有精确的外形，高的尺寸精度、形位精度和低的表面粗糙度。二是高能密度束流加工方法，主要是激光加工、电子束加工、离子束加工等，已在航天航空、汽车领域得到大量应用，如将激光焊接工艺用于空气舵蒙皮—骨架焊接，提高了质量，缩短了生产周期，降低了成本。三是精密切削，精密切削加工的误差为 0.1 ~ 10 μm、表面粗糙度 $Ra = 0.025 \sim 0.1$ μm；超精密切削加工误差则为 0.01 ~ 0.1 μm，表面粗糙度 $Ra < 0.025$ μm。超精密加工已进入纳米尺度，它以不改变工件材料物理特性为前提，以获得极限的形状精度、

尺寸精度、表面粗糙度、表面完整性为目标。

增材制造。增材制造的方法主要为制定科学合理适于机械自动化的生产流程。洛克希德·马丁公司宣称其将3D（三维）打印和虚拟现实技术应用于导弹的生产制造，大大提升了导弹的生产制造效率，降低了员工在生产制造过程中的安全风险。当前，以3D打印为代表的智能制造技术发展迅猛，为重新定义导弹生产带来了很多机遇。

弹性制造。弹性制造的方法通过可重新定义生产线，实现导弹的弹性制造，满足未来战争对导弹多用途的需求。通过弹性制造，可快速实现新型导弹从方法到产品的过程。

定制制造。定制制造的方法针对导弹的特殊需求，采用类似于汽车生产线的模式，对有特殊需求的导弹或弹上产品实施定制制造。

云制造。云制造的方法是利用工业互联网，实现设计部门与生产部门的解耦，利用云制造的技术，保证导弹在战时能够得到源源不断的充足供应。

智能制造。智能制造的方法利用增强现实技术，提升导弹制造过程中的智能化水平，让装配工人摆脱图纸和工艺文件的束缚，形成装配的可视化教程，对一些必须由人来完成的关键工序进行实时提示指导，降低操作风险。

货架制造。货架制造的方法是指在导弹的方案设计中，尽可能地选择货架产品和工业级元器件，保证在战时弹上元器件的供应充足，满足对导弹数量的需求。

自组装制造。自组装制造的方法是指利用自动化生产线，实现导弹的自动装配，减少人工操作带来的错误，提高导弹的可靠性。同时，利用自组装制造，提升导弹的组装快速性。

融合制造。融合制造的方法指的是军民融合，利用民用产品巨大的生产能力，弥补导弹产品生产制造产能不足的问题，解决导弹数量的问题。

二、重新定义生产标准

（一）概念与内涵

重新定义生产标准主要包括重新定义“三化”标准和重新定义产品模块标准。

（二）目的与意义

重新定义生产标准，其主要意义在于：

缩短导弹的生产周期。未来战场需要导弹快速生产以满足战场源源不断的消耗，通过探索新型的生产制造标准，以保证导弹快速生产，保证作战的需求。

降低导弹的生产成本。利用自动化、智能化的生产制造设备，减少手工操作，提高生产制造流程的可重复性，从而降低导弹的生产成本和低级错误发生的概率。

（三）思路与方法

“三化”。“三化”是通用化、系列化、模块化的简称，是标准化的三种方法。实施“三化”就是为了充分利用已有成果，最大限度地减少同一水平上的重复劳动，以有限品种、规格满足多样化的需求，从而达到缩短周期、降低成本、提高产品可靠性、简化维修保障、提升战斗力的目的。推行“三化”既是发展装备的一项基本政策，也是企业快速提升竞争力的有效途径。武器装备研制走基本型、系列化发展的道路，实际上是综合运用了“三化”方法的成果。成功实施“三化”的案例很多，如欧洲导弹财团主导的模块化的 Aster 导弹族设计，通用化的 Aster 上面级与不同规格助推器组合，形成了导弹族，满足了不同国家不同系统的需求；美国“标准”导弹是美国海军武库中最成功的导弹之一，已经历了多次改进，其作为导弹模块化、系列化、螺旋式发展的典范有很多值得借鉴的经验。

基于“模块”的产品构型管理。在全球信息化的新经济时代，人类活动在全球范围内呈现一种全方位关联、交换和互动趋势。技术发展快，产品生命周期短，能满足个性化需求，以至出现了需求由供给创造的现象。企业为了争取市场上的主动，要最大限度满足客户的需求，产品系列化是平衡企业利益和客户利益之间矛盾的一条重要途径。因此，现代产品设计已不再是设计“一个产品”，而是通过“模块化”设计产品，形成产品系列，以快速实现产品的系列化和个性化。“构型管理”概念是 20 世纪 60 年代美国空军提出的。构型管理是一种面向全生命周期的、以产品结构为组织方式，集成和协调与产品构造有关的一切活动和产品数据，保证产品各生命周期阶段零件、文档和更改数据的一致性和可控性，提供产品构型的可视化定义和控制的产品数据管理技术。

三、重新定义生产链条

（一）概念与内涵

众所周知，产品生产链条主要由设计决定。为了争取设计一次成功，在 20 世纪 90 年代初，CAx 工具作为“并行工程 CE”关键技术之一得到了大量开发。面向成本设计（design for cost，DFC）是 DFx 技术的组成部分，与面向制造的设计（design for manufacture，DFM）、面向装配的设计（design for assembly，DFA）以及面向测试的设计（design for test，DFT）等一样，受到了许多企业前所未有的重视。

（二）目的与意义

降低产品成本。从产品实现角度看，产品设计不仅指产品本身设计，也包括产品开发过程和系统设计。因此，产品设计时不但要考虑功能和性能要求，而且要同时考虑与产品整个生命周期各阶段相关的因素，包括制造的可能性、高效性和经济性等，其目标是在保证产品质量的前提下缩短开发周期、降低成本。

（三）思路与方法

面向成本。面向成本的设计的方法要求在系统研制开发过程中将成本作为一个与技术、性能、进度和可靠性等要求列为同等重要的参数给予确定，通过分析和研究产品制造过程及其相关的销售、使用、维修、回收、报废等产品全生命周期中各个部分的成本参数，使其与性能、可靠性等参数之间达到最佳平衡；其本质是在产品性能和成本的基础上求得一个平衡点，确定一个折中的满意解，目的是提高产品的性价比。开展 DFC 需要有效的全寿命周期成本模型、成本估算方法、历史成本数据与未来预测结果；合理确定成本指标非常重要，要及时交流、反馈产品成本信息，以便有效采取控制措施。

面向制造。面向制造的设计是一种设计方法，即在产品设计时不但要考虑功能和性能要求，而且要同时考虑制造的可能性、高效性和经济性，即产品的可制造性，目的是在保证功能和性能的前提下使制造成本最低。这种设计同步考虑制造实现问题，很多隐含的工艺问题能够及早暴露，避免了很多设计返工。产品可制造性评价要从企业资源能力和制造工艺技术两方面着手。制定评价规则的依据是企业的运营目标，它取决于市场环境、生产纲领和产品开发模式等因素，不同生产模式评价准则不同。对于稳定的大批量生产模式，由于产品生命周期长、批量大，因此产品可制造性评价指标要求十分细致，从成本和生产率角度对设计和工艺规划进行精细的修正和优化。传统的军品研制强调功能性能及创新性，科研攻关产品验证生产批量小，可制造性评价指标主要是避免设计导致的重大加工缺陷或风险，对成本考虑较少。

面向市场。面向市场的设计是一种设计思维，即在军工产品设计时始终考虑军民融合，充分利用民间的资本、技术、资源，释放由于军方企业内部配套局限导致的生产能力不足的压力，延长导弹的生产数量，降低生产成本，缩短生产周期。

第八节 重新定义保障

保障是导弹由产品形成到最终发射过程中的重要环节。重新定义保障旨在对导弹在设计阶段进行创新，提升导弹储存保障的便捷性，通过有针对性地探索新型的技术体制，延长导弹储存寿命，降低导弹保障条件，便于战场环境下的使用维护。

按保障阶段，重新定义保障可分为重新定义技术保障、重新定义作战保障两个方面。本节通过对这两方面的重新定义，梳理出导弹保障创新的方法。

一、重新定义技术保障

（一）概念与内涵

重新定义技术保障需要将产品设计与器件水平相结合，不是对导弹储存保障条件提出更高要求，而是在设计上想办法，提高导弹对复杂自然环境的适应能力和承受能力。

（二）目的与意义

重新定义技术保障的出发点在于考虑到导弹在未来战场上的储存环境和使用环境有可能极为恶劣，最大限度地保障导弹在恶劣战场环境下依然能够可靠工作。通过重新定义技术保障对导弹进行创新，其主要意义在于：

提升导弹的环境适应性。未来战场环境严苛，需要导弹具备较强的适应能力。通过探索新型储存保障方式，以保证导弹在严苛环境下的好用、实用、管用。

提升导弹的使用维护便捷性。未来战场比拼的是准备时间，攻防双方谁的准备时间短谁就占据了先机。通过探测新型储存保障方式，提高导弹的使用维护便捷性，可大大压缩导弹装备的准备时间，提升作战效率。

（三）思路与方法

从重新定义技术保障的不同途径出发，其包括降低保障要求、提高保障效率、免测试维护、储运发一体。

降低保障要求。通过导弹的保障性设计的方法，降低保障要求。传统导弹对保障条件的要求很高，外部环境超出就会使导弹的可靠性降低。通过降低保障要求，使导弹更适用于实战环境，提升导弹的作战能力。

提高保障效率。利用信息化手段，提高保障效率。传统导弹的保障物资需要专门配备备件车，备件车内的零件大部分长期得不到使用，造成保障效率较低。可借鉴物流快递的方法，利用信息化手段，对保障备件进行动态供给，提高备件的使用效率。

免测试维护。通过合理选择技术途径，实现导弹免测试维护。重新定义导弹储存保障的方法主要为选择合理的技术途径，避免对储存保障要求高的技术方案，在方案设计初始就将储存保障性能放在主要位置。在导弹历史上，对储存保障性能大大提升的一次技术革新是发射筒（箱）的发明，将导弹裸弹装在发射筒（箱）中进行储存、转运、维护，大大增加了导弹的储存性能和使用维护的便捷性。

储运发一体。通过储运发环境的一体化设计，实现储运发一体。传统导弹的储存、运输、发射是三个环节，各自需要不同的保障设备。通过储、运、发一体的技术，将储存、运输、发射三个环节都通过发射筒来实现，可大大提升导弹的作战能力。目前，部分国外发展型巡航导弹已经将该技术用于实物。

二、重新定义作战保障

（一）概念与内涵

作战保障指在作战过程中，辅助装备完成作战任务的设备和措施。重新定义作战保障是指降低导弹装备在作战过程中对外界的依赖，最终可以达到无人作战的要求。

（二）目的与意义

重新定义作战保障的出发点在于提高导弹在未来战场上的作战便捷性。通过重新定义作战保障对导弹进行创新，其主要意义在于：

提升导弹的战场适应性。通过重新定义作战保障，减少导弹装备的作战保障环节，提升装备的作战鲁棒性。

降低人为操作要求。未来作战具有高强度、快反应的特点。通过重新定义作战保障，将导弹装备对人为操作的要求降到最低，提高装备的作战效率。

（三）思路与方法

从重新定义作战保障的不同途径出发，其包括侦察情报、警戒、通信、信息防护、目标、伪装、测绘导航、气象水文、电磁频谱管理、航海、地理等。

侦察情报保障。侦察情报保障提供各种目标监视、跟踪、评估。可通过提高导弹自主飞行的方法，实现简化情报保障。传统导弹对敌方情报需要专门的保障人员，通过提前知悉敌方作战任务、作战路线，提前设伏。通过降低情报的保障需求，使装备更加适用灵活作战样式和攻防对抗。

警戒保障。警戒保障提供防敌袭击和侦察的警卫和戒备行动。

通信保障。通信保障提供快速响应、高效协同、高速机动。

目标保障。目标保障提供目标结构、性质、位置、坐标、运动方式、能力等信息。可通过制导控制系统的鲁棒性设计的方法，实现简化目标保障。传统导弹会对目标信息提出较为严格的条件，通过降低保障条件，来实现导弹在低目标信息支援下的自主作战能力。

伪装保障。伪装保障提供欺骗与迷惑对方，并保护自己的措施与手段。

气象水文保障。气象水文保障提供飞行环境、气象水文条件准确的量化信息。可通过针对恶劣环境条件设计的方法，实现简化气象水文保障。通过降低气象保障要求，使装备能够在云、雪、雨、大风等极端恶劣天气下正常工作。

电磁频谱管理保障。电磁频谱管理保障提供所有用频设备的频谱参数，建立包含敌方电磁频谱相关数据的管理数据库，全面掌握敌方无线电台设备类型、使用频率、带宽等数据。

航海保障。航海保障提供覆盖战场的立体海洋环境感知、较为准确的气象海洋预报及自动化辅助决策。

地理保障。通过合理设计弹道的方法，实现简化地理保障。地理保障要求高指武器装备对阵地部署地理环境要求苛刻，无法适用于山地、丘陵等有遮挡地区。通过降低地理保障，使装备能够全地形应用，提高其作战实用性。

第五章

重新定义导弹武器系统

导弹武器系统是导弹作战最基本的战术作战单元，包含导弹作战能力生成的主要要素，各要素之间呈不可分割的紧密耦合关系。火炮武器系统是导弹武器系统的母型，其主要由照明装备/炮瞄雷达、指控装备和火炮等构成。火炮武器系统的经典构型是导弹武器系统架构和组成的源头和基因，几十年来从未改变过。这种系统构型一方面支撑了防御作战的能力提升，另一方面也制约了防御作战能力向更高层面的拓展和创新。导弹武器系统的创新，就是从解构传统的经典构型入手，通过系统要素、系统形态、系统能力等多方面的创新和重新定义，实现导弹武器系统能力的倍增。重新定义导弹武器系统主要包括重新定义系统功能使命、重新定义系统作战能力、重新定义系统构建、重新定义系统运行形态、重新定义系统兼容。

第一节　重新定义系统功能使命

传统的导弹武器系统一般是一型导弹一型武器系统，系统独立和专用，功能和使命单一，上下左右难以兼容，对武器装备研制生产、使用管理和作战运用产生复杂的影响。重新定义系统功能使命是指一个导弹武器系统能够适应多型导弹装备，一型导弹装备能够适配多个导弹武器系统，旨在实现“一代平台多代负载”“一代负载多代平台”的实战要求。重新定义系统功能使命分为纵向法、横向法和综合法三种。

一、纵向法

（一）概念与内涵

纵向法是指通过统一导弹武器系统架构设计等方式，使得该型导弹后续发展型、改进型能够兼容已有架构，并与其协同作战，使得一个导弹系统适配该系列的所有导弹类型，满足导弹作战体系基本型、系列化发展需求。纵向法的核心在于使得一个导弹系统能够适配该系列不同历史时期研发的所有导弹，并使其在未来一段时间甚至相当长一段时间内都满足实战需求。纵向法的关键在于准确把握未来发展趋势，即针对未来威胁和战争可能发生的变化提前谋划布局，对于已经明确的趋势预埋相关技术。此外，为实现纵向兼容，导弹武器系统应采用开放式架构，使其具备易升级、易换代、易更新等能力特征。

（二）目的与意义

降低系统升级难度。在武器系统功能层面，纵向法的本质在于功能的标准化、接口的统一化，因而各型导弹可实现部分或大量技术的共用，降低导弹升级在技术上与设计上的难度，提升研发效率。

缩短系统升级周期。在武器系统技术更新方面，标准化组件、通用化控制系统等，将使得导弹武器系统升级所需要的工作量、难度显著减小，技术研发所需时间显著缩短。

提升装备换装速度。在武器系统使用方面，纵向法显著提升系统升级换装的适应速度：一是操作人员适应难度小、学习成本低，换装后迅速形成能力；二是升级换装后，原有保障设备、设施与技术可重复使用，快速形成战备值班状态。

（三）思路与方法

提前预埋法。提前预埋法指在一型导弹武器系统设计之初，就考虑其未来数年甚至数十年可能应对的威胁的变化，提前在空间、系统、架构等方面预埋关键技术、预留升级空间，在未来有需要时，直接启动升级换代。一是空间预埋，通过结构优化设计，在不大幅影响导弹系统性能的情况下，尽量多地为导弹武器系统预留升级空间。如对导弹发射模块预留高度、宽度、直径，使其满足未来更大导弹的发射要求。二是系统预埋，对导弹武器系统重要分系统，如雷达、指控、导引头、发动机等预留技术升级空间，在必要时通过改进和换代，提升其性能。该种升级方法由于没有改变系统架构，因此能够满足导弹武器系统纵向兼容需求。三是架构预埋，从武器系统组成架构入手，使用开放式的架构设计，为未来新部件的安装、新能力的形成，预留接口、电力等要素的空间。

基础拓展法。基础拓展法指在通用的确定的状态基础上，以拓展的方式实现导弹武器系统的纵向兼容。一是性能拓展，从导弹武器系统自身性能的类型与深度出发，实现武器系统性能拓展，以使其满足纵向兼容需求。二是功能拓展，从单一功能拓展为多使命功能。如美军使用“标准－6”舰空导弹武器系统打击水面舰艇目标，就是将单一的防御性质使命功能拓展为攻防兼备的使命功能。三是定位拓展，将导弹武器的常规作战使命拓展为战略作战使命。如美军提出的核门槛降低策略，将战术导弹武器搭载小当量核弹头，实现战略打击能力。四是潜力拓展，充分挖掘既有平台的潜力，以不断修改、优化的方式实现导弹武器系统的发展。

兼容拓展法。兼容拓展法指以兼容方式实现导弹武器系统使命的延伸。一是时间维度兼容，作战平台通过兼容装载不同代的导弹武器系统，实现不同的作战使命，如美“宙斯盾”系统可兼容装载“标准-2”“标准-3”“标准-6”导弹武器系统，可以实现防空、反导、超视距拦截等不同的作战使命。二是空间维度兼容，一型导弹武器系统可以在不同的作战平台上装载，从而实现不同的作战任务，如海基“宙斯盾”系统实现海上防空反导作战任务，陆基“宙斯盾”系统实现陆上防空反导作战任务。三是功能维度兼容，将不同使命功能的、规格大小各异和类型不一的导弹武器系统集中装载在同一作战平台上，实现不同的作战使命，如俄罗斯C-400防空导弹武器系统将近程、中程、远程等导弹同时装载于一个系统内，实现近、中、远防空反导作战使命的分配和集成。

二、横向法

（一）概念与内涵

横向法是指通过一个武器系统适配不同类型的导弹，达到增加不同的作战任务、不同的作战域等目的。横向法的关键在于准确把握不同类型导弹武器作战需求的差异性和所需完成任务的多样性，通过通用化、标准化实现对不同任务类型导弹的适配。其意义在于：一是增加不同的作战任务，在导弹武器系统的单一打击任务的基础上，增加侦察等任务载荷，可以实现导弹武器系统的察打一体，如美低成本自主攻击系统（LOCAAS）就是将巡飞侦察和打击任务集成于一体，实现察打一体作战任务；二是增加不同的作战域，在导弹武器系统单一作战域执行作战任务的基础上，增加导弹武器系统跨域机动作战能力，可以执行对不同作战域目标的打击作战任务，如美“阿斯洛克”火箭助飞鱼雷系统就是在空中作战域实现远程飞行，在水下作战域对潜艇目标实施打击。

（二）目的与意义

丰富作战性质。单一平台装载多类型导弹，可增加导弹武器系统作战任务的多样性。如防空导弹系统适配巡飞导弹武器系统，将传统导弹的即时打击性质改变为区域控制作战性质，可显著提升导弹武器系统的战场控制能力。

降低保障要求。导弹种类的减少使得导弹备品备件数量和维修的品类大为减少，导弹装备技术保障的效益会更高。如欧洲导弹公司的模块化空射导弹系统（FlexiS），将传统导弹进行模块化、弹族化设计，通过在战场上按需剪裁装配，实现近距空空、中远距空空及空面等不同导弹形态和相应作战任务。

简化协同作战。横向法使得多类导弹系统的协同作战更加灵活，既可单发导弹察打一体作战运用，又可一组巡飞导弹进行协同侦察和协同打击的作战运用，运用更加灵活，适应的作战场景更加丰富，完成的作战任务更加拓展。

（三）思路与方法

通用化设计。通用化设计是指一型导弹武器系统可以支撑和保障多型导弹装备作战运用的需要。一是接口通用设计，依靠发射平台、导弹线缆等接口的通用设计，武器装备可实现混配、混装；二是功能通用设计，依靠指令线、探测信息等功能要素的通用设计，不同类武器之间可实现功能的协同。如美陆军“远程精确打击火力系统”（LRPF），可兼容保障导弹、火箭弹等多种精确打击弹药的运载和发射要求。

模块化设计。模块化设计是指导弹武器系统各组成部分进行模块化设计，不同的模块组合成不同的导弹武器系统。一是元器件模块化设计，采用基本元器件构建功能模块，使其能够应用到不同的分系统，满足通用化需求，实现横向兼容；二是分系统级模块化设计，通过接口标准化、通用化等方式，最大限度地解除各分系统耦合性，使各分系统能够满足纵向兼容需求；三是武器系统级模块化设计，在武器系统层面，采用通用化架构、开放式设计，使导弹作战体系满足纵向兼容需求。

软件定义。软件定义是指在导弹武器系统模块化设计的基础上，将每个模块做通用化和标准化设计，系统功能基于任务、基于使命进行快速软件更新的方法。如俄罗斯反舰导弹武器系统的测发控系统，每个操控台都是通用的，但通过软件定义可以区分为测试、诸元计算和装订、指挥和控制等不同功能的操控台，每个操控台之间可以相互替代。

三、综合法

（一）概念与内涵

综合法是指一个武器系统既可适配同系列导弹，也可适配不同类别的导弹，实现导弹武器系统作战能力的提升、作战样式的扩展。综合法的核心是导弹武器系统高度的平台化，武器系统成为服务于导弹发射的基础，是支撑“导弹中心战”的基础样式。如俄罗斯最新型的 C－500 防空导弹武器系统，打破了传统单个武器系统适配单型导弹的传统，单个发射车可装载大小不同，可执行防空、反导等多类任务的多型导弹。

（二）目的与意义

实现“1+1>2”。单个系统适配不同功能、性能的导弹，使得协同作战、联合作战的形态下沉至武器系统级，相比于传统的多武器系统协同，可以产生部分之和大于整体的系统效应，实现“三个臭皮匠顶个诸葛亮”的作战效益。

集成分散控制成本。一方面，将以往单型导弹所具备的功能分散至多种导弹，有效降低了导弹技术复杂度和研发难度，降低了装备研发和制造成本；另一方面，将多套导弹武器系统的功能集成于一套，减少了完成导弹作战使命任务所要求的火力密度和打击数量，进而降低打击成本。

扩展使命任务。单个导弹武器系统兼容不同时期与不同功能类型的导弹，然后对各种功能不同的导弹进行不同的组合运用，可以形成攻与防、察与打、单与群不同的作战样式，实现不同的作战功能和使命任务。

（三）思路与方法

架构解耦。架构解耦指将导弹武器系统按照功能架构进行解耦，将单个导弹武器系统的功能分散至多个系列。一是能力拆解，如将突防和打击一体解耦为分立的突防和打击，使解耦后的导弹武器系统因为任务单一和聚焦而能力更加突出、可靠性更强；二是能力弱化，如依靠多弹的协同探测可提升探测的范围与精度，降低对单型导弹探测能力的要求。

功能解耦。功能解耦指将复杂的功能解耦到多个武器系统中，依靠协同实现更全面的能力，如将复合制导解耦为多个单一制导，将组合制导解耦为多个独立制导。例如，美军提出的飞行挂架概念，就是将作战飞机挂架和导弹为一体的作战功能实施解耦，分解成飞机与飞行挂架、飞行挂架与导弹的功能要素，实现空中火力预置和待机作战、载机远距离操控打击的作战能力提升。

分布协同。分布协同指将同一套导弹武器系统的导弹进行功能协同，推进综合兼容的导弹武器系统能力提升。一是要素分散，功能、系统分散是分布协同的基础，旨在在物理层面、功能层面等实现由集中到分散、由全能到聚焦等；二是功能协同，通过协同，可使 OODA 作战链形成闭环，可使各功能要素以作战任务为导向凝聚成作战能力；三是任务提升，协同作战可使导弹武器系统任务执行能力、作战功能类型更加多样。如美研发成功的陆海一体反导分布式作战能力，在海基反导系统和陆基反导系统分布式部署的态势下，实现陆基雷达引导海上拦截、海基雷达引导陆上拦截的协同反导作战。

第二节　重新定义系统作战能力

导弹武器系统作战能力包括机动力、火力、信息力、指控力、防护力和保障力等。重新定义系统作战能力是指通过重构传统导弹武器系统能力要素，牵引导弹武器系统设计与实践的创新，促进导弹武器系统作战能力的提升。按照着眼点不同，重新定义系统作战能力的方法主要包括机动力重构法、火力重构法、信息力重构法、指控力重构法、防护力重构法和保障力重构法六种。

一、机动力重构法

（一）概念与内涵

机动力重构法是指改变传统导弹武器系统机动方式，采用无人车载、无人机载、无人预置等发射装置机动创新方式，从而大幅提升导弹武器系统机动特性的方法。可以将传统有人车载变为无人车载、无人前置及预置等方式，可以通过无人机、无人艇等手段，提升导弹武器系统机动灵活性。如美提出的“海德拉”系统采用无人箱式系统预置的方式，有效避免传统导弹武器系统远程机动的性能要求。

（二）目的与意义

变革机动样式。将传统战时机动的方式，改变为无人预置作战的方式，可以显著降低导弹武器系统战时、临时机动的能力需求，降低对机动力的需求，从而重构导弹武器系统机动力。如俄罗斯已试验的“赛艇”水下弹道导弹系统，其发射装置可通过无人潜艇部署于固定海域并隐蔽待命，实现对敌方目标的突然袭击。

降低机动难度。降低对导弹武器系统机动过程中因为有人参与而带来的约束，如恶劣环境、大机动过载、远洋保障等，大幅降低导弹武器系统机动的难度，实现复杂环境、复杂场景的有效机动能力。

提升机动速度。以无人化改变因有人或地面机动带来的机动速度限制，显著提升导弹武器系统的机动速度，实现机动力的大幅提高。如导弹适配于无人机平台后，可以实现更高速度、更高加速度的作战部署。

（三）思路与方法

快速机动。快速机动指提高武器系统的兵力机动和火力机动速度，实现作战的高效快速部署。一是提高载具机动能力，以发射车等装载平台的速度提升为手段，缩短同样距离下机动时间；二是创新机动方式，发展空基、海基等各型无人平台；三是扩展机动路径，如适应崎岖复杂的山地机动条件，减少公路机动的里程数，提高机动效率；四是以火力机动代替兵力机动，发挥导弹自身速度优势。

延伸机动。延伸机动指颠覆传统的机动方式，提高导弹武器系统机动的可持续距离和机动的高度。一是提高机动的效率，以轻质化、灵巧化等方式降低机动的功率负载，提升平台单次可机动的范围，提高机动的可持续性；二是提高机动的高度，将机动平台的作战海拔提升至敌方达不到的区域，扩展导弹的作战范围，在敌方无法触及的空间机动，提高机动的安全性。

跨域机动。跨域机动指搭载武器系统的平台和导弹装备能够实现跨域机动和飞行。一是平台跨域机动，发展水下、水面、陆地、空中、太空等多域作战的平台，依据战场环境选择最优的机动域，如新型可潜伏无人艇，可实现水面、水下的跨域作战；二是导弹跨域机动，发展可跨域飞行的导弹，如新型近水面飞行导弹，可实现海上作战的超低空机动。

极限机动。极限机动指提升导弹武器系统在极限恶劣环境下（高原、高寒、高海况）的机动速度与机动能力。一是提高环境适应能力，通过系统升级使平台适应高原、高寒、高海况等恶劣环境，实现机动范围、机动环境与机动时间的扩展；二是牺牲部分系统性能和能力，如以探测精度换取机动速度，以机动速度换取机动范围。

预置机动。预置机动指通过战时、临时机动的方式，预先将导弹武器系统投放到战场对抗区，实现对导弹武器系统的预先部署。一是前沿预置，将武器系统机动部署至战场前沿，压缩导弹打击空间；二是自主预置，发展具备自主移动能力的武器装备，可跟随战场态势机动至预定范围；三是伪装预置，利用民用外形如集装箱，实现战场的伪装。

二、火力重构法

（一）概念与内涵

火力重构法是指对导弹武器系统火力形态、装填与发射方式、火力释放方式和保障方式进行创新重构，从而实现导弹武器系统作战能力提升的方法。可以是从单一的火力运用方式，向组合化火力运用方式转变；可以是通过对发射系统模块化设计，实现火力的高密度装填与发射；可以是改变传统导弹装填模式，实现向可重复填装方式转变；可以是改变单一火力发射方式，由传统冷发射、热发射等方式向电磁发射等多种方式并行发展转变；还可以是改变导弹发射的保障方式，从被动保障向自主精准保障转变。如水面舰艇、飞机等平台的火力构成，就是从原有的单一能力构成向组合化、复合化、一体化设计与运用转变；多功能导弹武器系统，将实现对空、对海、对陆一体化发展。

（二）目的与意义

提升规模能力。以火力重构为着眼点，可瞄准更大范围、更大规模、更多运用方式、更多作战域、更强毁伤能力等大规模作战需求，牵引相关技术的攻关与发展，提升导弹武器系统的火力释放能力。

提高实战能力。火力是实战最重要的指标之一，以火力为着眼点可牵引支撑火力生成的技术、运用的发展，促进导弹武器系统更加贴近实战需要。此外，火力重构的研究也会推动定向能、激光、微波等新概念杀伤方式从概念走向成熟，推动火力密度、打击强度的显著提升。

支撑体系运用。火力重构法可以促进导弹武器系统运用方式、打击范围和作战域向组合化、远程化、跨域化的体系运用发展，使得传统导弹武器系统实现从单一运用方式向组合化运用方式，较近射程向更远覆盖范围，单一作战域向对陆、对海、对空、对天等跨多域作战等方向发展。

（三）思路与方法

高密度装填。高密度装填指创新导弹装载方式，以提升单个平台的载弹量为目标，综合运用模块化、通用化、一体化等技术，采取颠覆传统车载形态、缩小导弹整体尺寸、发展高密度装填技术等技术途径，实现导弹平台导弹装载数量的显著提升。一是缩小导弹尺寸，以紧凑的外形降低导弹的占用空间；二是优化导弹装填方案，以结构优化拓扑的方式实现空间利用率的提升。如美军发展的 MK41/MK48/MK57 等系列化舰载通用垂直发射系统，相较于传统的多联装倾斜发射装置，实现了舰船空间的高效利用与导弹装填数量的提升。

高密度打击。高密度打击指以多弹同时打击或拦截多目标，提升打击的火力强度与拦截的有效性。一是多对多打击，利用多枚导弹之间的协同作战，对敌方多个目标进行同时打击；二是多对一打击，对于敌方高价值目标，以多枚导弹协同作战的样式，对单个目标实施同时或波次打击。如俄罗斯的“花岗岩”反舰导弹，作战时单枚导弹作为领弹，引导多枚导弹可对敌方水面大型舰艇进行饱和打击。

多平台打击。多平台打击指从不同平台发射导弹打击同一目标。一是多平台适装，导弹可适应空基、海基、陆基等多域平台装载，战时可从多种武器平台上发射；二是模块化设计，导弹依靠模块化、标准化等技术，可针对不同的平台快速调整，满足不同平台的发射需求。如美军的“战斧”巡航导弹，目前已发展出了空射、陆基、海基等衍生型号。

全方位打击。全方位打击指多枚导弹同时从不同的方位打击同一目标。一是同时发射，为了充分隐蔽作战意图，作战发起时，所有武器同时发射，实现出其不意和措手不及的打击效果；二是同时到达，依靠充分的战前筹划与作战规划，保证多方向发射的导弹对同一目标同时打击，瘫痪敌方防御系统；三是波次攻击，按照指挥节点、防御武器、重要设施的顺序，对敌方目标进行波次攻击，下一波次的攻击随着作战评估结果不断调整，实现作战效能最大化。

三、信息力重构法

（一）概念与内涵

信息力重构法是指从导弹武器系统信息获取与应用能力入手，重构导弹武器系统情报获取、侦察监视等能力，从而提升导弹武器系统作战能力的方法。其主要包括情报获取能力重构、侦察监视能力重构、信息感知能力重构等。如美军提出的分布式空战概念，就是将导弹武器系统的探测感知采用分布式感知方式，提升导弹武器系统的信息感知能力。

（二）目的与意义

提升情报获取能力。将人工智能、大数据等技术引入信息的收集、处理过程，创新发展情报获取手段，有效挖掘情报大数据背后的信息。

扩展侦察监视范围。引入天基平台信息，利用高轨卫星在视野范围上的优势，低轨卫星在信息精度上的优势，扩展导弹武器系统信息的广度和丰富度，扩展导弹作战系统作战范围，降低系统反应时间要求。

提高信息感知能力。将分布式感知技术应用于信息系统的侦察监视、探测感知载荷分散布势，依靠数量多、类型全、范围广的特点，显著提升导弹武器系统的侦察监视与信息感知能力。

（三）思路与方法

感知维度提升。感知维度提升指借鉴眼、耳、鼻、舌、身、意“六觉”维度，扩展现有感知的手段，从可见光、红外、电磁等向图谱、认知、征候等方面拓展，实现战场感知维度的扩充，有效支撑作战信息的收集。一是感知目标辐射特性，以红外、电磁等辐射效应为目标，对目标进行定位与类型辨识；二是感知目标散射特性，以目标对雷达波的散射特点，依靠多台位置不同的设备进行协同感知；三是感知目标衍生特性，对目标飞行、航行、地面机动时对环境产生的影响效应进行侦收，获取目标的位置、速度以及类型信息；四是感知目标智能特性，以大数据挖掘为手段，对多类静态图像、动态监视数据进行分析，发现人工难以分析到的目标信息。如利用海上编队在海洋中的波纹航迹，可以发现海上编队，并收集编队的速度、吨位等信息。

感知范围扩展。感知范围扩展指综合利用超视距感知、接力感知、天基感知、临近空间感知、空基机动感知等手段，实现感知范围的扩展，支撑导弹更大范围的作战。一是拓展空间范围，发展探测性能更强的雷达、引入天基探测设备，扩展感知的高度、距离；二是拓展时间范围，以接力感知、自主感知、无人感知等手段，实现长时间高可靠性工作与全周期无缝信息收集；三是拓展频谱范围，从传统的光学、红外等频段，向更宽频谱、更综合手段发展。如美军反导系统综合运用天基预警卫星、地基预警雷达等感知设备，实现了对全球范围内任意地点的导弹发射监视。

感知周期缩短。感知周期缩短指为支撑导弹作战的及时反应，提升战场数据刷新的频率，有效应对未来高动态、强对抗条件下战场态势的有效认知。一是缩短绝对周期，通过减少信息处理与判断的时间，缩短信息感知的绝对时间；二是缩短相对周期，依靠将感知与其他作战环节合并的方式，缩短 OODA 作战环闭环时间，夺取相对的时间差；三是提供更多链路，依靠动态重组、网络化等手段，为感知提供更多的途径与更灵活的实现手段。

感知手段创新。感知手段创新指采用新的感知原理、感知技术与感知设备。一是新作战域感知，发展空天、网电、“三深一极”等新域感知手段，获取更丰富、更全面的环境与目标信息；二是历史信息手段，利用历史积累的数据进行建模，获得战时所需的缓变或不变的作战信息，或生成战前所需的交战规则；三是即时信息手段，以战场实时感知的信息为对象，利用在线的数据处理，实现对时变态势的有效应对；四是机器学习手段，综合利用历史数据和即时数据，实现既有经验与战场态势的融合处理。

四、指控力重构法

（一）概念与内涵

指控力重构法是指对导弹武器系统通信与指挥控制系统的能力重构，对导弹武器系统指挥、控制、通信的创新，从而提升导弹武器系统作战能力的方法。导弹武器系统指控能力重构可以从指控模式入手，从传统的树状模式转向网络模式；可以从指控手段入手，通过智能技术等提升指控对战场规律特点的掌握，实现指控基于战场规律特点支配资源、管理作战；也可以从指控内涵入手，从传统以控制为目的向提醒性、导向性转变。如美军提出的云作战概念，就是将导弹武器系统等网络化、智能化、云化，从而提升对导弹武器系统资源的一体化运用能力。

（二）目的与意义

创新指挥控制形态。采用网络化、智能化、云化的技术途径，创新导弹武器系统指挥系统形态，提升指控能力。如美军正在发展的“无人机蜂群作战”系统，指挥控制节点分散至各个无人机上，具有动态可转移、扁平化与自组织的特点，实现了指挥形态的创新。

提高指控系统韧性。指控系统的功能基础是信息的可靠传输，采用分布式防御作战架构的指挥控制系统，其网络化的通信体系相比于传统点对点、有中心节点的通信网络，通信的联通能力与可靠性显著提升，韧性增强。

增强通信联通能力。借助新型网络架构和基础通信网络，以体系化、智能化为根本进行导弹武器系统通信联通系统的重构，可以增强系统通信联通能力，实现导弹武器系统的即插即用和外部信息的广泛接入与应用。

增强系统运转效率。指控流程与指挥架构的优化，将显著提升导弹作战系统运转效率，加快导弹作战系统内部信息处理、传输与使用的流动速度，提高导弹武器系统作战的信息使用效率、装备应用效率。

（三）思路与方法

无中心网络。无中心网络指将导弹武器系统信息感知要素和指挥控制要素分散部署、无中心设置。一是消除中心，将传统基于中心的网络树状架构变为扁平的网络化架构，传统指控的能力由大量通用的指挥模块协同完成；二是转移中心，网络化的中心节点可动态转移，损毁的中心节点功能可由体系内其余节点替代。如美陆军一体化防空反导系统将指挥网络架构扁平化处理，且可分散部署的作战资源要素随遇接入、即插即用。

云端一体。云端一体指基于“云—端”的架构实现指控系统的重构。一是指挥功能云化，由云平台完全承担传统指控中心功能，依靠云端的处理能力与信息收集能力，提升指挥控制能力与速度的；二是云端支撑，云平台承担部分指控所需的信息处理、态势认知任务，支撑“指控端”实现更加精准、迅速的资源调度、作战实施；三是云端融合，发挥云平台在数据处理以及端平台在运行速度的优势，根据实际作战需求，自主选择指控节点位置。

适应极端。适应极端指满足各类极端应用条件的通信需求。一是“末日”通信，考虑在遭受核打击后的基本通信需求，以加强防护、多重备份等方式实现“末日”的通信能力维持；二是失联通信，考虑在传统通信能力被彻底摧毁后，以代码指挥等方式，迅速重构指控系统。

新手段融入。新手段融入指以新技术、新方法实现通信能力与可靠性的提升。一是新技术驱动，以前沿技术的创新实现通信能力的颠覆，如基于量子通信技术发展低截获概率的通信网络；二是军民融合，利用、借用或参考民用的通信技术发展，如5G网络、光纤网络等，实现通信手段的革新；三是自主智能，将人工智能、大数据、云计算等新兴技术与导弹武器系统信息力所涉及的要素融合，实现系统作战资源云化、云联和智能高效调度，进而提升导弹武器系统的整体运行效率和作战能力。

五、防护力重构法

（一）概念与内涵

防护力重构法是指对导弹武器系统防护能力形成的创新方法，主要通过重构导弹武器系统主动防护能力、被动防护能力、主被动协同防护能力，实现导弹武器系统作战能力的提升。可以从传统主动防护的主要实施对来袭目标拦截，向涵盖对特殊性区域或目标的防护、新型防护、综合防护等方式转变；可以从传统被动防护的光电、诱偏等方式，向涵盖地下防护、堡垒防护、装甲防护等转变；还可以通过主被动协同防护等手段实现。如通过激光、微波等新型方式对来袭目标拦截就是新型的主动防护方式；航母编队的防护一般是由编队为其提供防护力量，就是典型的协同防护方式，以此提升导弹武器系统自身的防护能力。

（二）目的与意义

提升系统生存能力。通过主动防护、被动防护以及主被动协同防护、体系防护等方式，将大幅提升导弹武器系统防护力量，从而确保导弹武器系统安全。如导弹发射车配属自卫性的小型导弹，可以提升其在野战机动情况下应对小型空中威胁目标的能力。

确保系统能力发挥。导弹武器系统防护力重构必将带来其生存力提升，从而确保系统作战能力发挥。如被动防护的隐藏、加固，主动防护的新型防护、综合防护等手段，都将使系统生存能力进一步提升。

创新防护力量运用。重构导弹武器系统防护力，发展主动防护、被动防护及体系防护、主被动协同防护等新手段，将促使导弹武器系统防护力形成新型运用方法，从而可以有效提升防护能力。如发展具有红外隐身、雷达隐身的材料，实现导弹武器装备在更广电磁域的隐身。

（三）思路与方法

主动防护。主动防护指为确保导弹武器系统安全，主动对来袭目标实施拦截的方式。一是特殊区域主动防护，即从传统通用、普适性的防护向特殊区域、特定需求的防护转变；二是新型主动防护，即发展全频段等主动防护手段，满足性能要求更高的防护需求。如对战略性资源的防御就要求更高的主动防护概率，构建特殊性的区域主动防护手段；新技术的发展带来的激光防护、电磁微波防护及基于无源打击的新型防护手段等。

被动防护。传统被动防护是采取光电、诱偏等手段提升导弹武器系统的被动防护能力。一是机动防护，主要是提升导弹武器系统机动能力，确保“跑得快”；二是躲藏防护，即充分利用导弹武器系统所在地理、气象、静默、民商等环境，进行地下防护、阴雨防护等；三是加固防护，重点是对导弹武器系统进行电磁脉冲加固、物理加固等，确保防护能力更强；四是加速恢复，这是一种新型防护方式，是与对手争取时间差的一种被动防护手段。

协同防护。协同防护指将主动防护和被动防护手段进行协同运用的方法。一是主被动协同防护，被动防护在防护的可持续性以及构建成本上具有优势，主动防护在防护效果上具有优势，主被动防护手段协同作战运用是导弹武器系统防护能力提升的主要渠道，也是未来防护手段联合运用的关键；二是体系防护，是指利用导弹武器系统以外资源实现对己安全的有效防护，重点是借助体系的力量，如航母作战编队中航母自身的安全防护主要是由同编队中其他舰船防护手段进行防护的。

六、保障力重构法

（一）概念与内涵

保障力重构法是指通过对导弹武器系统技术保障、作战保障能力形成方式的创新重构，实现对导弹武器系统作战能力提升的方法。可以根据导弹武器系统本身的维修、检测等特性，实现传统技术保障向一体化、智能化、精确化技术保障转变；也可以从导弹武器系统对作战保障的需求出发，实现在气象、机要、目标、地图、情报等领域智能化作战保障。

（二）目的与意义

提高保障效率。以自主化、智能化、精准化等技术，将原有必须有人参与、定期维修等保障模式，改为10年免维护、免测试，实现一体化、自主化、精准化保障，提高导弹武器系统保障的效率。

提升保障水平。将传统战场所涉及的气象、机要、目标、地图、情报等作战保障要素获取方式，由战前的收集向导弹武器系统实时的自主感知、自主规避等智能化自主作战保障转变。

支撑系统创新。无人自主保障能力的形成，将有效支撑未来导弹武器系统的无人值守、无人测试、无人保障与运用能力的实现，支撑导弹武器系统无人自主作战能力的发展。

（三）思路与方法

技术保障。技术保障指从技术角度提升保障的可行性、有效性和简便性。一是自我保障，武器系统自身配属自主监测、自主故障检修等设备，实现一定程度或特定场景下的自我保障。自我保障法是通过智能化、自主化手段实现战场导弹武器系统作战能力长久维持的重要途径，是适应未来智能化战争的保障能力发展方向。二是一体保障，将导弹武器系统传统保障方式进行一体化设计与运用，引用一键测试、10年免维护等技术，实现导弹武器系统未来技术保障流程的一体化设计，支撑导弹武器系统储、运、装、测、发一体的能力形成。三是冗余保障，通过武器系统要素冗余设计、组网设计等方式，以功能备份或系统重组的方式，削弱由于部分故障带来的作战能力大幅下降的可能性，从而减少必要保障的次数，实现紧急作战条件下的阵地保障或免保障。

作战保障。作战保障指从使用角度提升保障的完整性、易用性、廉价性和可靠性。一是环境保障，通过分布式的探测节点，对导弹武器系统作战环境中的天气变化、温度变化、湿度变化等进行监测，完善保障的内容；二是信息保障，对涉及导弹作战所需的目标信息、装备信息和人员信息进行精准监测；三是后勤保障，提升后勤保障的及时性、有效性，并根据作战需求调整保障的频率、方式及内容。

智能保障。智能保障指采用智能化技术，提升保障的精准性、匹配性和有效性。一是精准保障，针对未来导弹武器系统发展需求和技术发展情况，将大数据等技术应用到导弹武器系统的保障中，实现保障的精准化，降低保障周期和成本；二是自主保障，在导弹武器系统状态感知、故障诊断、技术维修、作战保障等方面引入新型技术，实现导弹武器系统保障需求自主生成；三是动态保障，基于战场态势和武器装备的作战历史数据，对装备的保障需求进行预判，自适应提前调度保障资源。

第三节　重新定义系统构建

导弹武器系统构建主要是指武器系统组成要素和各要素的构建方式。导弹武器系统一般由侦察探测、指挥控制、火力打击、综合保障等要素组成。传统的导弹武器系统构建方式是要素孤立、要素间紧耦合，武器系统工作时各要素在功能上不可分割、不可替代。重新定义系统构建，是通过改变系统组成要素、改变系统要素的构成方式与形态、创新系统升级与替代方法等，实现导弹武器系统的要素与形态重构，并通过重构实现导弹武器系统作战能力的提升。重新定义系统构建可分为改变要素法、改变构成法、升级重构法、替代重构法四种。

一、改变要素法

（一）概念与内涵

改变要素法是指对导弹武器系统组成要素采用取消、增加或整合等途径，实现导弹武器系统作战能力提升的创新方法。可以将导弹武器系统多个要素进行整合，或取消导弹武器系统传统构成的若干要素，将多个要素的功能集成为一个，或压缩为更少的要素，而确保导弹武器系统作战能力不变甚至提升；或者瞄准导弹武器系统作战能力提升，增加导弹武器系统组成要素，从而实现导弹武器系统的创新研发。如集装箱式导弹武器系统就是通过取消或整合传统导弹武器侦察探测、指挥控制等要素，实现导弹武器系统的创新发展，显著提升了导弹武器系统适应不同装载平台的能力。

（二）目的与意义

创新系统要素组织形态。通过改变导弹武器系统的组成要素，以取消、整合或增加导弹武器系统组成要素的方式，实现对导弹武器系统要素构成方式或连接关系的改变，实现对导弹武器系统传统形态的颠覆，达到导弹武器系统创新发展的目的。

简化系统构建要素种类。通过取消或整合组成要素的方法，缩减传统导弹武器系统组成要素，实现传统导弹武器多要素集成，或减少侦察探测、指挥控制等装备要素，降低对导弹武器系统使用、保障等要求，提升整体运用的灵活性。

要素冗余提升系统韧性。通过增加导弹武器系统组成要素，提升导弹武器系统功能冗余性，形成传统导弹武器系统形态难以具备的韧性。如导弹防御系统作战单元中增加探测制导装备或火力装备，可以显著提升基本作战单元的火力密度，提升系统的体系抗饱和作战能力。

（三）思路与方法

要素切分。要素切分指将导弹武器系统的功能要素分割，实现各要素在空间维度、功能维度上的灵活部署。一是功能切分，将导弹作战系统的预警、探测、制导、指控、保障等作战装备按照功能进行切分，在总体功能要素不变的前提下，以分布、协同等新型作战样式，实现系统构建方法的创新；二是外部信息切分，利用外部制导就是将制导要素从武器系统中切分，从而创新其系统架构，提升导弹武器系统的使用性能。如美国近期提出的分布式防御——一体化防空反导系统，就是将传统防御火力单元的要素进行解构，去掉传统侦察探测等要素，实现系统的一体化运用，进而提升防御导弹武器系统的使用灵活性和效费比。

要素整合。要素整合指对分散的功能要素进行协同运用。一是全要素整合，即以导弹武器系统中的侦察探测、指挥控制、火力打击等各装备要素为最小单位，通过整合集成、取消、削减等，实现作战要素的集成或减少。二是亚要素整合，即打破原有要素，在原有要素下一层即分系统层面，通过集成、取消、削减等方式实现整合。如将传统导弹武器系统的组成要素集成于一个作战平台内，将大幅简化导弹武器系统构成，实现系统发展的集约化、高效化，实现导弹武器系统要素资源的一体化设计与高效运用。三是一体化整合，如美LRASM系统，将导弹武器系统的探测感知、远程通信、决策指挥、火力打击等进行一体化设计，集成在导弹平台上实现全系统的作战能力，大大降低了导弹系统的复杂程度；俄罗斯Club－K箱式作战系统，也是将组成传统导弹武器的要素集成在一个空间，实现导弹武器系统高度集约化设计与研发的模式创新，这都是要素整合一体法创新牵引的典型案例。

要素增加。要素增加指在原有系统基础上，增加不同层次、不同类型的要素。一是全要素增加，即预判导弹武器装备技术发展及未来导弹武器系统运用趋势，通过融合或增加传统导弹武器系统以外的要素，或者增加现有导弹武器系统关键要素资源，实现导弹武器系统作战能力提升；二是亚要素增加，即通过融合引入激光、微波等新兴技术实现导弹武器系统架构颠覆性创新，或增加传统导弹武器系统关键要素，实现导弹武器系统作战能力的提升与拓展。

二、改变构成法

（一）概念与内涵

改变构成法是指瞄准导弹武器系统作战能力提升需求和组成要素的变化，通过改变传统导弹武器系统构成形态、连接关系，实现创新设计的方法。其主要包括功能一体化、物理分散化等方式。功能一体化，即将传统导弹武器系统中分属不同分系统的功能整合成一个整体，在微观层面上形成一体化结构。如将导弹发控系统的通信、控制、能源、测试、发射、控制等功能以及指控系统的指挥、计算、筹划等功能通过一体化模块实现。物理分散化，即打破传统武器系统各设备设施在逻辑上的紧耦合关系，在宏观层面上形成空间上分散部署的形态，同时在指挥关系上构建扁平化网状结构，改变传统的树状形态。如美“海上分布式杀伤”作战概念，就是将传统导弹武器系统物理紧耦合的形态分散化，构建形成信息紧耦合、要素物理分散的新型导弹武器系统；美陆军一体化防空反导系统，是将传统树状分布的防御系统指控、发射单元，通过网络化结构而实现扁平化、一体化运用的典范。

（二）目的与意义

提升系统建设一体化水平。将传统导弹武器系统的多个组成要素整合一体，降低导弹武器维护测试压力，释放综合保障人力、物力、财力资源，大幅提升导弹武器系统运用的灵活性、使用的可靠性和操作的便捷性，显著提升导弹武器系统建设的集约化水平。

增强系统弹性与生存能力。将传统导弹武器系统物理紧耦合要素解耦分散，以要素物理松耦合、信息紧耦合的方式，创新导弹武器系统的形态，有效降低单一节点被摧毁后，导弹武器系统功能的损失程度，达到作战效能缓降甚至不降的效果；有效化解导弹武器系统被对手打击摧毁的风险，提升导弹武器系统运用的弹性、韧性和生存能力。

提升系统联合作战能力。将传统树状结构的导弹武器系统进行网络化扁平化处理，打破传统导弹武器系统各要素资源之间固定的信息流、控制流、能量流传输关系，将传统导弹武器系统的“单路串行杀伤链”拓展为“多路并行杀伤链”，实现基于任务的要素资源匹配与运用，显著提升导弹武器系统的资源运行效率、一体化联合作战能力和可执行任务的多样性。

（三）思路与方法

功能一体法。功能一体法指持续推进导弹武器系统在结构、功能等方面的一体化特征。随着原材料、制造工艺等技术的发展，导弹武器系统的设备、器件尺寸、体积等可以通过器件级、组件级、系统级的功能集成实现大幅压缩，通过软硬件一体、结构功能一体等方式，提升导弹武器系统的功能集成度，构建高度集成的新型系统，进而实现导弹武器系统的高可靠性与强保障性作战。

物理分散法。物理分散法指通过分系统标准化、模块化、组件化，以及机械、电气、软件、信息等接口的通用化等方式，打破传统导弹武器系统物理上紧耦合的形态，将原有系统连接紧耦合的形态改变为物理分散化的形态，以功能分散的方式实现导弹武器系统的抗毁性提升、能力不降低、成本有效下降。如美提出的分布式杀伤、分布式防御等作战系统，就是物理分散法创新牵引的典型案例。

网络重构法。网络重构法指以网络为抓手实现导弹武器系统的重构。一是网络资源重定义，是指通过资源云化等方式，按需构建协同信息网、协同探测网、协同控制网和协同指挥网，实现网络架构从传统刚性固定树状向柔性动态扁平化转变，有效提升导弹武器系统资源运用效率。二是网络接口重定义，是指采用通用化、标准化接口，实现对现役和在研装备的接入。例如，美国IBCS（综合战场控制系统）正是通过研发接入套件 A - kit 和 B - kit 接入了包括雷达、“爱国者”等作战资源。三是网络协议重定义，是指改变原有针对固定式网络架构的预置规则式网络协议，制定面向态势的准则式网络协议。

三、升级重构法

（一）概念与内涵

升级重构法是指打破传统导弹武器系统必须以分系统为最小单位升级、换代或改进研制的传统模式，通过预留导弹武器系统硬件空间、软件接口等方式，使得导弹武器系统具备软件升级、局部升级等特性的方法，以此大幅提高导弹武器系统作战能力的快速性、时效性。可在导弹武器系统设计研发之初，优先瞄准能力短板，构建完整的系统架构，确保硬件要素完备，快速形成初始能力，后期通过软件定义的方式升级硬件，实现导弹武器系统整体作战能力提升；也可以采用模块化升级的思路，通过升级改造局部一个要素，同时尽可能减少该要素提升对系统整体带来的影响，实现导弹武器系统能力的快速提升。如美国弹道导弹防御系统的 C_2BMC（指挥控制交战管理与通信）系统就是典型的软件和局部升级的案例，该系统通过不同版本的软件升级，实现一体化防御力量的提升。

（二）目的与意义

缩短能力提升周期。传统导弹武器系统各功能模块耦合程度高，接口关系复杂且没有预留发展空间，因此在能力升级中，即便改动只是针对其中某一功能的，也极有可能出现牵一发而动全身的局面，从而大幅延长能力提升周期。升级重构法将能力迭代升级的理念贯彻到设计、研发、制造、测试等各个环节，由于预留了升级空间，采用了软件定义硬件的升级理念，同时在最大程度上解除了模块间耦合关系，因此可以达到或基本达到模块升级完成即系统改进完成的目标，有效缩短导弹武器系统作战能力提升的周期。

降低能力提升代价。缩短能力提升周期将直接降低系统改进改造代价。由于大幅缩减了升级人力、物力、财力等各方面资源，且通过软件定义的方式提升导弹武器系统作战能力不涉及生产制造等环节，因此系统改造代价将大幅压缩。

确保能力提升有效。以组件、模块为最小单元升级改进，可确保导弹武器系统升级时的能力可行；此外，还可使导弹武器系统具备按需重组能力，满足多样性的实战需求。

（三）思路与方法

功能模块升级。功能模块升级指通过不同层级的模块升级，推动武器系统升级。一是模块整体升级。即采用模块化、通用化的设计理念，对导弹武器系统的各要素进行系统性的设计、模块化的开发，且各个模块具有独立升级的特性，随着新技术突破推动系统模块能力的提升，再反哺到导弹武器系统中，从而实现导弹武器系统的模块升级、能力提升与形态创新。如将导弹武器系统的弹上设备进行模块化设计，主要分为导引头、战斗部、动力系统、弹上电气等子模块，随着未来弹上探测设备导引头技术或毁伤方式、动力技术等发展，进行局部的升级，进而大幅提升导弹武器系统作战能力。二是模块要素升级，即围绕导弹武器系统各要素发展的规律和技术推动情形，结合技术洞见和突出长板的思路，梳理导弹武器系统在要素上可能存在的技术短板和长板，在此基础上分析新技术对长板和短板功能提升的影响，最终将先进优异的技术集成到现有系统中，用要素性能升级的思路改变传统导弹武器系统升级或改进的方式，实现导弹武器系统的作战能力提升。例如，将信息化技术、人工智能、5G 技术等已有先进技术直接用于导弹武器系统，通过对导弹武器系统的指挥控制系统或侦察探测系统进行局部升级，从而大幅提升系统的指挥控制能力和感知与识别对抗能力，进而提升导弹武器系统的作战能力。

软件定义升级。软件定义升级指通过预留空间升级、预留硬件升级等方式实现导弹武器系统的升级。一是预留空间升级法，是指在导弹武器系统设计之初，就对导弹武器系统的顶层架构、未来发展空间等进行规划，确保为后续能力升级预留空间，从而使后续导弹武器系统的升级不用更新硬件，只需进行导弹武器系统软件升级，即可实现导弹武器系统的作战能力提升，这也叫作软件定义导弹武器系统。如美“标准-6”导弹武器系统，在没有更改硬件的基础上，通过更改弹上软件的方式，就实现了舰空导弹打击水面舰艇目标的能力。二是预留硬件升级法，是指在导弹武器系统设计之初，将某些已经成熟的硬件预埋到导弹武器系统中，但出于维护、可靠性等考虑，不对其激活，随着作战任务、威胁态势的变化，直接通过软件将硬件激活，然后在此基础上开发升级导弹。

作战流程升级。作战流程升级指以并联升级、串联升级、短路升级、断路升级等方式，实现导弹武器系统作战流程的重构。一是并联升级，是指参考电路理论中并联的概念，为导弹作战过程中特别重要的流程提供冗余链路，提升流程执行速度，在战损情况下还能提升系统生存能力。二是串联升级，是指参考电路理论中串联的概念，以导弹武器系统作战流程的全链条为着眼点，通过增加流程或环节，实现导弹武器系统的升级，使得流程更加合理、便捷和高效。三是短路升级，是指参考电路理论中短路的概念，在某些特殊情况下减去某些不必要的环节，提升 OODA 链路闭环速度，确保导弹作战体系实战能力。例如，系统紧急展开时，可不进行功能自检等非必要程序，优先确保导弹武器系统进入作战状态。四是断路升级，是指参考电路理论中断路的概念，通过设置导弹作战体系中某些链路的断路状态，改变传统 OODA 闭环顺序，如将传统导弹的“瞄准—发射”升级为“发射—瞄准”，提升闭环速度。

四、替代重构法

（一）概念与内涵

替代重构法是指改变导弹武器系统升级换代方式，在导弹武器系统设计研发之初时就考虑其组成要素发生故障时，利用系统内其他组件器件替代故障功能，或利用系统外其他功能节点替代故障要素，确保在战损、故障等极端情况下，导弹武器系统作战能力的有效发挥。其中系统内替代法是指导弹武器系统的组成要素发生故障时，系统内的其他组成要素可以在不大幅降低装备能力的前提下，替代该要素实现相关功能，确保导弹武器系统具有一定的冗余力和生命力，实现导弹武器系统能力发挥的弹性；系统外替代法是指导弹武器系统在体系装备互联互通互操作的基础上，利用体系中其他侦察探测、指挥控制、火力打击等要素完成损毁或损坏节点的能力。如具有一定自主作战能力的美国新型智能反舰导弹武器系统，可以实现弹上侦察、探测、决策与打击一体，从而确保外部探测感知信息不满足要求时，自身的侦察探测系统可以支撑完成有效打击。

（二）目的与意义

提高能力损毁后修复速度。替代重构法使得系统内组成要素发生故障时，其他要素可快速替代，省去了拆解系统、定位故障、替换组件、重装系统等过程，提高了导弹武器系统的修复速度，实现导弹武器系统作战运用的弹性。

提升系统自适应作战能力。替代重构法使得侦察探测、指挥控制、火力打击等体系要素或系统组件可在战损情况下相互替代、相互补充，改变了传统联合作战中，只能按照预设模式协同有限资源的现状，提升导弹武器系统自适应作战能力。

适应战场高动态变化环境。实战环境往往具有强博弈、高对抗等特征，攻防双方都无法确保己方的节点完全不受损。替代重构法提升了导弹武器系统的弹性，利用导弹武器系统替代法形成的与导弹武器系统所在作战体系的互联互通互操作特性，提升了导弹武器系统对抗复杂环境的能力，进而大幅提升导弹武器系统的实战能力。

（三）思路与方法

功能替代。功能替代指以体系功能替代、其他节点替代等方式实现导弹武器系统的重构升级。一是系统功能替代，是指导弹武器系统架构设计时，就要充分考虑其与可能所在导弹作战体系的关系，将导弹武器系统组成要素以体系化、一体化设计的思路进行设计开发，实现导弹武器系统与所在体系的互联互通互操作，确保在实际作战时，体系外部资源可以有效替代导弹武器系统若干功能，从而提升导弹武器系统体系化、实战化作战能力；二是其他节点替代，是指为确保导弹武器系统的组成要素发生故障时系统内可有效实现功能替代，要求在导弹武器系统设计之初就充分考虑系统设计的冗余性或生命力，设计构建具有弹性架构及有一定冗余、若干功能要素分布的导弹武器系统，从而形成导弹武器系统要素的内部替代能力。

要素替代。要素替代指以其他模块替代、长板模块替代等方式，实现武器系统的重构升级。一是其他模块替代，是指为确保导弹武器系统具有良好的替代性，可以在系统总体设计时，采用模块化、通用化的设计理念，对导弹武器系统的各要素进行系统性的设计、模块化的开发，提升模块多功能水平，各个模块具有独立升级的特性，当导弹武器系统的系统内或系统外有功能替代需求时，可确保导弹武器系统进行按需替代；二是长板模块替代，是指围绕导弹武器系统各要素发展的规律和技术推动情形，结合技术洞见和突出长板的思路，梳理导弹武器系统在功能上可能存在的技术短板和长板，在此基础上分析新技术对长板和短板功能提升的影响，最终将先进优异的技术集成到现有系统中，用长板能力替代短板甚至缺项，实现导弹武器系统的创新设计。如导弹武器系统在复杂对抗环境下作战时，往往需要外部探测感知资源要素的有效支援甚至替代，确保作战活动的有效开展。

第四节 重新定义系统运行形态

重新定义运行形态是指充分利用当前正在迅猛发展的人工智能、大数据、5G、量子科技、生物科技等先进前沿技术，通过改变传统导弹武器系统作战运用规则、流程与样式，实现导弹武器系统作战能力提升的创新方法。重新定义导弹武器系统运行形态主要涉及人工运行、半自动运行、自动运行、自主运行和混合运行五种形态。

一、人工运行形态

（一）概念与内涵

人工运行形态是指对导弹武器系统涉及人员操作的有关规则、流程、样式及用户体验的创新构建，可确保导弹武器系统出现要素不健全等突发状况时，通过人工介入使得武器系统仍可有效执行操作，有效进行作战，从而提升导弹武器系统作战运用性能和作战能力的导弹武器系统作战运用创新方法。其主要包括对导弹武器系统交互优化、本质安全、韧性设计等。

（二）目的与意义

赋予人工操作灵活性。通过给人更大自主权，避开系统设置时的各种软硬件限制，使得导弹武器系统能够在不满足某些预设作战条件或发射条件的情况下完成作战，从而实现导弹武器系统灵活运用性的有效提升。

提高作战操作体验。通过去除或减少对人工操作设置的各类条条框框的限制要求，降低可由人工操作处理情况的门限，优化人机交互界面，提高人工作战时的用户体验，提升导弹武器系统的人工运用体验度。

挖掘人类智力潜力。通过导弹武器系统人工作用的超限设计等，在导弹武器系统作战要素或信息保障不健全时，利用人类智能优势弥补机器智能劣势，利用人工作用弥补系统自动自主运行，确保在人工操作下系统仍可以有效作战，发挥人类智能和人工智能的互补优势，提高导弹武器系统的实战能力。

（三）思路与方法

交互优化。交互优化指以内容优化、方式优化、时机优化等方式实现系统运行形态重新定义。一是内容优化，面向具体应用场景，以人能从机器或硬件实体获取的信息量为目标，对机器提供给人的信息的具体内容进行优化设计；二是方式优化，以人从机器或硬件实体获取信息的便捷性为出发点，对人机交互信息呈现方式进行优化，主要包括图形可视化设计、表格行列排布设计、文字格式设计等；三是时机优化，以作战任务完成、OODA尽快闭环为目标函数，对机器给人提供信息的时机进行优化。

本质安全。本质安全指以增减操作实现本质安全的方式实现系统运行形态重新定义。一是增操作实现本质安全，借鉴安全生产的“本质安全”概念，在设计阶段，通过增加确认按钮、设置特殊警示标志等方式，确保人员紧张状态下的各类操作正确性，减少误操作，增加人工运行可靠性；二是减操作实现本质安全，尽可能减少操作的冗余度、复杂度，将多个操作流程合并简化，减少犯错误的概率，避免节外生枝。

韧性设计。韧性设计指以核心部件冗余设计、超限设计等方式实现系统运行形态重新定义。一是核心部件冗余设计，是指在导弹武器系统设计时，适当增加系统核心部件冗余，关注在人员缺失、分系统故障时的整体运行状态，以提升人工运行状态下的系统作战韧性为目标，采取降级作战、权限转移作战等手段，支撑作战能力的保持；二是超限设计，是指在导弹武器系统创新设计时，注重导弹武器系统超过本身设计指标或设计文件中所规定的各类条件使用限制时人工操作模式设计，使得系统在不满足导弹作战或发射条件时，人也可以进行操控。如我国防空导弹作战运用史上著名的“近快战法”，就是导弹武器系统能力超限设计与运用的典型案例。

二、半自动运行形态

（一）概念与内涵

半自动运行形态是指导弹武器系统在人工下发的作战意图等信息的牵引下，自主完成作战规则的选择、作战流程的组织等工作，在一定程度上自主作战的导弹武器系统作战运用创新方法。半自动运行状态是导弹武器系统智能发展的必经阶段，是传统人工运行形态的升级，具有技术途径清晰、作战能力提升明显等优点。

（二）目的与意义

自动化改造加速能力升级。半自动运行状态是现有人工运行形态能力升级的重要途径，通过发展可自动运行的导弹武器系统，实现现有作战装备能力的改造升级，为未来一段时间内装备发展提供借鉴。

人工与自动结合加速技术融合。半自动运行状态在作战流程、作战概念上实现了创新，新的形态牵引了智能化、大数据分析、自动控制等技术与导弹武器系统的深度融合，探索了导弹武器系统能力提升的多种可能性。

自动化升级牵引智能技术发展。智能化发展不可能一蹴而就，必须基于现有作战装备逐步升级，半自动运行形态作为一种人类智能到机器智能的过渡阶段，可在实践中不断优化适用于人工完成和适用于机器完成的工作的边界，加速智能化技术的推广应用与作战试验，为未来新概念装备的成熟提供应用验证。

（三）思路与方法

自动化提升。自动化提升指依靠支撑自动作战的信息化技术、关键分系统的迭代升级，实现由人工操作向半自动运行转变。一是核心软件升级，以智能化、自动控制技术为依托，引入支撑自主作战的功能模块，对系统作战软件进行升级，提升其自动化水平，实现半自动运行；二是关键组件升级，将原本只支持人工操作的组件，换装成具有半自动运行能力的组件，实现整个系统的半自动运行；三是重要器件升级，通过换装更高级的器件，使导弹作战系统具备半自动运行能力。

人工流程优化。人工流程优化指基于关键技术的突破、人工运行形态的升级，实现导弹武器系统半自动运行形态。一是潜力挖掘，挖掘现有作战装备的潜能，利用成熟的规则或智能化技术，赋予导弹武器装备更强的自主作战能力，实现半自动运行形态的重新定义；二是组合创新，通过在系统层面的作战运用组合，创新实现新质作战能力，实现深挖现有装备与系统架构能力。

程式化改造。程式化改造指重新设计导弹作战流程，以简化、标准化和程序化的方式实现半自动运行形态。一是简化系统运行流程，将原有复杂、繁杂的作战环节删繁就简，支撑实现自动化运行改造；二是程序化描述运行流程，将原有武器系统运行流程以程序化语言表达，以明确的输入/输出支撑开展功能的自主运行。

三、自动运行形态

（一）概念与内涵

自动运行形态是指对导弹武器系统自动运行规则、流程、样式及用户体验的创新构建，是确保导弹武器系统在复杂对抗环境下，具有较好的环境适应能力和系统实战能力，从而提升导弹武器系统作战运用性能和作战能力的导弹武器系统作战运用创新方法。其主要包括对导弹武器系统流程全自动、功能全自动、功能超限设计等方面。

（二）目的与意义

降低人工依赖。导弹武器系统的全自动作用设计与运用，可在一定程度上减弱人在作战运行中的参与度，大幅降低导弹武器系统对人的依赖，降低对人工操作的要求。

突破生理极限。导弹武器系统自动运行形态能够突破人在反应时间、操作敏捷性、处理信息容量等方面的局限，利用机器优势衍生新质能力，且其半自动设计、全自动设计和超限设计，以作战流程有效实现为目标，提升导弹武器系统的灵活运用水平。

拓展部署范围。自动运行形态可将人排除于作战回路之外，打破了人对作战环境和保障的苛刻要求，提升导弹武器系统对恶劣气候环境、复杂环境的适应性，实现作战区域的扩展和作战适应性的提升。

（三）思路与方法

流程全自动。流程全自动指导弹武器系统作战流程采用全自动设计，可自主收集目标、环境信息，自主完成目标识别、自主完成作战决策、自主完成作战实施等。一是自动感知，导弹武器系统可根据逻辑，自动选择所感知的范围、维度和精度，适应不同作战任务需求；二是自动计算，导弹武器系统对上传的数据，自动选择合适的算法、算力，提升系统的运行效率；三是自动执行，导弹武器系统可根据作战要求，自动选择适合的导弹类型、制导方式、导引方法等，提升作战打击效果。

功能全自动。功能全自动指从导弹武器系统功能维度出发进行全自动设计，提升各功能自动化运行程度的方法。一是消除人在回路功能，将原有冗余的、非必要的人在回路功能予以去除，如全自动洗衣机通过加入水管，将原本人手动加水环节去除，实现了全自动洗衣；二是功能自动化，将原有导弹武器系统人在回路的监测、保障、决策等功能环节，依靠智能化、自主化技术进行升级改造，实现导弹武器系统的功能全自动化。

功能超限设计。功能超限设计指以超出现有运行要求的方式，牵引并加速武器系统的自动运行能力发展。一是利用余量，挖掘武器系统原本用于应对特殊需求的余量的使用潜力，使导弹武器系统具备某些超出极限设计的能力；二是打破约束，当导弹武器系统作战流程或发射条件不满足设计规则时，操作人员也可以对其进行操控，以降低命中概率、保证打击能力的释放。

四、自主运行形态

（一）概念与内涵

自主运行形态是指通过融入人工智能技术，改变导弹武器系统形态、流程和样式，提升导弹武器系统作战能力的创新运用方法。自主运行形态是自动运行的高级形态，是增加了智能化能力的自动运行状态。自主运行围绕导弹武器系统基本作战单元全作战链条，涵盖对导弹武器系统侦察监视、探测感知、指挥控制、火力打击、效能评估、综合保障等作战链条各环节的智能化能力提升。

（二）目的与意义

丰富作战概念。自主运行形态将改变传统导弹武器系统操作与运用的概念与模式，使得系统具有一定自主能力，可以不严格依赖人的参与，将传统人在回路中的样式转变为人在回路上的模式，提升导弹武器系统利用效益。如无人作战系统，可以将其投放预置到更加前沿的战场参与作战。

实现自动向智能。导弹武器系统是天生的无人系统，导弹自从诞生之日起，就可被视为一种无人自主运行的武器，但传统上导弹发射、目标装订等工作还是需要人参与。导弹武器系统自主运行形态将有助于改变这种局限性，使得导弹武器系统可以在人不参与的情况下，实现自主感知、自主决策和自主打击，从而提升导弹武器系统的运用效率。

扩展极限作战能力。通过导弹武器系统的自主运行发展，实现导弹武器系统感知更加精准化、部署更加多样化、打击更加快速化，解决传统导弹武器系统人在回路中存在的环境恶劣、超出生理极限、长期值班等问题，大幅提升导弹武器系统的环境适应性和实战能力，提升导弹武器系统功能性能。

精准保障提高效益。自主化导弹武器系统将颠覆传统有人作战的要求，降低导弹武器系统技术保障、作战保障、人员保障等作战体系建设成本，使得导弹武器装备体系与作战体系的建设成本大幅下降。

（三）思路与方法

侦察监视自主。侦察监视自主指基于人工智能、大数据技术，系统具备对各类作战环境、打击目标的自主侦察监视能力。自主侦察监视方面，注重提升导弹武器系统自身侦察监视自主性；外部侦察监视信息支援方面，注重提升导弹武器系统对信息大数据的处理、挖掘与应用能力。

感知识别自主。感知识别自主指采用多源信息融合，基于深度学习目标识别等技术，充分利用导弹武器系统自身探测感知系统或外部传感器系统获取的各类地理信息以及目标发出的声波、无线电波、可见光、红外、激光等信息，经计算机快速处理，实现对各类拟打击目标的精准感知与识别。

指挥控制自主。指挥控制自主指瞄准未来导弹武器系统无人化作战需求，采用强化学习、增量学习等人工智能算法，实现导弹武器系统态势自主构建、任务自主规划、决策自主生成等，从而形成自主决策能力。

火力打击自主。火力打击自主指随着导弹武器系统控制水平和打击能力提升，采用导弹在线任务切换、自主飞行控制等技术，实现导弹武器系统自主火力打击能力，提升导弹系统的智能化打击水平。

综合保障自主。自主监测与保障技术是保证导弹武器系统智能可靠工作的基础，应关注系统功能状态采集、健康管理、自我修复、自主决策与保障实施等关键技术，同时基于人工智能与大数据的发展，探索形成智能化保障与故障监测能力。

群体自主运行。多个导弹武器系统协同，可以充分发挥不同体制、不同方位探测感知的优势，实现光学、射频、被动等多体制协同，前后、左右、上下等多方位协同探测感知的样式，将大幅提升对传统难以探测感知、难以有效辨识的目标的有效感知。如对隐身目标的探测感知，可以充分发挥其不同方位散射特性不同的特点，多个导弹系统群体协同进行探测，大幅提升探测感知与综合辨识能力。

多系统协同自主。多系统协同自主指以协同作战的方式实现导弹武器系统的自主作战。一是系统协同规划，是指多个导弹武器系统协同，面临着协同飞行时导弹系统的任务分配、路径规划、航迹控制等协同规划问题，可以通过多智能体协同任务规划技术、协同控制技术等，实现对多导弹武器系统的协同规划与控制；二是系统协同打击，是指针对不同打击目标，结合多导弹武器系统协同特性，实现高性能武器打高价值目标、低性能武器打低价值目标等协同打击策略，或多个导弹武器系统协同打击高机动、高附加值目标等，确保打击策略的制定与实施最优，从而提升群体协同打击的效费比。

五、混合运行形态

（一）概念与内涵

混合运行形态是指通过灵活运行人工运行、半自动运行、自动运行、自主运行四类运行形态，以两型搭配、单型混合、多型协同等方式，实现混合运行的导弹武器系统作战运用创新方法。如美军“忠诚僚机”项目，让自主运行的无人机担任有人机的“触手”和“传感器”，是典型的人工运行形态与自主运行形态的混合运行形态。

（二）目的与意义

发挥要素优势。混合运行形态将改变传统导弹武器系统操作与运用的概念与模式，使得人工运行、半自动运行、自动运行、自主运行等形态可充分发挥其特点和优势。如各类混合运行都将实现对人操作的不严格依赖，提升导弹武器系统利用效益。

融合催生新质能力。各类作战运行形态的本质在于人工、自主等不同权重的组合，人工决策控制和操作运行可适应复杂多变的环境，自主系统部署更加多样化、应用更加广泛化，两者的结合可在消除双方劣势、突出优势的基础上，催生出适应当前智能发展技术的半自主运行形态。

集成降低建设难度。以成熟、可靠的运行形态结合的方式，迅速形成多样化的导弹作战新形态，显著降低系统的设计开发难度，使得装备体系建设成本大幅下降。

（三）思路与方法

人工自主混合。人工自主混合指将人工运行形态与自主运行形态混合使用，协调导弹武器系统的智能化、定制化作战。一是人工自主协同控制，如通过语音识别、脑机融合等手段，将人工融入自动运行中，实现对导弹武器系统的高效决策与指挥控制，提升导弹武器系统即时作战能力；二是人工自主协同打击，如有人参与导弹武器系统后置负责高价值目标打击，无人导弹武器系统前置负责前沿战场对抗，从而实现有人/无人导弹武器系统的协同运用，提升打击能力。

自动半自动混合。自动半自动混合指着眼于当前导弹武器系统的能力升级，将自动运行形态与半自动运行形态混合使用，实现“大踏步前进”与“小步快走”的协调。一是自动占优的混合运用，针对自动化程度较高的装备，以实现全自动为目标对各系统进行改造，同时允许部分核心关键功能，如指控、决策等，以半自动的形态进行运用；二是半自动占优的混合运用，对于自动化程度较低的装备，以各分系统的半自动化运行为目标，对于技术成熟、改造成本低的组件，实现自动运行。

功能任务混合。功能任务混合指从功能任务的划分角度，依靠功能任务的混合智能，支撑实现系统的智能作战。一是在感知层面，借助人类智能和机器智能，综合形成对战场态势的判断，发挥人机互补优势，重新定义系统运行状态；二是在决策层面，在指控等系统提供人所需要的数据、计算结果和态势分析预测的基础上，由人对行动方案作出决策；三是在评估方面，通过人工/自主运行形态的协同运用，将无人导弹武器系统前置部署，尤其是探测传感设备，并将其获取的打击图像快速回传至有人导弹武器系统的指挥控制中心，实现有人/无人系统的协同评估。

第五节　重新定义系统兼容

系统兼容是指导弹武器系统在创新过程中要明确其发展定位，要注重新系统架构与现有系统架构的兼容，可以实现一种武器系统平台对多种功能要素、多种运用载荷兼容，还可以实现对同系列其他种类系统要素的兼容、不同类型导弹武器系统的兼容运用。系统兼容主要包括探测制导兼容、指挥控制兼容、火力打击兼容和发射平台兼容四种类型。

一、探测制导兼容

（一）概念与内涵

探测制导兼容是指在一个导弹武器系统内集成的不同体制的导弹族可以通过新型侦察感知技术，实现对光学制导、射频制导、复合制导等多体制导弹的探测制导运用，从而推动导弹武器系统探测制导系统、探测制导策略等简化发展。如美“标准-6”舰载防空导弹武器系统在原有导弹武器系统平台基础上进行改进，实现对水面舰艇的打击能力就是一个典型，该系统实现了同一个导弹系统平台对空打击和对海打击一体的能力。

（二）目的与意义

多体制联合运用。将多种制导体制的导弹兼容在一个导弹武器系统中，实现对导弹武器系统制导系统、制导策略的大幅简化，降低探测制导系统的研发与生产难度。

推进探测制导技术升级。导弹武器系统的探测制导系统兼容发展，要求探测制导系统的设计有基本型以及相关升级的计划与安排，将有效保证探测制导要素和武器系统的系列化发展，确保探测制导系统发展的生命力，从而提升导弹武器系统系列化发展水平。

提升制导系统构建效益。导弹武器系统的探测制导系统兼容发展，就对探测制导系统、指令线系统设计开发的模块化、通用化设计水平提出更高要求，进而可以有效促进导弹武器系统升级换代能力提升，压缩其能力升级的周期。

（三）思路与方法

对外体系兼容。对外体系兼容指导弹作战系统的探测制导体制、指标对体系外兼容，实现体系与体系之间的信息共享。一是体制兼容，探测制导的体制、设备实现标准化，各类设备可以以实体或信息源的形式参与其他体系的作战，扩展应用范围；二是信息兼容，探测制导生成的数据在格式、数据传输速率以及信息类型方面实现标准化，可直接或经简单的处理，供体系外的设备调用。

对内要素兼容。对内要素兼容指探测制导设备在电磁特性、外形特性方面符合导弹作战体系内部的要求，支撑导弹作战系统的联合作战。一是电磁兼容，探测制导设备在频段、功率等方面对体系内的其他设备相互兼容，或通过合理的部署实现兼容；二是行动兼容，探测制导设备在机动特性方面与体系保持一致，防止出现机动方式、速度不一致，导致作战无法有效开展；三是外形兼容，探测制导装备应符合体系的隐蔽性要求。

顶层统筹布局。顶层统筹布局指导弹武器系统的探测制导系统要在设计之初充分考虑武器系统顶层架构与导弹系统发展布局，以兼容多体制、多类型导弹系统为根本，设计武器系统总体架构和探测制导系统架构，确保对后续发展的导弹系统具有良好兼容性。如俄罗斯 C－500 导弹武器系统基于一个平台，实现对多种体制导弹系统的兼容，大幅提升了导弹武器系统的建设效益。

标准化设计。标准化设计指注重探测制导系统制导体制、指令线等主要设备或技术途径的通用化、模块化设计，从而确保导弹武器系统的探测制导系统的系列化发展。一是制导体制通用标准化设计，依靠制导信息格式、精度和数据传输速率等指标的标准化，实现同型之间、不同类型之间导弹武器系统指令信息的兼容；二是探测信息标准化设计，依靠目标信息格式、数据传输速率等信息的标准化设计，直接实现不同体制探测信息的互用。

二、指挥控制兼容

（一）概念与内涵

指挥控制兼容是指一个指挥控制系统可以指挥控制多类型导弹，这是未来导弹武器系统攻防一体作战、体系联合作战的根本需求，可以通过指控系统一体化设计，实现导弹武器系统指控与运用兼容的功能。如美国弹道导弹防御体系的一体化指挥控制系统就是指挥控制系统兼容设计的典型案例，该系统可以兼容所有弹道导弹防御子系统的指挥控制功能。

（二）目的与意义

发挥核心引领作用。指挥控制系统作为协调导弹武器系统作战的中枢，其兼容发展将有效保证指控系统实现对不同导弹系统的指挥控制，并推动相关装备、技术的匹配性发展，支撑导弹武器系统的系列化发展水平提升。

确立系统整体框架。指挥控制的兼容本质是对整个武器系统框架及功能的设计与明确，如导弹武器系统的模块化、通用化特征，首先确定的是指挥控制系统的兼容性要求，进而由指控系统提出各个要素的模块化、通用化设计水平要求。

顶层统筹提升经济效益。指控作为导弹武器系统的核心，可从顶层统筹整个武器系统的成本与效益。导弹武器系统的指控系统兼容发展有助于减少导弹武器系统设计开发中可能产生的各类工作内容，有助于实现指控系统的一装多能；导弹武器系统的指控系统兼容发展可以有效降低指控系统使用阶段的综合保障及相关设施建设等需求，降低指控系统的列装与运用成本，从而提升装备建设效益。

（三）思路与方法

架构顶层布局。架构顶层布局指导弹武器系统的指控系统兼容性设计要在设计之初，充分考虑武器系统顶层架构与发展布局，以兼容多体制、多类型导弹系统为目标，设计武器系统总体架构和指控系统架构，确保对后续发展的导弹系统具有良好兼容性。如美军正在研发的 IBCS 系统，设计的初衷就在于确保对各类武器系统的有效兼容。

协议标准化设计。协议标准化设计指以指挥控制系统内部、指控系统与各要素装备之间的信息高效、可靠传输为目标，制定标准化的协议，在实现既有系统内部信息流动的同时，也可根据需求兼容各类新型作战装备。一是协议统一化，对于小型的体系，制定统一的格式，以牺牲部分通用性来保证指控系统兼容开发的难度和复杂性；二是协议标准化，对于大型的复杂体系，制定系列的标准化格式，各要素可根据需求，灵活选择标准库中的格式。

通用模块化兼容。通用模块化兼容指导弹武器系统的指控系统兼容性设计要注重指控系统指控架构、交联关系、通信网络、通信协议等主要设备或技术途径的通用化、模块化设计，确保导弹武器系统的系列化发展。指挥控制系统作为串联传统导弹武器系统的中枢，其系统通用化、标准化设计，是导弹武器系统不断升级改造的重要基础。

一体化联合运用。一体化联合运用指导弹武器系统的指控系统做兼容性设计时，注重导弹武器系统与所在导弹作战体系的一体化联合运用，确保其与所在导弹作战体系的一体化设计，支撑实现后续有效形成联合运用的良好态势。协同作战是未来导弹武器系统发挥作战能力的基础形式，依靠指挥控制系统的协作实现一体化联合作战运用，是充分发挥导弹作战系统作战能力的重要手段。

三、火力打击兼容

（一）概念与内涵

火力打击兼容是指通过在单个导弹武器系统内集成不同射程、不同技术体制的火力打击武器，实现对来自海上、空天、地面、水下等各域威胁目标的有效对抗，形成攻防一体、高低搭配、综合发展的武器系统形态。如俄罗斯 C－500 导弹武器系统就是在 C－400 导弹武器系统基础上，通过进一步提升对抗弹道导弹、临近空间武器等目标的打击能力而进行改进升级的。

（二）目的与意义

支撑导弹迭代升级。火力打击兼容，将有效保证火力打击要素的系列化发展，确保火力打击发展的生命力，从而提升导弹武器系统系列化发展水平；兼容性也提升了同代各型、不同代之间导弹探测、制导、外形等要素的复用程度，降低研发难度。

技术复用降低研发成本。导弹武器系统的火力打击系统兼容发展有助于减少导弹武器系统设计开发中可能产生的各类重复性工作内容，实现火力打击系统的一装多能；通用化、模块化设计有助于形成火力打击系统主要模块生成批量等局面，从而降低导弹武器系统的研发与制造成本。

保障复用降低保障难度。导弹武器系统的火力打击系统兼容发展可以有效降低火力打击系统使用阶段的综合保障及相关设施建设等需求，降低火力打击系统的列装与运用成本，从而提升装备建设效益。

（三）思路与方法

成熟技术装备复用。成熟技术装备复用指导弹武器在研发时，充分借鉴已有成熟的技术和设备，以继承、改进等手段实现火力打击的兼容。一是技术继承，如俄罗斯 C－300、C－400、C－500 导弹武器系统，都是基于一个平台，实现载荷的兼容，大幅提升了导弹武器系统的建设效益；二是设备复用，前代导弹成熟的导引头、外形方案等可由下代导弹继承，有效降低研发风险；三是微调使用，针对新的性能需求，导弹各主要技术尽量以适应性调整的方式，实现技术的传承。

火力打击通用模块。火力打击通用模块指导弹武器系统的火力打击系统兼容性设计要注重火力打击系统主要设备通用化、模块化设计，诸如对发动机、弹上导引头、战斗部等进行设备模块化设计，对导弹系统的弹径、弹长等外形尺寸进行纵向兼容性设计，降低导弹武器系统升级改造的难度和要素，从而加速导弹武器系统的系列化发展。

威胁态势预判牵引。威胁态势预判牵引指导弹武器系统的火力打击系统兼容性设计要充分考虑与主要作战对手对抗可能面临的威胁，以未来新型威胁或打击目标需求为牵引，布局导弹武器系统的火力打击系统能力、形态。如美国“标准”系列防空导弹武器系统为有效应对威胁，对原有的舰载防空导弹武器系统进行更新升级，但都是基于原有的系统实现能力提升，每一步的发展都是对之前系统的兼容。

四、发射平台兼容

（一）概念与内涵

发射平台兼容是指一个发射系统可以发射弹径不同、弹种不同的多种类型的导弹，这是对导弹武器系统通用化的基本要求，也是未来体系化作战的基础。可以通过采用通用发射系统技术，实现导弹武器系统发射平台兼容的功能。如美海军“宙斯盾”系统可以实现对多类型舰空导弹的兼容发射，从而大幅降低导弹武器系统构成复杂度。

（二）目的与意义

扩展发射平台适装类型。发射平台兼容可使单一平台可装载、发射的导弹类型、型号数量更多，直接丰富了导弹发射平台所配属导弹武器系统可执行的作战任务类型。

提升发射平台研发效益。一方面，导弹武器系统的发射平台系统兼容发展可以有效降低发射平台系统使用阶段的综合保障及相关设施建设等需求，降低发射平台系统的列装与运用成本，从而提升装备建设效益；另一方面，发射平台的兼容性将提高设备的生产数量，从而摊薄技术与装备研发的成本。

促进发射平台迭代升级。发射平台的兼容性需求必然需要其随着导弹的发展而不断迭代升级，保证发射平台的性能与功能处于先进水平。

（三）思路与方法

尺寸兼容。尺寸兼容指发射平台在外形上可兼容各类导弹的装填需求，同时最大化利用空间实现装载导弹数量的提升。一是标准化设计，以发射平台尺寸和外形的标准化，牵引导弹发展时外形的匹配；二是组件模块化设计，对发射控制单元、发射箱尺寸、加电转进等主要设备和技术途径进行通用化、模块化设计，根据导弹的不同选装不同的分系统模块。

信息兼容。信息兼容指发射平台与多型导弹之间信息传输实现兼容。一是信息内容标准化，总结导弹发射与发射平台的信息交互需求，制定标准化的信息交互内容，同时预留接口实现潜在的信息扩充；二是信息格式标准化，以标准化的信息内容制定对应的信息格式，包括信息的长短、交互频率等基本要素，封装为标准库供发射平台与各型导弹之间信息交互设计调用。

架构兼容。架构兼容指发射平台在设计时，考虑武器系统顶层架构与发射平台系统发展布局，以兼容多体制、多类型、多发射方式的导弹安全发射为根本，设计通用导弹发射平台的总体架构，确保对后续发展的导弹系统具有良好的兼容性。如美军发展的 MK 系列海上通用垂直发射平台，依靠出色的兼容性，成为当前美军海上舰艇的标准配置。

第六章

重新定义导弹作战体系

导弹作战体系是指为支撑导弹武器系统实施作战任务有效完成，将涵盖导弹精确打击作战所涉及的预警探测、指挥控制、火力打击、综合保障等OODA环各体系要素有机融合、协同运用的系统之系统（SoS）。导弹作战体系一般包含多类、多种、多个预警探测系统、火力打击系统等体系要素，涉及战略层、战役层、战术层等不同层级的联合运用。导弹作战体系是信息化战争的产物，是信息化手段和基础发展到一定水平后，使得各导弹武器系统可以有效联结在一起而形成的新的导弹武器系统运用范式。导弹作战体系依托信息体系开辟了导弹外科手术式精确打击的形态，但当前的整个作战体系还是20多年前（即海湾战争时期的样式，1991年）的形态，这种存在有其合理性，但如不紧随网络化、体系化、智能化的发展大势，势必制约导弹武器系统与导弹武器装备体系的建设与发展。因此，有必要开展导弹作战体系的创新，进一步提升未来导弹作战体系的作战能力。

当前导弹作战体系主要功能相对单一、结构相对固化，预警探测、指挥控制和火力打击一体化作战程度不高，各类资源联合运用效能低，难以满足未来实战需求。重新定义导弹作战体系，就是以提升联合作战能力为目标，通过创新导弹作战体系功能使命、要素关系、构建方法、运行机制、弹性韧性和融合方式，实现导弹作战体系能力倍增的方法。重新定义导弹作战体系包括重新定义体系功能、重新定义体系要素、重新定义体系构建、重新定义体系运行、重新定义体系弹性和重新定义体系融合等方面。

第一节　重新定义体系功能

体系功能是指体系所能承担并且能够完成特定作战任务的能力。重新定义体系功能，即通过对其体系任务、体系功能和体系使命的拓展，实现导弹作战体系攻防一体联合作战能力的重构与提升。重新定义体系功能分为一体化体系法、智能化体系法、专属化体系法和集约化体系法等。

一、一体化体系法

（一）概念与内涵

一体化体系法是指依靠技术的发展与装备的升级改造、导弹作战体系任务能力扩充等方式，打破传统导弹进攻与防御的固有属性，发展可执行防御、进攻等作战任务的一体化导弹，支撑导弹作战体系由单一作战任务属性向攻防一体多任务的作战能力提升，使其实现对空、对陆、对海一体的攻防多任务综合作战能力的一种创新方法。导弹作战体系依据战争态势快速完成攻击和防御属性转换，是智能化、无人化战争时代的必然要求，也是导弹装备体系化后带来的必然结果之一。如美军提出的分布式防御——一体化防空反导新概念，就是将对空防御体系力量与对陆精确打击体系力量融合，实现传统防御体系攻防一体的作战能力。

（二）目的与意义

提升导弹作战体系建设效益。一体化体系法能使导弹作战体系同时具备完成攻与防任务使命的能力，相对于原来的攻防体系分别规划、分别论证、分别研制、分别试验、分别集成、分别应用的模式，明显减少建设所需人力、物力、财力等资源；同时，在作战运用过程中，还能显著降低导弹作战体系保障需求，降低保障复杂度，提升保障效率，全周期提升导弹作战体系建设效益。

丰富导弹作战体系运用样式。一体化体系法打破了进攻作战与防御作战的界限，为导弹作战运用开创了新天地，丰富了导弹作战体系作战运用样式。通过一体化体系法，能够拓展传统导弹作战体系相对单一的作战能力；通过攻防一体的体系化设计，可以实现导弹作战体系运用样式的灵活切换；通过拓展导弹作战体系多域跨域作战能力，支撑实现导弹作战体系跨域综合打击能力，改变传统导弹作战体系只在单一空间域或较少空间域作战的局面。

提升导弹作战体系作战效能。攻防兼备的导弹作战体系，可执行的作战任务更为多样，导弹攻防作战体系的复杂性显著降低，攻防作战运用的灵活性大幅提升，作战体系的作战能力提升的同时，构建的成本与运用的难度明显降低，作战体系效能得到有效提升。例如，在体系对弹道导弹进行防御性拦截后，再通过资源重新匹配等方式，对弹道导弹发射车进行进攻性打击，就能彻底摧毁威胁源头，防止出现敌弹道导弹重新装填重新进攻，进而消耗更多导弹拦截的局面，显著提升效率。

（三）思路与方法

使命提升。使命提升指通过拓展导弹作战体系使命履行能力，实现攻防一体作战的创新方法。一是覆盖范围拓展，是指通过提升导弹作战体系的能力范围，进而拓展导弹作战体系使命，实现更高层级定位的导弹作战体系。二是任务能力拓展，是指通过攻防一体的导弹作战体系联合设计与运用，丰富导弹作战体系对多类目标的多功能打击能力，将传统导弹作战体系单一使命定位拓展为攻防一体装备体系使命定位。任务能力拓展主要包括功能类型拓展、能力水平拓展等。三是层级定位拓展，是指通过改变传统导弹作战体系的层级定位，来拓展导弹作战体系的使命。如将原来战术层级定位提升为战役甚至是战略层级定位，将显著拓展导弹作战覆盖范围，丰富导弹作战运用模式。

任务拓展。任务拓展指对传统导弹作战体系任务能力进行扩充，实现攻防一体作战的创新方法。一是模块设计，以实现导弹作战体系多任务作战能力为目标，以网络化通信架构为依托，通过采用模块化、通用化的设计理念，对导弹作战体系各要素进行通用化、模块化的设计开发。二是动态组合，根据作战任务需求，进行动态组合，支撑形成导弹作战体系多任务作战能力。如美军提出的“马赛克战”作战概念，就是典型的模块化设计导弹作战体系的案例，可以根据对海、对空、对陆不同打击目标的能力需求，进行作战资源的动态组合，有效提升导弹作战体系的多任务作战能力。三是分布协同，是指瞄准导弹作战体系任务拓展、按需协同、灵活切换的要求，将导弹作战体系所涉及的侦察预警、指挥控制、火力打击等资源要素分散部署，并根据任务要求，动态重组、分布协同，实现导弹作战体系的多任务作战能力。如美军提出的分布式防御概念，就是通过将不同作战资源分散部署、协同运用，从而实现导弹作战体系攻防一体的作战能力。

要素综合。要素综合即在体系要素层面，拓展单个节点攻防一体作战能力，发展可执行防御、进攻等作战任务的一体化导弹，实现导弹作战体系攻防一体作战能力的方法。一是通用设计，是指以实现导弹作战体系攻防一体作战能力为目标，通过采用模块化、通用化的设计理念，对导弹系统本身各要素进行通用化、模块化的设计，可根据作战任务进行动态组合，满足攻防一体化作战任务的需要。如欧洲导弹公司发布的完全模块化空射导弹概念，通过将战斗部、导引头、动力系统灵活组装，可实现攻防一体化作战能力。二是能力拓展，是指通过提升导弹动力、探测、杀伤等分系统，以及配合的导弹作战体系中信息、指控等作战要素的能力，来适应攻防等不同场景的能力需求，支撑导弹作战体系实现攻防一体化综合作战。如美军通过改进配套的制导装备，并对导弹本身进行适应性调整，成功利用“标准-6”舰空导弹实现了对舰打击，拓展了该型导弹的攻防一体化作战能力。

二、智能化体系法

（一）概念与内涵

智能化体系法是指从体系顶层设计角度对体系进行改进，使体系具备智能架构重组、智能资源管控、智能自主决策和智能高效毁伤等功能的一种创新方法。智能体系法是一种源于智能，同时又高于智能的方法。源于智能，指的是体系的智能以单节点智能为基础，但又不完全依赖单节点智能。高于智能是指对体系顶层设计相关要素进行智能化改进，最终服务于 OODA 打击链路，使体系赋能。实现体系智能的关键在于提升感知、认知和行为能力。感知能力即体系获取战场态势，并以适配于机器学习、深度学习、数据挖掘等智能化处理框架的方式进行描述的能力。感知能力是体系智能的基础，主要为体系智能提供“算料”。认知能力是在感知数据的基础上，通过智能“算法”使导弹作战体系具备理解态势、预测态势、推理态势、分析态势等认知功能的能力。认知能力是体系智能的外在形式和集中体现。行为能力即导弹作战体系基于形成的对战场态势的认知和知识，通过控制预警探测、指挥控制和火力打击等体系要素，以体系效能最大化为准则，对体系进行作战运用的能力。行为能力是体系智能的最终目的，因为体系智能化的根本目的在于使体系满足“能打仗、打胜仗”的实战需求。

（二）目的与意义

提升作战体系效能上限。智能化体系能够显著提升多型装备体系化作战时的综合作战效能。多型导弹武器系统独立作战，最终总的作战效能上限是多型导弹武器系统的能力之和，即 $1+1\leqslant 2$。多型导弹武器系统以体系化的形式作战，体系总的作战效能的上限是高于多型导弹武器系统能力之和，但多数情况下数量级与其相当的效能值，随着装备数量增加能力值以线性方式增长，即 $1+1>2$。多型导弹武器系统通过体系智能化，其综合作战效能上限将实现质的飞跃，甚至产生类似指数增长的效果，即 $1+1\gg 2$。

加快打击链路闭环速度。智能化体系能够显著加快导弹作战体系打击链路闭环速度。机器在运算速度和准确率等方面远远强于人类，传统导弹作战体系只能让机器在一些有明确规则或模式的场合替代人类，如射击诸元计算，智能化体系则能将原本只适合人类的操作（如作战决策）交给机器，因此将使得体系具有更快的 OODA 闭环速度。

衍生体系作战新形态。在智能化体系支撑下，导弹武器系统将具备更强的无人自主作战能力，将能够突破人体生理极限等约束，使得体系能够部署在荒漠、孤岛、高原等无人环境，甚至水下、地下等新作战域中，这将衍生出更多体系作战新形态，如前置无人作战、水下预置作战、源头封控作战、恶劣环境自主作战等。

（三）思路与方法

设计智能。设计智能指在体系设计阶段，就从智能化战争时代导弹作战体系主要特征出发，分析导弹作战体系典型威胁环境，开展作战概念与联合作战应用等研究，支撑体系形成对抗博弈、动态管控、体系拦截等能力的方法。一是威胁环境分析，是指运用大数据智能挖掘、多维度智能关联等手段，对即时情报信息进行快速智能处理，构建威胁环境；二是博弈需求生成，是指运用博弈理论和系统工程等相关方法，通过构建博弈对抗场景，生成体系需求的方法；三是协同方案设计，是指采用 MBSE（基于模型的系统工程）等先进手段和工具，将各个资源要素的特征进行抽象、总结、分类，提炼出系统各类资源要素的一般特征，跨部门、跨专业完成体系设计的一种方法。

架构智能。架构智能指构建由战场态势驱动的体系柔性架构，形成资源灵活动态配系和重组能力的方法。一是资源池化法，是指通过资源虚拟化、云计算、分布式存储等方式，将战场分散部署的探测、制导、指控、火力等资源要素云化，形成战场资源池，形成具有柔性特征的导弹作战体系架构；二是动态组合法，是指以态势为驱动，对体系架构内的资源要素进行重组配对，有效支撑对战场资源的动态调度与最优匹配，进而形成最优打击链路。

管控智能。管控智能指对导弹作战体系资源进行动态调度与时敏管控，共同实现作战资源智能管理与控制。一是资源云化法，是指设计与物理上分布式部署，资源在逻辑上集中式运用特点相适应的云化网络架构，支撑智能资源管控能力形成的方法；二是任务分解法，是指针对不同的多任务场景，根据导弹作战体系中资源管控特点，抽象资源调度与管理的本质规律，建立基本的资源动态调度模型和运行描述的方法；三是精确匹配法，是指面向作战任务的作战资源动态互联、作战目标动态规划，实现从传感器到火力的信火一体优化运用的方法。

三、专属化体系法

（一）概念与内涵

专属化体系法，是指面向特定作战任务，通过资源优化配置和调度，显著增强完成该作战任务的能力的一种创新方法。专属化体系常见的作战任务主要包括弹道导弹防御、反蜂群作战等。其重要特征在于专一性，即通过任务聚焦，在体系规划、体系论证、体系研制、体系验证和体系运用等全周期各个环节和预警探测、指挥控制、火力打击等全要素各个方面，均围绕一个主题和目的展开设计，最终使其满足任务需求。

（二）目的与意义

提升体系专一性。专属化体系在设计时，更加注重对体系能力深度而非体系能力广度的挖掘。广度指的是体系普适性，深度指的是体系的专一性。普适性和专一性是跷跷板的两端，通常无法同时满足。通用导弹作战体系更注重满足普适性，专用作战体系更注重满足专一性。典型的通用作战体系，如陆军防空体系需要满足防御直升机、精确制导炸弹、空地导弹、巡航导弹、无人机、漏防的有人机等目标，因此体系必须具备对径向速度从零（悬停的直升机）到超声速（空地导弹）所有目标的拦截能力，因此其拦截特定目标，如无人机的能力，必然没有专一反无人机系统好。专属化体系设计通过对特定作战任务进行深度挖掘，使导弹作战体系能够更好地完成单一作战任务。

减小体系攻关难度。由于不需要考虑普适性，因此体系所有资源都可围绕单一目的展开工作，这将使得导弹作战体系能够更加聚焦难点，显著降低攻关难度。以某反蜂群式无人机系统为例，蜂群式无人机是典型的低慢小目标，其拦截难点在于发现而不是毁伤，因为这类无人机通常易损，一旦被发现，拦截毁伤通常不是主要矛盾。基于这一考虑，某反“蜂群”武器系统通过集中优势资源解决无人机等低慢小目标发现和识别问题，然后通过一些低成本方式对其毁伤，就能实现反“蜂群”的目的，相对于传统的利用防空导弹防御等方式，攻关难度大幅降低，作战成本大幅下降。

满足非对称需求。专属化体系无论是执行防御还是进攻使命，其主要作战对象通常都是敌国具有重要战略意义的目标，如弹道导弹。相对于国土防空体系、航母编队防空体系，弹道导弹防御体系等专属体系更有助于实现战略目标，达成战略目的。例如美国弹道导弹防御、IBCS 等，直接增加了只拥有少量核弹的国家对美国及其盟国的核打击难度。

（三）思路与方法

功能替换法。功能替换法指以完成特定作战任务为导向，将体系部分要素、功能或系统部分器件、组件和分系统替换成其他元素，显著增强其某一方面能力，实现对特定目标毁伤的一种创新方法。例如美国末段底层反导系统“爱国者”PAC－3，正是将引战系统所占用的空间，用于动能杀伤系统和制导控制系统，显著提升了系统制导精度，使其满足碰撞杀伤条件，解决拦截弹道导弹过程中弹目交汇速度过快、碎片杀伤效果不佳等问题。

要素增加法。要素增加法即通过引入新要素，显著增强体系某些专属能力。例如美国的 CEC（协同作战能力）系统，通过将 E－2C 预警机探测的信息接入舰艇编队防空系统，构建了具备超视距作战能力的舰队防空体系，大幅增加舰队反低空突防反舰导弹能力。

架构统一法。架构统一法即将所有的作战资源放在某一体系框架下，实现资源优化配系与部署，满足完成特定作战任务的需求。例如美国的反导体系，正是将所有资源通过 C_2BMC 协同组织与运用，实现对弹道导弹上升段/助推段、中段、末段高层和末段底层的拦截能力。

四、集约化体系法

（一）概念与内涵

集约化体系法，是指将所有作战资源集约到某一作战域，使其能更有效发挥作战效能的一种创新方法。集约法并不是将导弹作战体系直接移植到新的作战域，而是包含集中和简约两个过程的综合性方法。集中，即将原始作战要素聚集到某一个作战域，并形成综合能力的过程。在这一步中，重点解决的不是如何聚集而是如何综合及如何确定作战域的问题。简约，即对综合后的各域作战资源进行重新排列，衍生新型作战能力的过程。美国提出的“星链”计划，就是将传统导弹作战体系的探测、制导、指挥、控制、评估等功能集中到太空域，然后通过星座的方式简约实现，进而重塑了导弹作战体系。

（二）目的与意义

作战域优势极致化。由于将所有的资源集约到某一作战域，因此该域的能力将大幅增强，通过恰当的简约机制，该作战域的优势就可发挥至极限。例如美国利用其强大的信息优势，将主要作战资源集中到电磁域，实现了对敌雷达、通信等系统的压制，最终在近几次局部战争中获胜。

以己之长克敌之短。集约化体系法在选择作战域的时候，可以充分考虑敌我双方的优劣势对比，从而确保集中的域恰好是一方最擅长、另一方最不擅长的。例如，美国作为航天大国，有极强的航天产业能力，因此考虑将其所有的作战资源集中到太空，形成“星链”作战能力，改变战场规则。

自顶向下全局优化。集约化体系法将体系侦察、监视、指挥、控制、通信、火力等要素整合并依据一定规则统一配置、管理，是一种典型的自顶向下的优化方法。相对于自下向上的自发式资源重组，集约化方法全局性更强，更有助于实现全局资源优化调度，避免陷入局部最优。

（三）思路与方法

战域集中。战域集中指综合考虑一方优势领域和对手弱势领域，选择恰当作战域，然后将导弹作战体系集中到该作战域，为后续实现简约输出奠定基础的过程。一是使命集中，是指从作战体系使命角度，将导弹作战体系集中的方法。例如“星链”计划，就是将传统作战体系所需的预警探测、火力打击等使命集中，然后以星座的形式在太空域中实现的。二是功能集中，是指将指控、侦察、计算、通信、保障等功能集中，形成综合功能。三是任务集中，是指从导弹作战体系能够执行的各类任务维度，将其集中形成综合任务能力，然后再进行简约的过程。

要素简约。要素简约指对集中后的资源重新整合、加工，形成新质作战能力的过程。通过对原有作战能力简单的去除和保留操作，简化体系，在作战域集中的基础上形成新能力，然后将原属于其他几个作战域的功能重新在新的作战域组合，形成新能力的方法。

整合加工。整合加工指将集中在某一作战域的各能力按照某种机制，首先整理合并为某种新的综合能力，然后再以该综合能力为输入，以实现某些作战目的为牵引，将综合后的能力重新分配，并以某种方式实现的方法。该方法类似人体新陈代谢机制，即通过对人体摄入的食物进行消化与吸收，形成人体必需的营养物质，支撑人体机能运转。

第二节 重新定义体系要素

体系要素是支撑导弹作战体系完成作战任务的最小单元，主要包括预警探测、指挥控制、火力打击等。重新定义体系要素，是指通过对体系要素能力的重新规划，实现导弹作战体系效能最大的方法。导弹作战体系的未来发展将呈现体系化、智能化和实战化等趋势。感知力、认知力、行为力“三力”是体系发展机械化、信息化和智能化的三个阶段，是未来智能化导弹作战体系的关键要素。导弹作战体系智能化是机械化、信息化发展的下一个阶段，智能化作战能力主要由感知力、认知力和行为力组成。导弹作战体系感知力是信息化作战体系的典型形态，是由 C_4ISR（指挥、控制、通信、计算机、情报、监视、侦察）体系支撑形成的；行为力是机械化作战体系的主要样式，是由机械化装备体系的空间差、时间差和能量差保障的；认知力是智能化作战体系的主要能力，是导弹作战体系对信息处理与判断、决策的能力。导弹作战体系机械化、信息化是智能化发展的基础和前提，三个阶段相互联系、互为支撑，重新定义导弹作战体系感知系统、指控系统和打击系统等要素的关系就是要从均衡发展、弥补短板、突出长板三个方面入手和发力。重新定义体系要素主要包括均衡发展法、弥补短板法和突出长板法等。

一、均衡发展法

（一）概念与内涵

均衡发展法是指为适应智能化作战的能力需求，以感知力、行为力和认知力为着眼点，以感知系统、指控系统和打击系统等要素均衡协调发展为目标，基于“木桶理论”实现各要素能力齐头并进。感知力是信息化战争时代的基础，是作战规划、作战决策与作战实施的基础；行为力是作战能力输出的直接保证，是战场火力、打击力与威慑力的直接体现；认知力是未来智能化战争的发展趋势，是提升导弹作战体系的重要方向。作为支撑“三力”实现的基础，感知系统、指控系统和打击系统等要素均衡发展才能使导弹作战体系的发展不出现“短腿”，不偏离方向。如美军“第三次抵消战略”作为指导美军实施一系列军事能力建设和发展的指南性战略，特别强调感知力、行为力与认知力的协调发展，在体系要素建设上强调均衡发展。

（二）目的与意义

为智能化能力生成提供必要条件。智能化作战能力的生成源自体系要素的融合，任何一个要素的缺失或不足，都将导致整体作战能力不足或无法形成，导致智能化作战能力建设事倍功半。

为智能化装备论证和建设提供抓手。智能化作战装备的论证要满足实战能力的发展需求，以感知力、行为力与认知力作为未来装备能力的基础要素，以体系要素是否均衡、是否协调作为论证未来装备的方法，将有效指导面向未来的智能化装备的论证。

为指导现有装备改进升级提供依据。威胁不断演进，战场环境急速变化，智能化作战装备促使智能化战争形态逐步发展，现役装备可以均衡发展法作为指导其能力改进升级的依据，寻找并弥补能力短板，适应战争对能力的需求。

为检验导弹作战体系能力提供指标。导弹作战体系的要素多样，作战能力的呈现形式多样，体系要素的指标可作为评价导弹作战体系能力、潜力的依据，以能力是否均衡从全局对体系进行衡量。

（三）思路与方法

弱项补偿法。弱项补偿法指发现支撑智能化作战能力形成的导弹作战体系要素短板，以弥补短板的形式实现“木桶”容量即作战能力的提升。这种方法的出发点是考虑到在多数情况下，木桶短板是导弹作战体系能力的薄弱点，也是智能化作战能力提升的关键潜力点。一是信息弱项补偿，是指针对体系中信息节点的弱项，集中强化提升能力，如提升雷达威力、探测精度、抗干扰能力，促进体系总体作战效能的提高；二是指控弱项补偿，是指针对体系中指挥决策节点的弱项进行补偿，提升体系能力，实现体系的均衡发展，如提升指控容量、自主决策水平，加快决策速度；三是打击弱项补偿，是指提升导弹、火力等能力，实现体系能力的综合发展，如提升导弹平均速度、火力密度、制导精度。

强项截取法。强项截取法指以实现导弹作战体系效能最大化为目标，对于整体作战能力满足需求但部分功能冗余的作战体系，以截取冗余能力的方法实现体系要素均衡发展。通过截取冗余可以简化作战体系的构成、降低体系构建与运行成本。例如，通过分布式作战理念，简化对单一传感器和单一火力打击要求，构建协同制导场、协同火力打击场，实现体系均衡发展。

全局平均法。全局平均法指通过平均体系强项和弱项等方式，实现导弹作战体系均衡发展。全局平均的意义在于以长补短，显著提升体系平均能力。一是重组平均，是指将作战资源面向具体作战任务重新组合，使其具备多任务能力，进而实现平衡发展的方法。例如，美军提出的“马赛克战”，即将作战体系各类节点和资源自由重组，构建多链路杀伤网，使其具备防空、反导、进攻、防御、对陆、对海等多重能力，均衡发展。二是定量平均，是指将体系资源按照某种准则分配到不同能力的节点，使体系能力均衡发展。

二、弥补短板法

（一）概念与内涵

弥补短板法是指找出导弹作战体系要素短板，提升对应要素指标实现整体作战能力的提升。以数量弥补质量是最直接的手段之一。例如可通过改变导弹作战体系侦察感知系统运用方式弥补感知力短板，采用增加感知维度、增加感知数量、增加感知方式等方法，弥补导弹作战体系感知战场环境、感知对手、感知自身的能力不足。此外，还可通过体制协同实现优势互补，或者通过引入智能算法，改变传统导弹作战体系行动手段或方式，形成空间差、时间差、能量差的模式，通过改变传统导弹作战体系计算能力、算法模型等手段提升认知力，实现体系信息处理、态势研判、决策效率等能力的提升。

（二）目的与意义

实现信息数量与质量的提升。通过增加导弹作战体系信息感知节点数量，进一步提升导弹作战体系探测感知的信息获取数量，实现对战场环境、作战对手、自身体系等探测感知信息获取能力，为信息化、体系化、智能化作战能力形成和提升奠定信息和数据基础。通过增强导弹作战体系感知力，可以有效提升探测感知信息获取维度和数量，并通过融合处理，提升导弹作战体系信息获取的质量，为导弹作战体系高效决策、精准决策等提供支撑。

实现打击范围速度的提升。通过增强导弹作战体系在空间维度的行为力，提高相对于对手的导弹作战体系打击范围，形成导弹作战体系己方能够打击敌方、敌方不能够打击己方的导弹作战空间优势，确保实现对敌的有效打击；通过增强导弹作战体系在时间维度的行为力，加快导弹作战体系对抗速度，使得在导弹作战体系对抗博弈中，导弹作战体系形成先敌毁伤作战目标的导弹作战时间优势，确保对对手的先期打击。

实现战场指挥控制效率提升。通过提高导弹作战体系认知力，可以提高对作战对手运用意图及未来战场发展态势的研判能力；增强导弹作战体系认知力，可以提升导弹作战体系对信息处理、资源调度等水平，缩短导弹作战体系运用周期，从而提高导弹作战体系任务规划与决策效率。

（三）思路与方法

依靠数量补偿。依靠数量补偿指通过增加导弹作战体系信息感知节点的数量，将多个探测感知节点分散部署在陆上、海上、空中和空间，并将其联合运用，实现导弹作战体系的分布式协同感知能力，从而提升导弹作战体系探测感知的方位、空域，通过融合处理，进一步提升导弹作战体系信息感知的精度、品质等能力。一是感知协同，是指通过将多型传感器相参合成等方式，提升探测威力；二是识别协同，是指将传感器分布在目标各个角度，提升对目标的识别精度；三是打击协同，是指采取围捕等方式，弥补单弹能力的不足。

依靠体制补偿。依靠体制补偿指通过增加导弹作战体系信息感知的主动、被动等探测感知方式，实现导弹作战体系信息感知的信息获取方式多样，增强导弹作战体系信息感知能力。一是多平台复合运用，即将传统的雷达探测手段拓展为天基、空基、陆基、海基复合方式；二是多手段复合，是指将射频、光学、激光等复合运用实现探测感知的扩展；三是多波段协同，是指将不同波段的雷达综合协同，弥补反隐身等能力的不足。

行为力“三差”。行为力“三差”指以夺取“三差”为手段实现行为力的扩展。一是通过提升导弹作战体系中导弹武器系统打击范围、侦察感知系统信息获取范围等方式，提高导弹作战体系的空间差，形成导弹作战体系的作战空间优势；二是通过缩短导弹作战体系中导弹武器系统决策反应时间等方式，夺取攻防双方在导弹作战体系对抗博弈中的作战时间优势；三是通过提升导弹作战体系计算机计算性能、优化主要资源要素的计算架构等，通过分布式计算、云协同计算等方式，增强导弹作战体系的算力。

智能提升法。智能提升法指加大对新一代人工智能算法的攻关力度，提出适用于导弹作战体系智能化能力形成的智能算法，从而确保体系认知力的有效实现。如应系统开展深度学习算法、强化学习算法等通用性算法在导弹作战体系相关场景的应用验证与优化工作，才能真正实现导弹作战体系智能化能力发展。一是数据驱动，是指充分利用各类大数据信息，如空间大数据、目标特性大数据、环境大数据等，增大导弹作战体系智能化训练样本，从而提升导弹作战体系的认知能力。如美军提出的“深绿”计划，就是通过增大数据提高算力的典型案例。二是算法增强，是指通过改进人工智能算法，弥补体系识别、抗干扰、资源优化等短板。三是算力提升，是指改建算法训练和能力生成环境，加快算法收敛速度，弥补体系能力。

三、突出长板法

（一）概念与内涵

突出长板法是指适应战场作战特点，以体系的某一要素为着眼点，突出感知力、行为力或认知力实现单项能力的显著提升，实现战场出其不意的效果。例如，可提升导弹作战体系感知战场环境、感知对手、感知自身的能力，以实现导弹作战体系信息化水平，为导弹作战体系智能化能力发挥奠定信息基础、数据基础。可以从提升导弹作战体系打击范围，提升体系空间差；从提高导弹作战体系反应速率，提升体系时间差；从提高导弹作战体系协同打击毁伤能力，提升能量差。可以从增强导弹作战体系计算能力，提升体系处理效率；从优化导弹作战体系算法模型，提升体系研判能力。可以采用人机混合方式，确保体系认知准确；也可以从增大导弹作战体系信息与数据，提升体系训练水平。

（二）目的与意义

形成亮点能力，有效慑战止战。突出长板法不仅能提升导弹作战体系整体作战效能，还能在强化的长板处形成更加突出和引人注目的亮点能力，在某些情况下，依托亮点能力所起到的威慑作用，甚至能使体系达到不战而屈人之兵的效果。例如，美国在韩国部署的末段高层反导系统“萨德”，其制导雷达能力极强，能够对朝鲜等国弹道导弹发射活动全程监控。该系统投入使用后虽未经历实战拦截，但也在一定程度上起到了威慑作用。

增加体系信息获取维度。改变传统导弹作战体系的探测感知通过雷达“看见”目标的单一方式，将其感知方式变为“六觉”，即使导弹作战体系具备“视觉”“听觉”“触觉”“嗅觉”“味觉”“知觉”等信息感知方式，从而拓展导弹作战体系的探测感知手段，增加体系感知信息获取的维度，提升信息感知能力。

提高导弹作战体系对抗能力。增强导弹作战体系认知力，可以有效预判对手、快速处理战场态势、形成体系作战方案、调度作战体系资源，从而提升导弹作战体系的博弈对抗能力。

（三）思路与方法

感知长板突出法。感知长板突出法指通过增加导弹作战体系信息感知的维度，打破传统导弹探测感知方式为雷达“看见”目标的单一维度，将其拓展为“视觉”“听觉”“触觉”“嗅觉”“味觉”“知觉”的“六觉”维度，来拓展导弹作战体系的探测感知方式，增强导弹作战体系感知力。以“嗅觉”为例，味道是在空气中可以停留一段时间的，因此导弹打击的目标在空间经过也会留下痕迹，如大型船只经过水面时会激起大的波浪，可以通过对波浪的探测，达到发现船只的目的。

火力长板突出法。火力长板突出法指突出导弹火力长板，夺取导弹作战的数量差、质量差、效能差和潜力差等，形成导弹作战体系打击对手的能量差。其中，数量差主要是提升导弹作战体系规模，效能差主要是提升导弹作战体系取得的战果与所付出代价的比值，潜力差主要是提升导弹作战体系相关的国家综合实力和战争潜力。

指控长板突出法。指控长板突出法指在指挥控制等环节，提升决策智能化水平，确保导弹作战体系认知准确，发挥无人系统在信息处理的高效、决策的精准、作战状态的稳定等方面的优势，强调导弹作战体系智能化发展与人的有机融合，实现认知能力的突出的方法。

第三节　重新定义体系构建

体系构建是指按照某种方式在空间维度上将体系要素相关联，使其形成具有一定架构和形态的有机整体，为完成指定任务使命奠定基础的过程。重新定义体系构建是指通过改变导弹作战体系要素组成架构、体系要素构成形态及体系要素构成关系等，实现导弹作战体系架构、模式、形态和运用关系的创新，进而提升导弹作战体系的作战能力，解决当前导弹作战体系无法动态关联资源要素，不能面向态势柔性重组架构，无法适应未来高危战场环境的不足的过程。重新定义体系构建方法主要包括架构重构法、形态重构法和自主重构法三种。

一、架构重构法

（一）概念与内涵

体系架构重构法是指导弹作战体系的基本功能要素还在，根据导弹作战体系能力需求，对导弹作战体系组成要素进行重新分配、组合、构建，实现导弹作战体系构建模式、构成架构等的创新设计方法。体系架构重构法可以通过对导弹作战体系侦察监视、预警探测、指挥控制、火力打击等体系组成要素的构建模式，进行导弹作战体系架构重构，包括专用模式的体系架构、多层多路并行的体系架构、立体交叉的体系架构。如美军提出的“马赛克战”作战概念，可以实现对多线资源动态调度、协同运用，就是典型的多层多路并行的体系架构。

（二）目的与意义

提升一体化能力。导弹作战体系的构建以追求发挥导弹最大作战效能为目标，这就决定了导弹作战体系相对于一般体系在一体化设计理念上的特殊性。重构体系组成可以有效促成导弹系统、导弹武器系统与导弹作战体系其他组成部分、导弹与导弹作战平台采取一体化设计，从而提升导弹作战体系的一体化建设与运用能力，这也是未来导弹作战体系发展的趋势之一。

强化模块化优势。不同类型导弹作战体系的组成单元之间功能相近、组成相似，这将有益于导弹作战体系组成的重构，可以比较容易实现导弹作战体系的模块化设计，从而保证导弹作战体系作战运用的模式化、升级改造的便利化、即插即用的标准化。

增强简单化效益。导弹作战体系追求简单化设计，这就决定了导弹作战体系相对于一般体系在便利性上的特殊性。导弹作战体系力求功能单元最少、使用保障最便利、规模生产最快捷。随着导弹武器技术的快速发展，尤其是人工智能技术、大数据技术、保障技术等发展，原来比较复杂的体系组成可以变得更为简单，从而显著提升导弹作战体系的操作简便性、保障简单化，增强体系建设效益。

（三）思路与方法

专用体系架构。专用体系架构指针对导弹作战体系任务聚焦需求，为作战流程典型且作战任务较为单一的导弹作战体系，进行专用模式的架构设计，形成导弹作战体系的专用架构，这是传统导弹作战体系架构设计的典型模式。

多层并行架构。多层并行架构指通过将传统导弹作战体系资源要素扁平化处理，并设计可根据作战任务需求，进行动态连接的多路多层并行的体系架构，支撑实现导弹作战体系的资源动态重组、高效运用。如美军提出的“马赛克战”作战概念，就是典型的多路多层并行的架构，可以根据任务需要、资源情况，动态地组合体系形态，实现不同作战任务能力。

立体交叉架构。立体交叉架构指通过将传统导弹作战体系的资源要素云化分布、立体共享，并支撑根据作战能力或任务需求，进行立体维度的资源重组，确保作战资源运用高效精准的体系架构，这是未来立体交叉模式设计体系架构的方式，将会显著提升导弹作战体系的灵活运用能力。例如，美军依托其“云作战”概念提出的分布式导弹作战体系就是立体交叉架构设计法进行导弹作战体系创新的典型案例，通过把导弹作战体系的预警探测、指挥控制、火力打击等要素搬到了天上，将数万颗星组建成一个高弹性的新型架构，实现导弹作战太空层的分布式架构，支撑天空地海一体的作战能力。

二、形态重构法

（一）概念与内涵

体系形态重构法是指通过一定的创新方式实现对传统导弹作战体系OODA环闭合所需的认知流、信息流、能量流、控制流“四流”关系进行重构，从而引发的导弹作战体系物理形态变化的创新方法。形态重构可以是物理重构，即在网络形态从有中心节点形态向无中心节点形态转变的基础上，改变资源结合方式实现重构；也可以是化学重构，即在网络架构从传统树状形态向网状扁平化形态转变的基础上，利用构建的协同网，通过对接入资源的深度挖掘，产生新能力；还可以是演化重构，即利用节点自进化特征实现重构。

（二）目的与意义

增强组织灵活。通过打破传统导弹作战体系各要素信息流、认知流等传递紧耦合的关系，全体系作战资源组织更加自由，资源利用更加灵活，可为体系的高效运用提供物质基础。

提高运行效率。形态重构将会使得整个体系的作战资源要素可以根据作战任务需求，即时做出调整，实现体系的高效运行。这也必将进一步提升导弹作战体系内部之间、导弹作战体系与其他作战体系之间一体化构建和运用，是未来导弹作战体系发展的主要趋势。

创新流程关系。导弹作战体系的形态重构，必然会带来导弹作战体系流程关系的改变，是导弹作战体系形态创新的有效牵引。例如，通过对导弹作战体系传统独立结构、树状结构的创新设计，构建云态的架构，就可以打破传统导弹作战体系形态，实现传统导弹作战体系形态的创新。

创新作战运用。导弹作战体系关系的重构，可以有效支撑导弹作战体系各资源要素的信息流关系，改善导弹作战体系资源交联与运用的效率，实现导弹作战体系创新运用，将有益于导弹作战体系的作战概念创新。

（三）思路与方法

物理重构。物理重构指对导弹作战体系节点之间的信息关系、指挥关系、业务关系、流程关系重新排布，重构体系形态的一种方法。该方法不涉及体系要素的兼并重组，即不会产生新的体系要素，具有重构时间短等特征。例如，美国IBCS、IAMD（一体化防空反导）等体系，将传统的防空反导树状架构重构，以初级信息化作战运用为牵引，瞄准多层级构建的导弹作战体系树状结构运用关系，进行导弹作战体系的设计与开发，通过这种方式构建的导弹作战体系具备初级信息化的特征，可实现有效的协同作战。

化学重构。化学重构指以信息化、体系化作战为目标，将体系节点云化，通过构建具有扁平化特征的指挥架构与网络，在协同制导网、协同信息网和协同指控网上，将节点资源有机融合，形成新的资源形态，进而支撑实现不同型导弹作战体系间的灵活协同作战，支撑形成体系化作战能力。化学重构比物理重构更高一层，因为它通过融合产生了新的资源形态。

进化重构。进化重构指以战场态势变化为输入，基于生物领域中自然选择和进化等机制，驱动导弹作战体系从作战资源运用的角度，重新构建体系的方法。随着互联网技术、通信技术的快速发展，未来导弹作战体系的开发与建造将会以作战资源云化为显著特征，以云端的指挥控制为手段，实现大区域不同作战资源的灵活重组，实现优化作战，为此导弹作战体系的创新应瞄准可支撑未来云态结构的运用而发力。

三、自主重构法

（一）概念与内涵

自主重构法是指导弹作战体系充分利用当前正在迅猛发展的人工智能、大数据等先进前沿技术，基于新型的信息装备和网络、武器系统和平台、资源管控和体系，支撑构建资源可快速重组、有效应对各层级威胁的导弹作战体系构建方法。导弹作战体系自主重构法既是对侦察感知系统自主重构和指挥控制系统自主重构，也是对火力打击系统和综合保障系统自主重构。如“蜂群”作战体系就是导弹作战体系自主动态重构法运用的典型案例；美军的“马赛克战”作战概念，也是结合人工智能、大数据技术的发展，提出的一种新型导弹作战体系自主重构案例。

（二）目的与意义

提升战场认知预判能力。自主重构法引入了智能算法，因此能够在体系各传感器综合感知来袭态势的基础上，以大数据、深度学习等技术为依托，构建分析、理解、归纳、提炼、判断等认知能力，进而形成对态势的预判和对战场的领悟能力，支撑形成颠覆性作战能力。

提升动态接入重组能力。自主重构法能够依托智能化作战装备、云平台等手段，面向作战任务，自底向上组合作战资源，实现节点的灵活接入与退出，根据作战需求灵活组织作战力量实施作战，相比较于传统具有更强的适应性，可实现作战域的扩展与协同作战能力的提升。

提升快速自主作战能力。对于大规模复杂程序化计算的问题，无论是计算准确性还是计算速度，机器相对于人均有明显优势。通过对导弹作战体系的自主重构，机器被赋予了类似人类的智能，这使得其在处理决策、筹划、方案选择等非程序性问题上，也有了比人类更快的速度和更高的精度。

提升强韧抗损能力。自主重构可以提升体系整体的抗毁性，避免传统单节点失效带来的作战能力显著下降。这是因为通过自主重构，作战资源可以依据OODA链路重组，重新构成新的杀伤链，进而恢复导弹作战体系作战效能，确保在高对抗环境下的生存能力。

（三）思路与方法

节点自主。节点自主指通过提升导弹作战体系单个节点自主化水平，实现整个体系自主重构的方法。一是侦察节点自主，是指提升预警侦察装备系统在信息获取、信息处理方面的广度、深度、全域度与速度，实现典型侦察感知节点自主作战，有效支撑智能化作战对信息的需求；二是指控节点自主，是指基于强化学习、深度学习等方法，提升体系作战中智能化辅助决策能力，在作战组织的灵活性、作战决策的可靠性方面实现跃升；三是保障节点自主，是指运用智能化监控管理、状态监控等手段，提升节点自主保障能力，满足节点在恶劣环境下的作战需求。

架构自主。架构自主指在顶层设计层面，提升导弹体系自主化水平的方法。架构重组自主，是指导弹作战体系架构以云化、分布化的形式进行重组，满足智能化作战需要。如美军提出的“马赛克战”，就是典型的体系架构重组方法牵引的新型作战体系。

运行自主。运行自主指探测、指控、作战、保障等资源以云化形式进行管理、调度，提升作战灵活性与资源利用的效率。同时，发展作战资源灵活管控与调度技术，满足大量作战资源条件下的基于作战任务的作战资源调度与匹配，适应未来高强度智能化作战需要。

第四节 重新定义体系运行

体系运行是指按照某种方式在时间维度上将体系要素相串联，基于一定准则明确体系各要素在每一步都完成哪些工作以及如何完成这些工作，最终实现任务使命的过程。重新定义体系运行是指在对导弹作战体系的作战运用中各要素的结构、功能及其相互关系，以及这些要素产生影响、发挥功能的作用过程、作用原理进行分析的基础上，对导弹作战体系各要素关系和运行方式重构的过程。重新定义体系运行包括关系重构法、流程重构法和规则重构法三种。

一、关系重构法

（一）概念与内涵

关系重构法即重构体系关系，是指通过一定的创新方式实现对传统导弹作战体系 OODA 环闭合所需的认知流、信息流、能量流、控制流“四流”关系的重构。如从传感器到“射手”、分布式协同作战、侦察决策打击一体等是体系关系重构的典型。重构体系关系将使得传统 OODA 环的传统体系关系变得更加自由、更加灵活，“四流”的传递更加高效，进而提升导弹作战体系的作战能力，满足体系定义、体系能力、体系组成与形态的重构要求。关系重构具体包括无预设重构、去中心重构和跨层级重构等方式。

（二）目的与意义

增强组织灵活性。通过打破传统导弹作战体系各要素信息流、认知流等传递紧耦合的关系，可以使得对全体系作战资源组织更加自由，资源利用更加灵活，为体系的高效运用提供物质基础。

提高运行效率。重构体系关系将会使整个体系的作战资源要素可以根据作战任务需求，做出即时调整，实现体系的高效运行。同时，这也必将进一步提升导弹作战体系内部之间、导弹作战体系与其他作战体系之间一体化构建和运用，是未来导弹作战体系发展的主要趋势。

创新体系形态。导弹作战体系的关系重构，必然会带来导弹作战体系形态的改变，有效牵引导弹作战体系形态创新。如通过对导弹作战体系传统独立结构、树状结构的创新设计，构建云态的架构，就可以打破传统导弹作战体系形态，实现传统导弹作战体系形态的创新。

创新作战运用。导弹作战体系关系的重构，可以支撑导弹作战体系各资源要素的信息流关系，改善导弹作战体系资源交联与运用的效率，实现导弹作战体系创新运用，将有益于导弹作战体系的作战概念创新。

（三）思路与方法

无预设重构。无预设重构指将导弹作战体系基于固定逻辑或基于预设规则资源调度方式，变为基于态势、基于智能的调动方式，实现重新构建体系资源运用流程、方式的方法。一是自主智能法，是指对单一体系节点，既不预设规则，也不固化逻辑，利用人工智能、大数据挖掘等形成对态势的认知、感知，然后面向作战任务自主实现资源调动与管控，提升作战运用灵活性；二是软件定义法，是指将原来刚性固化的节点连接关系，利用软件定义，充分发挥软件系统易操作、易更改等特点，实现调度关系的重构。

去中心重构。去中心重构指将传统中心节点架构向新型无中心转变，支撑形成导弹作战体系高效协同化，实现体系重构的一种方法。去中心重构能大幅提升体系生存性和韧性，有效提升火力释放度，避免出现有火力无信息或有信息无火力等资源不匹配问题。去中心重构的典型案例包括美国提出的 IBCS、IAMD 等。这些一体化防空反导体系打破火力单元约束，基于制导信息场关联作战资源，改变了传统的通过指控节点分级管控资源方式，因此生存性更强，对其传感器、指控节点打击也最多只能造成其体系效能下降，而不能使其瘫痪。

跨层级重构。跨层级重构指打破传统战略层级、战役层级、战术层级等传统层级限制，建立各节点完全平等、地位完全相同，可按需接入、按需运用、按需退出的扁平化架构。值得注意的是，这里的节点平等、地位相同是指的机会平等、机会相同，即所有节点都有可能被最高级指挥官直接调用，但具体各节点是否接入，还与具体作战形势有关，所谓各节点完全平等不等于在所有时刻体系内所有节点全部接入。

二、流程重构法

（一）概念与内涵

流程重构法是指打破传统导弹作战体系 OODA 环的闭环流程，将预警侦察系统的信息直接传递给实施精确打击的防御性武器或进攻性武器，实现“从传感器到射手”的创新设计。导弹作战体系创新的直接交联法强调的是对体系外部信息的运用。如美海军构建的海上一体化防空反导系统（NIFA - CA）实现了利用外部空基信息进行舰载防空导弹系统打击的能力。

（二）目的与意义

提升打击闭环速度。改变了传统 OODA 环串行的流程，显著提升导弹作战体系闭环速度，夺取作战的时间差。例如，传统导弹体系作战流程，都是按照发现—瞄准—决策—打击顺序进行的，通过流程重构，可以重排上述顺序，改为发现—决策—打击—瞄准，以提升打击速度。

提升作战灵活程度。面向具体作战任务，规定导弹作战体系在每个时间片上所应完成的任务，打破传统的基于预设规则分配资源的方式，提升导弹作战体系时间灵活性。例如，将在 OODA 的发现环节，直接利用预警机、卫星、预警雷达等外部传感器获取信息，改变传统的在单一武器系统内闭合 OODA 链路的做法，实现导弹作战体系作战运用灵活性的提升。

增加闭合链路数量。传统的导弹作战体系打击链路是一维的，实现 OODA 打击链路有且只有一种路径选择。此外，OODA 链路中每个节点的前驱和后继是固化的，每个节点能完成的功能使命也是不变的。在未来体系化、智能化战场环境中，这种僵化的流程无法满足实战需求。通过流程重构，可以使得导弹作战体系各要素资源的交联关系变得更加冗余，将原来串联式、一维杀伤链，拓展为并联式、多维杀伤链，大幅提升满足杀伤需求的链路数量，显著提升体系生存能力。

（三）思路与方法

化繁为简。化繁为简即采用类似电路理论中短路的做法，省去不必要的步骤，提升OODA闭环速度。该方法的出发点主要考虑的是导弹作战体系在面对某些突发敌情时，需简化某些步骤，优先确保OODA链路畅通，保证OODA能够闭环解决急需或系统本身生死存亡问题。

网络扁平。网络扁平即采用类似电路理论中并联的做法，为电路联通提供更多回路选择，同时尽最大可能减小单一节点损毁对整个体系的影响，构建扁平化指挥架构和资源调配方法。美国“马赛克战”作战概念是网络扁平法的典型案例，在“马赛克战”中，各型作战资源可以按需构建杀伤网，改变了传统体系形态中只能构建杀伤链、杀伤手段单一、杀伤样式不够灵活等不足。

直接交联。直接交联指通过将导弹作战体系中侦察监视与反击、预警探测与火力等要素直接交联，构建OODA打击路程的一种方法。直接交联法可以实现体系运行中的侦察监视与反击一体化运用，加速导弹作战体系的闭环速度，缩短导弹作战体系的打击链条，提高作战运用效率。

逆向重组。逆向重组指通过对各种方法模块的组合运用，按需生成发现、调整、决策和打击等功能，重构作战流程的一种方法。一是交换重组，是指交换打击链路相邻环境，实现流程重构的方法。例如，先将导弹发射，再进行射击诸元计算，提升体系拦截高速、突现目标的能力。二是结合重组，即将多个步骤结合，简化形成新的流程。三是完全重组，是指从作战需求出发，对导弹作战体系作战流程完全重排，形成新作战流程的方法。

三、规则重构法

规则重构法是指为减少资源冲突，确保体系各装备正常运转，提升体系作战效能，对体系固有的一系列约束、规定和准则等进行增加、减少或改动的创新方法。运行规则的重构可从根本上对体系运行机制颠覆和实现新型作战方法。美军提出的各类新型作战体系，如“分布式防御”“马赛克战”等，都是基于对作战体系运行规则的重构实现导弹新型作战体系运行机制的典型案例。

（一）概念与内涵

重构体系规则是指根据体系运用地点、时间和承担的具体任务，对体系固有的一系列约束、规定和准则等增加、减少、改动甚至颠覆，进一步减少体系资源冲突，确保体系各装备正常运转，提升体系作战效能的创新方法。重构体系规则可从根本上颠覆体系运行机制和实现新型作战方法。

（二）目的与意义

适应不同地域特点。环境适应性是导弹武器装备“好用、实用、管用”能力形成的重要支撑，重构体系规则打破体系规则固有模板，在充分吸收固有规则合理部分的基础上，针对体系所在的地域特征，对通用规则优化改进，改变不适应该地域的一些规定，使其更适应特定地区作战需求。如俄罗斯“道尔”防空导弹系统针对北极地区作战的改进型号，就打破了传统陆军防空装备涂装以黄绿色或沙漠色做迷彩的传统，针对北极冰原地貌，改用白色涂装。

适应不同作战阶段。“召之即来，来之能战，战之必胜”是导弹武器装备作战运用基本要求。重构体系规则能够针对体系所处的训练、值班、作战等不同阶段和白天、夜晚、春、夏、秋、冬等不同时段的特点，在通用规则的基础上，进行优化改进，使其更能适应不同作战阶段特点。

满足不同任务需求。导弹作战体系通常需要完成不同的作战任务，以防空体系为例，主要包括保卫要点、保卫要地、保卫区域、保卫机动目标等。重构体系规则，能够根据作战任务具体特点，重新调整体系要素配系、部署和流程，对通用的规则面向作战任务优化，因此能显著提升完成特定任务时的作战效能。

（三）思路与方法

因地制宜。根据体系所在的高原、平原、盆地、丘陵和山地等不同地形的特征，以及沙漠、林地、草原、河流、海洋等地貌特征，城市、乡村、荒原等地域特征，对通用化、普适性的规则进行修订，使其更满足不同环境作战需求。一是适应环境，是指将装备进行改进，使其适应各类环境，如对装备裸露的金属封装或涂抹特殊材质使其满足海岛、岸边等高盐雾环境；二是利用环境，是指利用地形地貌特征，隐蔽或增强导弹作战体系能力，如将导弹隐蔽在树林等环境中，战时对敌突然打击；三是融合环境，是指将导弹作战体系融入环境，使得体系与环境成为一体。

因时制宜。打破体系单一、预制式规则设定传统，根据战场态势演进和交战结果，在体系运用的不同阶段（如值班、作战、维护、升级等）和不同时段（如白天、夜晚）动态调整资源组合运用方式，改变过去以不变应万变、一套战法打天下的不足，大幅提升体系作战效能。一是时段制宜，是指根据导弹作战体系作战时段（如白天、正午、下午、傍晚、夜间），对导弹作战规则进行变通和改进的方法。例如，对于采用电视、视频等制导方式制导的精确制导炸弹，主要从顺光线方向对目标发动进攻。二是季节制宜，是指根据导弹作战体系作战时所在的季节设计作战规则的方法。三是阶段制宜，是指根据导弹作战体系服役年限和所处的全寿命周期的阶段，对体系作战规则进行改进，使其效能更高的方法。例如，对于刚服役的装备，若采取了更多新技术，则在某些更需要关注打击可靠性的场合，尽量减少运用包含新技术的作战样式。对于服役后期正在逐渐退役的导弹作战装备，从成本考虑，应尽量多运用。

因事制宜。根据体系要执行的具体作战任务，如保卫要点、保卫要地、保卫区域、保卫机动目标等，增删、优化、调整甚至颠覆体系既有的、通用的规则，弱化次要矛盾，将体系资源更集中用在主要矛盾的主要方面，使体系更好地适应任务需求，牵引新质作战能力的生成。一是聚焦任务，是指针对导弹作战体系所需完成的具体任务对导弹作战规则进行改进；二是聚焦目标，是指从要打击的目标出发，改变固有通用导弹体系作战规则，如美国“爱国者”PAC-3导弹在反飞机和反TBM时采用不同作战流程；三是聚焦特征，是指从要打击的作战目标特点和特征出发，提出打击策略，重新构建规则。

因形制宜。利用体系复杂性，聚焦于导弹作战体系的规则合理性，以实战能力生成为目标，通过仿真推演、实战推演等方式深入挖掘体系运行的潜规则，找到体系背后看不见的手，支撑体系涌现新质能力特征。一是数据挖掘法，是指通过对体系历次作战、训练、演习的数据的挖掘分析，拓展导弹作战体系的能力边界；二是智能涌现法，是指利用复杂系统特征，采用体系赋能思想，实现导弹作战体系新质能力涌现。

第五节　重新定义体系弹性

体系弹性是指体系节点出现故障、遭遇敌打击出现战损或遭遇强对抗、强干扰等情况下，保持其基本作战效能的能力。重新定义导弹作战体系弹性是指通过改变导弹作战体系的组成架构、运行方式等，实现导弹作战体系在作战运用灵活性、作战对抗的生存性等方面的提升，进而提升导弹作战体系适应战场变化、保持作战长久可靠的能力。重新定义体系弹性主要包括冗余备份法、节点弹性法和架构预置法等方法。

一、冗余备份法

（一）概念与内涵

冗余备份法是指在导弹作战体系中，以并联的方式设置两套或两套以上相同的关键子系统、子节点或子要素，从而使得体系可靠性和弹性大幅提升的一种创新方法。将导弹作战体系的关键子系统、装备冗余配置，体系总体失能概率将随冗余配置系统数量增加呈指数下降趋势，在体系出现故障或战损时，作战体系能力会有一定程度下降，但不丧失作战能力。冗余备份法通过增强、提升体系的易损部位，在保持既有的树状体系架构不变的情况下，能在一定程度上增强体系易损特性。冗余备份法是当前导弹树状作战体系提升弹性的最有效、最常用和最便捷的手段。如导弹体系通过配属多辆发射车实现打击能力的冗余备份，通过配属多台雷达实现探测制导能力的冗余备份。

（二）目的与意义

提升导弹作战体系抗毁能力。由于关键部件存在冗余，且薄弱部分进行了备份，各关键部件、核心系统同时摧毁或损坏的概率大幅下降，因此大幅提升了体系抗毁能力，特别是实现部分损毁时作战能力不变或下降有限，支撑作战的长久有效。

提升导弹作战体系作战灵活性。体系子系统在数量、功能以及类型上增加配属，在体系核心节点等没有被摧毁的情况下，冗余配置的资源还可提升导弹作战体系作战实施的选择性，使得作战体系可根据战场的变化灵活选择最优作战方案。

降低导弹作战体系升级的难度。冗余备份法完全采用已有系统进行增配，也不涉及对作战体系架构及运行机理的颠覆，是实现导弹作战体系弹性提升的最终直接方式，能够显著降低体系升级难度，虽然看起来会在一定程度上增加成本，但考虑到其他提升方式涉及的新模块、架构、方式所带来的开发、调试、测试、人员培训、操作运用等一系列问题，因此综合考虑该方法在成本上也有一定优势。

（三）思路与方法

节点冗余。节点冗余指对导弹作战体系中关键节点备份实现体系冗余，提升体系弹性的方法。一是信息冗余，是指对体系中起到关键核心作用的节点冗余备份，提升体系弹性的方法。例如，通过增加地基雷达数量、预警机数量、天基预警卫星数量等方式增加信息节点数量，将信息节点组建成网，提升体系弹性。二是火力冗余，是指通过将发射车、火力打击设备等冗余配置，防止单车被毁，体系崩塌局面出现。三是通信冗余，是指对体系中主要通信、指控节点进行热备份，以便在出现战损等状况时，尽快形成备份能力，提升体系弹性的方法。

链路冗余。链路冗余指对导弹作战体系重要信息链路、指挥链路、通信链路、杀伤链路等进行备份冗余，防止体系在被敌打击或干扰的情况下，节点无法相互通信的局面。例如，美军提出的“马赛克战”理念就是通过构建杀伤网，提升杀伤链路冗余度，进而实现其攻防一体打击体系弹性大幅提升。

附加防护。附加防护指对导弹作战体系中的易损、易毁、易被攻击或出现故障后对总体效能影响较大的节点，采用加装防入侵设备设施、选配防御性武器等措施增强其自主防御能力，从而使得导弹作战体系在实战环境中遭遇打击时，仍能保持正常工作。

二、节点弹性法

（一）概念与内涵

节点弹性法是指通过体系优化设计，采用更先进的技术、选配性能更先进的系统、选用指标更高的元器件或模块等方式，增强体系刚度、强度和韧性，增加体系杨氏模量，尽最大可能减少复杂对抗场景对体系作战效能的影响，进而增加体系弹性的一种创新方法。节点弹性法是提升体系弹性的最根本方法，也是运用其他途径提升体系韧性的基础和牵引技术进步的重要手段。

（二）目的与意义

提升单装性能。自身增强法主要通过改进单个节点性能和提升单一节点指标等方式，牵引整个导弹作战体系的弹性增强。相对于其他几种提升体系弹性的方法，自身增强法更直接，能够实现体系各节点性能的齐头并进，显著增强单装性能。

推动技术进步。技术攻关是实现体系内力增强和单装性能提升的根本手段，在传统技术遭遇瓶颈或进展不大的情况下，自身增强法为提升单装性能进而提升体系弹性，必须改进或颠覆传统技术，突破固有技术局限，挖掘技术潜能、人的创造力和主观能动性。

增强体系潜能。自身增强法显著提升了体系各个节点能力，后续采用了冗余备份、预置柔性、相对增强、自主弹性等方法后，单个节点能力提升带来的效益还可能进一步提升，因此自身增强法实际上也同时提升了体系本身的弹性潜力。

应对极端战场。体系化、智能化将成为未来战场的主要特征，在智能化战争时代，攻防双方都有同时运用上千甚至上万节点的能力。随着蜂群式无人机等低成本平台的出现，在交战的某一瞬间，导弹作战体系极易遭遇海量目标全向来袭、全频阻塞式干扰、TB 级数据同时交互等极端战场环境。相对增强法能够集中优势体系资源，在必要时凝聚形成合力，因此能够提升体系应对极端战场环境的能力。

应对突发状况。未来战场博弈对抗特征明显，攻防双方都无法确保自己的节点不在交战中出现战损或故障等情况，在某些极特殊的情况下，一些关键节点的受损或降级，甚至会使攻防双方优劣势出现倒转，从而颠覆战争胜负手。

相对增强法具备在短时间内显著增强某一体系指标的能力，因此在出现这种突发情况下，更具备妥善应对能力。

降低体系成本。相对增强法为体系提供了一种应急调节机制，因此使得导弹作战体系在设计时，不必为了应对某些低概率事件或极端情况，去选配一些高价值、高性能但也会显著增加成本的节点，能够显著提升体系技术成控度，降低体系研发成本和代价，在作战过程中还能提升作战效费比。

（三）思路与方法

资源云化。资源云化指通过资源虚拟化和数字化，利用数字资源易重建、易转移、易更改等特征，提升体系弹性的方法。一是虚拟化，是指构建实装的虚拟样机或数字孪生，在虚拟空间通过数字方式实现部分实装功能，提升体系弹性；二是共享化，是指将云化的资源协同共享，改变传统资源只能被某一节点或某几个节点调用，提升体系弹性的方法；三是动态化，是指打破传统固定式资源调度方式，按需灵活调度作战资源，提升体系弹性的方法。

单点强化。单点强化指通过改进体系节点性能的方式，提升体系弹性的方法。一是硬件提升，是指通过改进体系硬件实体的方式，实现能力提升。以防空体系为例，主要包括选用大功率雷达、更大的战斗部、更高性能的发动机、运算能力更强的计算机、带宽大的通信设备、火力密度更高的发射车等。二是软件提升，是指通过改进体系软件算法等方式，实现能力提升。如采用智能识别、智能抗干扰、智能波形设计等方式，提升雷达复杂场景下发现和识别弱小目标的能力；改进制导控制算法，缩短制导控制时间，采用更先进的流水线作业和软件系统，提升指控系统多任务并行能力；引入智能算法，提升指控自主决策、目标分配等能力。三是自卫防护，采用加装防入侵设备设施、选配防御性武器等方式，对体系节点增强防护，增强其自主防御能力，从而使得导弹作战体系在实战环境中遭遇打击时，仍能保持正常工作，增强体系弹性。

体系强化。体系强化指通过体系顶层设计手段，重新定义体系弹性的方法。一是节点弱化法，是指在分系统、模块、组件等层次，暂时牺牲或弱化节点某些能力，利用单个节点展现出的某种爆发力，在短时间内使该节点呈现出远超出既有指标所约束的能力。例如，雷达在应对某些高速突防目标时，可以暂时牺牲多目标能力，将全部作战功率资源、频率资源和时间资源用于对该强突防目标的探测和识别，从而使得体系打击链路闭环，提升体系弹性。二是中板叠加法，是指将多个处于中等水平的体系节点能力叠加，利用数量优势产生质量优势，达成“三个臭皮匠顶个诸葛亮”的效果。该方法的特点是体系短板节点能力不受影响，因此体系就能够具备某些保底能力。如在应对突现超饱和攻击目标时，可使用尽量多的中程防御武器拦截资源，但保持近程/末端防御武器拦截资源不变，确保体系拥有最后一道防线。三是短板弥补法，是指进一步压缩某些不必要的短板节点能力，利用这些短板节点的全部或大部分资源，弥补某一急需的长板能力，达到显著增强体系某一指标的目的。由于相对增强法主要目的是应对突发和极端情况，而极端情况本身很少出现，且持续时间不长，因此针对某些特定的场合，在极短时间内，体系某一方面能力大幅减少甚至失效也是可以接受的。

三、架构预置法

（一）概念与内涵

架构预置法是指从导弹作战体系的架构入手，以分布式理念为指导，在体系设计之初，就考虑改变传统刚性固定体系架构，以云化、动态重组等方式，构建柔性体系，进而提升导弹作战体系弹性的一种创新方法。预置柔性法的核心在于通过体系组织的架构、运行的架构、运用的规则等方面的创新，加之作战智能化运用，实现体系的按需重组、依势重组等，从而彻底消除因局部受损而导致的作战体系失效的可能。架构预置法是更为基础的导弹体系弹性提升方法，是从体系运行的本质出发实现的更为超前、先进和复杂的体系架构创新方法，是面向未来的导弹作战体系创新方法。美军提出的“马赛克战”“云作战”等概念就是典型的架构预置法重新定义体系弹性的典型案例。

（二）目的与意义

显著提升体系灵活性。柔性架构打破了传统刚性固定式体系架构，使得体系各作战资源可以根据战场态势动态重组，能够组合出更多的任务连接关系、信息连接关系、指挥层级关系、数据传递关系，因此可应对更多类型的目标、更多类型的作战样式和更复杂的作战场景，提升高对抗战场环境下体系的作战效能。

适应智能化作战形态。分布式协同是未来智能化战争的主要样式，预置柔性法为分布式协同提供了架构基础。柔性架构所牵引的智能化组织、体系架构重组等先进理念，也是适应未来智能化作战对导弹作战体系的要求，在高弹性作战、高强度作战、高灵活作战等方面具有极大的潜力。

适应强博弈对抗需求。预置柔性法为导弹作战体系提供了一种柔性结构，在体系个别节点出现战损等情况时，其他节点替代该节点的功能，从硬件上和机制上提供了架构保障，因此能显著提升强博弈对抗环境和高烈度作战环境下作战体系的抗毁能力，实现对战场局势变化、装备完好情况以及强对抗条件的有效适应，使得导弹作战体系满足未来战场的能力需求。

打破有中心组织架构，实现扁平化指挥。自主弹性法以体系的弹性为基础，是一种自下向上的方法，它为导弹作战体系的发展提供了一种可行思路，可打破既往体系的树状架构限制，实现形态上分散、作战运用灵活的导弹作战体系形态和扁平化指挥结构，能极大程度地提升体系抗毁性。

颠覆预置组织方式，实现资源灵活运用。自主弹性法使体系具有多装备协同作战的形态，可实现单型作战装备能力的充分挖掘和体系作战能力的有效扩展，灵活多样的作战运用方案实现了导弹作战体系运用的创新。

扩展装备作战能力，实现能力跃升。自主弹性法可以按需配置作战资源，因此使得接入的作战装备的能力更加聚焦作战任务，同时完成任务的附加代价更小，使得任务功能更加简化，成本更加低廉，依靠大量通用、高可靠且具备即插即用功能的作战要素联合作战，将降低导弹作战体系构建与恢复的难度，实现体系弹性增强。

（三）思路与方法

柔性预置。柔性预置指从导弹作战体系的架构入手，以分布式理念为指导，在体系设计之初，就考虑改变传统刚性固定体系架构，以云化、动态重组等方式，构建柔性体系，进而提升导弹作战体系弹性的一种创新方法。一是动态互联法，是指将传统各类型作战要素，如信息、火力、频率等资源灵活组合，依靠不断地拼接、合作和调度，实现导弹作战体系弹性的提升和作战能力的扩展。二是软件驱动法，是指利用智能算法，通过对态势的学习和预判，利用软件驱动体系各节点最优互联关系生成，按需给各节点分配和下发信息，实现节点动态接入和退出，为各节点提供制导、指挥等信息，灵活调度下辖的各类装备进行定制化作战。

形态预置。形态预置指通过打破既有固定、单一的导弹作战体系组织形态，以作战体系内要素在物理空间的分散部署、作战实施时的协同作战应用实现导弹作战体系弹性提升的一种创新方法。一是云化支撑法，是指将导弹作战体系内部的各类探测信息、制导信息、目标信息等以云化的形态进行管理、调度和分发，在节点层面预置去除中心的形态，构建协同制导场、协同信息场，依靠云化的作战资源灵活调度打击武器实现导弹作战；二是网络部署法，是指在网络化信息流架构和组织层面，预置导弹作战体系形态，实现分布式协同应用的网络化分散部署。美军的 IBCS 系统就是典型的基于网络部署法实现作战体系弹性提升的案例。

链路预置。链路预置指改变传统作战实施时单链串行的作战组织方式，以多链并行的形态实现体系内作战实施的分布完成，有效减少因节点意外受损导致的作战实施链路无法有效运行的局面，提升导弹作战体系弹性。其具体可通过节点通用方法实现，即以标准化、通用化等技术，提升作战装备的可互换性，实现导弹作战体系大量同类节点在作战功能上的有效备份以及不同类节点在作战使用上的有效互补，实现高效的分布式协同作战应用。

第六节　重新定义体系融合

导弹体系融合是指体系建设与运用中的军与民的一体化、融合化，包括感知融合、指控融合、保障融合、基础融合。重新定义体系融合是指为了更大限度地降低导弹作战体系设计开发与建设运用的资源需求，通过军民融合方法，实现感知资源、指挥控制与通信资源、综合保障资源和基础设施、技术等资源的军民一体化运用，从而提升导弹作战体系建设效益。重新定义体系融合可分为感知融合法、指控融合法、保障融合法、基础融合法四种。

一、感知融合法

（一）概念与内涵

感知融合法是指通过充分利用民用侦察感知系统的建设成果，并将其获取的感知信息和数据与军用侦察感知系统进行融合，从而提升导弹作战体系侦察感知的覆盖范围和能力。如利用民用卫星实现对空天目标的感知，支撑空间大数据构建，提升导弹作战体系的天基目标感知能力。

（二）目的与意义

丰富体系信息感知数量。民用信息感知系统相对于军用感知传感器有着明显的数量优势，这是因为民用传感器从设计之初就考虑其推广应用、商业运营等因素，因此单个传感器价格不高。通过融入民用感知系统，如警用摄像头、交通摄像头、各单位安保监控感知传感器，可以极大丰富体系信息感知数量。

丰富体系信息感知类型。通过重新定义导弹作战体系感知融合，可以将民用大量侦察卫星信息融入导弹作战体系中，从而有效丰富体系信息感知手段，提高信息获取能力。传统的军用传感器主要包括雷达、红外、被动、视频等，而民用传感器则类型更丰富，如安保系统中，负责感知人员声音、温度、振动、质量的传感器。这些感知系统稍加改进即可实现军事应用，进一步通过感知融合，就能极大丰富体系信息感知类型。

提升感知体系冗余水平。通过重新定义导弹作战体系感知融合，可以推进军用侦察感知系统与民用侦察感知系统的协同运用，实现分布式协同感知态势，从而有效提升导弹作战体系的感知冗余水平和感知体系生存能力。

提升感知体系建设效益。通过重新定义导弹作战体系感知融合，可以降低对导弹作战体系侦察感知系统建设需求，降低侦察感知体系的建设成本，提升导弹作战体系的整体建设效益。

（三）思路与方法

民用侦察卫星融合。民用侦察卫星融合指通过融合民用侦察卫星信息，实现对陆海空天目标侦察监视数据的有效积累，同时借助民用卫星的掩护提升信息传输的安全。民用侦察卫星融合的手段主要包括利用民用侦察卫星、融入民用侦察卫星、假装民用侦察卫星等。

监控感知系统融合。监控感知系统融合指对主要城市和重要军事基地周边部署的各类警用监控摄像头进行简单改进，使其具备上视功能，形成对空侦察监视能力，然后与各类预警体系相融合，提升对各类空中、地面目标的综合感知能力。监控感知系统融合法可以充分发挥监控感知系统在覆盖范围、运行系统化等方面的优势。监控严密的军事基地通常也是敌打击的首要目标，依托监控感知融合法能更好地实现对目标的保护。

交通感知系统融合。交通感知系统融合指对高速公路、高速铁路、城市道路、国道等重要交通要道上布置的各类抓拍违章行为的镜头进行简单改进，使其具备上视功能，形成对空侦察监视能力，然后与各类预警体系相融合，提升对空中来袭目标的感知能力。重要的交通线路本身即是强敌打击目标，同时强敌各类依托地面景象匹配实现精确打击的武器，也需要通过交通线路等实现定标，因此交通感知系统融合能大幅提升对空中目标的感知范围和发现概率。

民航感知系统融合。民航感知系统融合指将部署在全国主要机场和分布在全国主要航线的各类民航飞机监控雷达甚至民航飞机本身与军用感知传感器信息相融合，实现对空中目标的感知。民航感知融合不需要对民用传感器进行改进，因为其本身就是用于监控空情的。此外，对历史上民航传感器积累的数据进行挖掘分析，还能提取民用飞机特征，从而提升融合后传感器体系的目标识别能力。

常规情报信息融合。常规情报信息融合指通过融合日常人员获取的海上、空中等情报信息以及发表在朋友圈、Facebook 等公开网络环境的照片、文字，采用大数据挖掘技术，提升态势感知整体水平。常规情报信息融合法可以显著扩展感知的维度、范围和精度。如 2013 年，在美国波士顿举行的一次马拉松比赛遭遇了恐怖袭击，袭击发生后，美国警方正是通过对观众发表在 Facebook 等社交网站上的马拉松比赛照片的挖掘，在极短时间内确定了犯罪嫌疑人和恐怖袭击所用的包裹，最终破获案件。

二、指控融合法

（一）概念与内涵

指控融合法是指通过充分利用民用网络通信资源，实现导弹作战体系指挥控制系统的冗余设计和高效传输能力，主要涉及卫星通信、地面通信、网络系统等，将其资源与军用系统进行融合，提升导弹作战体系的网络通信能力。如利用民用通信系统实现战时的大带宽传输需求，利用民用网络系统实现网络建设的冗余。

（二）目的与意义

提升传输带宽。提升传输带宽指通过重新定义导弹作战体系指控融合，将大量民用网络通信资源接入导弹作战体系中，丰富导弹作战体系中指控体系的传输手段，提高指控体系传输能力。例如，在战时将部分不涉及军事机密的信息直接利用或经过简单加密处理后利用民用光纤、民用无线通信带宽传递，丰富指控体系传输手段。

丰富传输链路。民用通信和指挥信息网具有数量上的优势，通过重新定义导弹作战体系指控融合，可以实现军用指挥控制系统与民用网络通信系统的协同运用，实现多层多路的指控体系网络通信架构，大幅增加两点间的路由选择，从而有效提升导弹作战体系的指控体系冗余水平、通信冗余水平和体系生存能力。

提升建设效益。提升建设效益指通过重新定义导弹作战体系指控融合，降低导弹作战体系指挥控制系统对网络通信资源的建设需求，通过降低指控体系的建设成本，提升导弹作战体系的整体建设效益。

增加窃听代价。专用军用通信网络上只传递军事信息，敌网电部队一旦侵入军事通信网络，则不需对信息属性进行甄别，直接采取技术手段解密或窃听即可获取有用信息。对于采用了指控融合的导弹作战体系，在民用线路上传递的军事信息通常与大量民用信息相耦合，仅从信号特征层面难以获取其语义信息，在信息未被解译前无法确定是否有价值，为实现对民用线路中军用价值情报的破译，敌必须增加解译人员或投入更多监控资源，提升其窃听代价。

（三）思路与方法

民用天基通信融合。民用天基通信融合指通过融合民用卫星通信系统，利用民用卫星通信系统在成本、性能、带宽和技术成熟度等方面的优势，提升导弹作战体系的通信冗余和大带宽传输能力。

民用无线通信融合。民用无线通信融合指通过融合民用地面通信系统，如遍布在全国的手机基站、分布在城市内的警用对讲通信系统、用于航空管制的无线通信系统等，利用民用地面通信系统网络繁杂、节点通信冗余度高、设施完善、带宽大、成本低等方面的优势，提高导弹作战体系的通信冗余和大带宽传输能力。例如，利用民用5G通信基站实现无人机的节点通信。

民用网络通信融合。民用网络通信融合指通过融合民用光纤、以太网、有线电话网、有线电视网等网络资源，发挥民用光纤网络资源易得、易用、难截获等优势，实现军用民用网络信息融合，提升导弹作战体系网络通信传输的安全性、可靠性。

三、保障融合法

（一）概念与内涵

保障融合法是指通过充分利用民用保障资源，实现导弹作战体系保障体系的能力冗余和有效，主要涉及交通资源、运输资源、物资等，将相关资源与导弹作战体系保障系统进行融合，提升导弹作战体系的综合保障能力。如利用民用铁路、公路等交通资源，可以有效提高运输效率。

（二）目的与意义

提升打击门槛。民用维修维护等设施通常位于其他民用建筑附近，如居民区、商业区周边，因为这些设备设施设计的主要目的是为民服务而非为军服务。通过保障融合，一方面可以使得保障作业更隐蔽，另一方面还能提升敌打击门槛，因为这些目标本身是民用的，在没有确切证据或舆论优势的情况下，贸然打击会引起国际谴责。

丰富体系保障手段。将大量民用交通资源、运输资源、物资等融入导弹作战体系中，可以有效丰富导弹作战体系中保障手段，提高保障能力与水平。例如，将部分对军用车辆的日常维护交由4S店进行，既可减轻部队保障压力，又能丰富保障手段。

提升保障建设效益。通过重新定义导弹作战体系保障融合，可以降低导弹作战体系综合保障系统对运输资源、交通资源等的建设需求，从而降低综合保障体系的建设成本，提升导弹作战体系的整体建设效益。

（三）思路与方法

交通保障融合。交通保障融合指融合民用公路、水路、铁路等交通资源，丰富导弹作战体系的交通保障手段。其主要融合手段包括民用交通适应性改造、民用交通设施征用、民用交通外形掩护等。交通适应性改进具体包括道路拓宽、桥梁加固等；民用交通外形掩护包括集装箱伪装等；也可直接让作战人员利用民用设备设施实现大范围转移，如通过高铁等手段在短期内大量向其他地区输送兵力。

物流保障融合。物流保障融合指利用各类物流资源，融合民用汽车、飞机、船舶等运输资源，实现对军用设备设施的传输传递，提升导弹作战体系运送保障能力水平。其主要融合手段包括战时征用、军事化改造等。例如，将快递电瓶车改造，使其能够运送备用器件、元件，减轻保障中物资运输压力。

能源保障融合。能源保障融合指融合民用电力、石油等物资资源，提升导弹作战体系建设运用过程中的物资保障水平。其主要融合手段包括就近调用、现场调用以及综合调用等。战时，重要的发电站、炼油厂、油库等必然是敌打击重点，因此导弹作战体系只能依靠而不能依赖能源保障融合。

四、基础融合法

（一）概念与内涵

基础融合法是指通过引入民用科研机构的研发力量、民用新兴技术基础和生产条件建设等基础能力，支撑实现导弹作战体系在成本、生产效率、作战能力的重新塑造。如民用技术应用于导弹作战体系设计研发中，以及民用生产设施服务于导弹作战体系生产等。

（二）目的与意义

增强导弹作战体系研发能力。通过重新定义导弹作战体系基础融合，将民用科研机构的研发力量有效融入导弹作战体系的研发过程，增强导弹作战体系的研发能力。例如，通过引入民用电子地图企业的导航算法，就能显著提升军用设备设施路径规划能力。

提高导弹作战体系技术水平。通过重新定义导弹作战体系基础融合，将民用先进、新兴的科学技术融入导弹作战体系的设计研发之中，从而提高导弹作战体系设计研发的技术水平。例如，通过引入民用网络购物系统资源管控手段，就能提升导弹作战体系信息、火力、资源匹配水平。

提高导弹作战体系生产效率。通过重新定义导弹作战体系基础融合，利用民用生产追求周期短、效益高的特点，将民用生产实施、基础条件等融入导弹作战体系的生产建设之中，从而提高导弹作战体系的生产建设效率。

提升导弹作战体系建设效益。通过重新定义导弹作战体系基础融合，融入民用研发机构科研力量、先进技术、生产设施等，可降低导弹作战体系对相关基础条件的依赖需求，显著提升导弹作战体系的整体建设效益。

（三）思路与方法

研发基础融合。研发基础融合指融合民用科研机构的研发力量、研发资源，发挥民用科研机构在研究方向选择的灵活性、研究激励的时效性等方面的优势，加速导弹作战体系设计研发效率，提升研发水平和能力。

技术基础融合。技术基础融合指融合民用科学技术，将大量的已成熟且经过市场检验的新技术、新方法和新手段引入武器系统设计、研发、制造和运用中，提升导弹作战体系设计研发的技术水平和能力。

生产基础融合。生产基础融合指融合民用生产基础设施和条件，在适应性改进的基础上，满足导弹作战体系所必需的各类装备要素的生产需要，提升导弹作战体系的生产制造能力。

第七章
重新定义导弹流程

重新定义导弹流程是指重新定义导弹从研制到最后走向战场的全过程。在导弹装备的实际使用中，研制周期、生产成本、作战反应、保障维护等装备性能最为部队关心，通过重新定义导弹装备各个阶段的流程，突破现有的流程框架，提升这些部队最为关心的装备性能。重新定义导弹流程包括重新定义导弹研制流程、重新定义导弹使用流程和重新定义导弹保障流程。

第一节　重新定义导弹研制流程

重新定义导弹研制流程的根本目的是通过流程的创新，更新当前研制流程中一些不再适应新形势下导弹武器研制、拖累导弹武器研制效率的管理机制，进一步提高导弹武器的研制速度，以适应当下多需求、快节奏、激烈竞争的武器装备研制现状。重新定义导弹研制流程包括重新定义设计流程、重新定义验证流程和重新定义生产流程。

一、重新定义设计流程

（一）概念与内涵

导弹设计流程包括从最初方案论证阶段到最后设计定型的全过程。当前，导弹的设计流程一般包括模样、初样、试样、定型四个阶段，模样阶段通常通过地面试验或简单的飞行试验，确定导弹的设计方案；初样阶段需要完成导弹及弹上设备的详细设计，并通过飞行试验，初步验证导弹全系统的飞行性能和精度性能；试样阶段也叫正样阶段，通过初样阶段的设计结果和验证情况，对导弹的设计进行进一步的改进优化，并通过飞行试验，验证导弹的毁伤效果；定型阶段按照试样阶段的试验结果，对导弹的设计进行最后的确定，并通过飞行试验，全面验证导弹的战技指标。可以看出，目前导弹的设计流程存在三次设计优化改进的机会，四个阶段通常是一个串行的过程，并且在每个阶段内部，设计的确定都有严格的输入/输出关系约束，也是一个串行过程，过多的串行过程通常会导致设计周期增长，设计链条脆弱，设计过程中任何一个环节出现问题，都会导致周期问题和质量问题。

（二）目的与意义

缩短研制周期。通过重新定义设计流程，将原本串行的设计流程在部分环节并行处理，简化设计接口的传递时间，缩短导弹方案的迭代周期。

提高产品质量。通过重新定义设计流程，将原本单线开展设计工作变为多线工作，互为备份和参考，提高产品的设计质量，最大程度上避免由于设计人员认识不足或低端失误造成的产品质量问题。

（三）思路与方法

基于目标的设计方法。基于目标的设计过程中总体与分系统的关系是交互结构，是一种自下而上的设计方法。例如，根据杀伤目标的类型，首先由总体单位分析得到目标的易损特性，找准目标的“七寸”所在，并根据目标的易损特性，给出相应的毁伤途径。然后，由战斗部的承制单位根据目标的易损特性和毁伤途径确定战斗部的尺寸、重量，并根据毁伤途径进行原理性的毁伤试验。战斗部承制单位将战斗部的设计结果范围提交总体单位后，总体单位根据战斗部的尺寸、重量、杀伤半径，进一步确定导弹的总体方案、制导控制方案和制导精度指标等。由此可见，在基于目标的设计中，是一个总体与战斗部厂家不断迭代的过程。

IPT 团队工作模式的方法。IPT 团队的工作模式本质上是一种面向产品的工作模式，而不是面向过程的工作模式，IPT（integrated produce team）意为集成产品协同组，是为向外部或内部的用户交付一种产品的特定目的而建立的多功能团队，是由少量能力互补的人员组成的小组，所有成员被委托以共同的目的、行为目标和工作方法，并相互负责。这样的工作模式与以往以专业分工、输入/输出接口为核心的传统设计流程大不相同，可以大大简化由于接口制定、接口描述、接口传递带来的工作，提升导弹的设计效率。

竞争设计模式的方法。竞争设计模式为在设计阶段，组建两个团队针对同一产品目标进行背靠背竞争设计，在产品满足指标的基础上，性能更优、用时更短的一方将成为优胜方。美国 F－22 隐身飞机就是洛克希德·马丁与诺斯罗普·格鲁曼两家公司竞争的产物。一些互联网企业为了推动产品尽快上线，在企业内部也开展两个团队竞争研发的模式，微信就是企业内部竞争研发的产物。当然，对于导弹类产品，完全开展两条线的设计工作代价太大，但可以在部分设计环节，如结构设计、电气设计、制导控制等环节开展竞争设计，以缩短项目整体的设计周期。

互评设计模式方法。互评设计模式与竞争设计模式类似，也是需要组建两个不同的设计团队，不同的是这两个设计团队并不采取背靠背的工作模式，而是采取互评方案的工作模式，彼此对对方方案查找问题，提出建议，最终两个团队的设计方案趋同。这种设计模式可以避免个别设计人员由于认识不足等问题，为产品埋下质量隐患，提早暴露技术问题，提高产品质量。

并行设计流程方法。并行设计的核心是把长周期的串行变成短周期的串行。并行设计流程是指打破当前这种模样—初样—试样—定型的串行设计流程，通过技术评估，将其中某些设计环节并行开展。例如，在初样阶段，通过技术评估，如果认为导弹发动机的技术状态在试样阶段也不会再发生变化，则可以将发动机试样阶段的产品在初样阶段提前投产，以减少多次投产造成的产品成本升高；一般情况下，导弹的引战系统在试样阶段才会参加飞行试验，但在实际的设计过程中，可能会出现引战系统在初样阶段就具备参加飞行试验的条件，则可以体现在初样阶段的飞行试验进行搭载，提前验证；对于某些基本型系列化的导弹产品，由于导弹的初始技术成熟度较高，甚至可以跳过模样阶段乃至跳过初样阶段，直接进入下一阶段的研制，从而达到缩短流程的目的。

扁平化的设计流程方法。扁平化的设计流程就是指打破当前面向过程、层层过关式的设计流程，通过合理组建团队、分配职责，实现扁平化快响应的设计流程。美国“臭鼬工厂”的设计流程就是一种典型的扁平化设计流程，臭鼬管理法的核心特点，是建立一个高度自治的研发团队，由项目经理全权负责所有问题，完全实现小团队、扁平化管理，并让客户提前参与到项目沟通中。

二、重新定义验证流程

（一）概念与内涵

导弹验证流程包括数字仿真验证、半实物仿真验证、地面力热试验验证、飞行试验验证等。数字仿真验证成本较低，主要验证导弹的飞控模型的正确性，是在实物完成研制前的一种早期验证手段。半实物仿真验证利用真实的导航装置、制舵机、导引头等，将导航装置、舵机、导引头等设备的真实输出代入导弹飞行动力方程，相比数字仿真，半实物仿真可以更加真实地体现产品的误差、动力学滞后对整个飞行过程的影响，得到的结果较为真实，其验证过程较数字仿真复杂。由于半实物仿真试验使用的产品可以重复使用，其成为一种成本较低的研制手段，也是当前地面评估导弹性能的一种主要手段。地面力热试验主要验证导弹的力热载荷性能，常见的包括风洞试验、静力试验、静热试验、力热联合试验等。有些地面试验对试验条件要求较高，有些对试验产品带有破坏性，一般仅挑选典型的状态进行试验实施，并利用典型状态下的试验结果修正模型。飞行试验是成本较高的验证试验，通常飞行试验的成败较为重要，是工业部门的一项重要考核指标，因此飞行试验通常无法考核到导弹的能力边界，也是试验难度最高的试验类别。传统意义上，以上四类验证手段通常是按数字仿真、半实物仿真和地面试验、飞行试验的顺序依次展开，通过重新定义验证流程，对以上四类验证手段进行细微调整，可以达到更全面、更充分的验证目的。

（二）目的与意义

验证内容更加全面。通过重新定义验证流程，将当前流程验证不到的一些方面，包括复杂战场环境下的作战性能、部队使用性能补充到导弹研制过程进行研制，提升验证的覆盖性。

验证实施更加科学。当前，过于看重飞行试验的成败，这本身存在一定的不科学性。飞行试验和地面试验一样，也是一种可靠研制性试验，而且导弹作为一种飞行器，很多性能只能通过飞行试验加以验证，可以通过合理设置试验科目，使飞行试验的设置和考核标准更加科学。

（三）思路与方法

他机试验方法。他机试验是指利用其他成熟平台，进行自身产品的验证试验。例如，验证新型战斗部技术，可以将战斗部搭载到其他导弹平台进行飞行试验，通过飞行试验验证新型战斗部的毁伤效果；或者验证新型的制导控制技术，可以利用现有成熟的导弹平台，进行闭合回路飞行试验，避免由于导弹平台技术不成熟造成验证试验的失败。

左移试验方法。左移试验是指尽可能早地开展验证试验。当前导弹验证流程中，系统级试验多较为靠后，系统级风险无法提前暴露，尤其以飞行试验为甚。飞行试验为系统级集成试验，目前的试验体系中，缺少在系统级集成飞行试验前，针对某些地面试验无法验证的关键技术进行关键技术验证的飞行试验。导弹作为飞行器，由于天地不一致的影响，部分性能指标只能通过飞行试验进行验证，而针对此类性能指标的飞行试验如果不能提前开展，则有可能将其带入最终的系统级飞行试验中，造成更大的损失。因此有必要在导弹验证流程中，增加单项的关键技术验证飞行试验。

右移试验方法。后移试验是指部分验证试验可以结合系统级试验推迟开展。当前导弹产品的筛选试验包括元器件级、组件级、单机产品级、导弹产品级，可以通过合理的试验设计，适当简化过早的元器件级、组件级试验，元器件、组件随产品一起进行验证试验，在控制试验风险的前提下，降低试验成本并缩短试验周期。

试错试验方法。试错试验是指针对某些理论计算无法评估，实际试验中可能出现失败的风险因素，进行有针对性的试错试验。例如，导弹舵面颤振问题在理论上的计算结果偏于保守，不易找出导弹颤振的临界条件。可以通过试错试验，人为制造颤振风险较高的临界条件，验证导弹飞行过程中是否真的会出现舵面颤振现象，为未来型号设计积累可信的边界数据。

实战试验方法。近年来，武器装备越来越注重实战环境下的作战能力。实战环境包括自然环境、对抗环境等。在飞行试验的设置上，可以将实战环境下的验证作为一个考核条目，例如，在雨雪、大风等天气环境下开展飞行试验，在强电磁对抗环境下开展飞行试验等。通过实战环境下的验证，更加全面地验证导弹装备性能。美国在阿富汗战争中，“全球鹰”工程样机直接参与实战验证，接近实战条件，验证装备的性能。

部队使用验证方法。传统导弹的试验验证缺少一线部队的使用验证，而“好用”“实用”“管用”也是装备的一项重要指标。部队使用验证可以是飞行试验验证，即由一线部队操作装备完成战术任务，也可以是日常的勤务操作。通过部队使用验证，将使用体验结果及时反馈给工业部门，在最终的产品定型前，进一步优化产品设计，使装备真正做到“好用”“实用”“管用”。

三、重新定义生产流程

（一）概念与内涵

导弹生产流程也就是导弹的生产工艺，导弹工艺性设计结果是与企业实际能力相匹配的制造过程方案。工艺性设计过程中要考虑材料性能、元器件特性、毛坯成型方法、加工方法、生产批量、质量技术指标以及具体生产条件等诸多因素。不同的生产条件，不同的工艺过程，最终产品的质量、劳动生产率及成本也存在很大的差别。

（二）目的与意义

提高劳动生产率。一般来说，产品的工艺性主要取决于材料特性，降低产品工艺成本的基本方法就是提高劳动生产率。

降低产品成本。许多产品的毛坯费用要占产品价格的25%，降低毛坯费用的主要方法是尽可能使毛坯重量接近完工零件的重量。减小毛坯重量一是可以降低毛坯费用、节约原材料，二是毛坯外形接近零件外形也会减少机械加工量，从而降低工艺成本。

（三）思路与方法

生产线为中心的部组件并联自动化生产流程。自动化生产是指由自动化机器体系实现产品生产加工的一种组织形式。它是在连续流水线进一步发展的基础上形成的，其特点是加工对象自动地由一台机床传送到另一台机床，并由机床自动进行加工、装卸、检测等。所有的机器设备都按统一的节拍运转，生产过程是高度连续的。自动化生产将改变导弹的现有生产流程，一方面可以提高生产效率，另一方面也可减少人工装配带来的操作失误。

柔性生产流程。柔性生产是指主要依靠由高度柔性的以计算机数控机床为主的制造设备来实现多品种、小批量的生产方式。其优点是增强制造企业的灵活性和应变能力，缩短产品生产周期，提高设备利用率和员工劳动生产率，改善产品质量。将柔性生产应用于导弹的生产中，可以适应导弹技术的快速发展，将新型导弹的设计图纸快速转换成实物，快速提升部队的战斗力。

一体化生产方法。一体化生产是指研制生产一体化，以产品生产为主体的研发流程，打通生产线上的各个环节，企业的全体员工均对生产线上的某一生产环节负责。

整包式生产方法。总体单位将整个导弹产品分为几个彼此独立的部分，将每部分交给其一级供应商完成生产，总体单位仅负责最后的组装。例如，波音公司在波音 787 客机的生产制造过程中，将机翼、机身、环境控制系统、电气系统、冲压空气涡轮机等全部交由合作伙伴生产，波音公司自身只承担 787 项目 33% ~35% 的制造工作和最后总装。进入波音公司最后总装阶段的只有六大块主要构件，波音的机械师小组仅用 3 天时间就可完成这六大块构件的组装。

代生产方法。代生产是指总体单位不承担导弹的生产，全部生产工作均由代工厂完成，总体单位仅进行产品测试验收。这样的生产模式比较适合一些小型民营航天企业，具备设计能力，没有生产能力或火工品资质，可以联合有生产能力的总装厂进行代生产。

第二节　重新定义导弹使用流程

导弹作战流程创新的根本目的是进一步压缩 OODA 作战环的闭环时间，按“召之即来”“来之能战”“战之必胜”三个阶段，通过对作战流程的压缩、合并，利用一些创新的方法，缩短整个作战流程的时间。重新定义导弹使用流程主要包括重新定义环节、重新定义次序和重新定义样式。

一、重新定义环节

（一）概念与内涵

通过重新定义环境对导弹作战流程进行压缩，实现缩短导弹 OODA 环，提升导弹作战效率。在“召之即来”“来之能战”“战之必胜”基础上，实现“召之能战”和“召之必胜”。“召之能战”是指省略中间导弹运输环节，接到作战指令后马上可以投入战场，典型例子为“民兵－3”导弹，在发射井里战斗值班，一旦接到发射指令，可以即时发射，没有延迟时间。“召之必胜”在“召之能战”的基础上更近一步，是指省略导弹的飞行时间，实现即时打击，激光等定向能武器便是这种“召之必胜”的典型代表。

（二）目的与意义

重新定义环节，其主要意义在于：

有利于导弹快速接入战场。压缩“召之即来”环节的工作时间，提升导弹快速介入战场的能力。

有利于缩短作战准备时间。压缩每个运输环节的工作时间，可以缩短作战准备时间。

有利于导弹快速完成作战任务。压缩“战之必胜”环节的工作时间，提升导弹快速打击拦截的能力。

（三）思路与方法

从重新定义环节的不同途径出发，其包括层次削减法、优化兼并法、裁剪短路法、优化压缩法。

层次削减法。“召之即来”阶段，层次削减是通过压缩作战流程实现作战时间的缩短。传统导弹的作战过程是军—旅—营—单元四级作战层次，每一级都要经历一个OODA循环，造成作战时间的延迟。传统导弹在进行长途运输前需要进行装车，即把导弹从库房装填到运输车辆上，可以通过层次削减法，将导弹的储存与运输车辆一体设计，使导弹实现可以随时运输。“来之能战”阶段，传统导弹在经过长途运输后需要进行检测，判断长途运输对导弹性能的影响，通过层次削减法，将导弹的运输与射前测试一体设计，使导弹实现到达战场后具备即刻作战能力。“战之必胜”阶段，主要包括越级指挥、网络化指挥、扁平化指挥等。例如，美国地地导弹是典型的层次削减模式，在紧急情况下，地地导弹的发射可直接由总统执行发射指令，减少中间环节，压缩决策时间。同样，防空反导作战对时间要求严苛，可由上级指挥员直接下达导弹发射指令，减少中间环节。

优化兼并法。“召之即来”阶段，优化兼并是指对原有作战流程的每一个环节进行优化和缩时，将原有的串联流程改变为并联流程或串并联流程，从而压缩作战流程的时间。“来之能战”阶段，一个典型例子就是在导弹运输过程中，利用运输车辆同时对导弹进行间断性自动检测，节省运输到达后的检测时间。“战之必胜”阶段，一个典型例子就是美国“民兵－3”导弹可以利用预警信息发射，在导弹飞行过程中再对打击位置进行实时装订，缩短弹道导弹的作战时间。与之类似，防空导弹作战，可将制导雷达发现目标与导弹发射环节实现兼并，缩短系统的作战反应时间。

裁剪短路法。“召之即来”阶段，裁剪短路法是导弹从储存到值班过程中的部分环节进行裁剪跳跃，去除部分不必要环节，使装备实现“即召即来”。典型例子是导弹在运输前不对其进行再次检测，利用其自身的可靠性设计实现导弹在接到命令后立即具备运输条件。另外，美国提出“海德拉”预置武器是裁剪短路法的典型代表。通过导弹预置，裁剪掉了导弹转运的环节，大大提升了武器打击的突然性。“来之能战”阶段，裁剪短路典型做法是导弹在发射前不对其进行再次检测，利用其自身的可靠性设计实现导弹的作战使命。

优化压缩法。“召之即来”阶段，提高运输车辆的行驶速度。当前，装备车辆的行驶速度与民用卡车基本相同，可针对武器装备进行专门的设计，提升车辆性能，同时引入辅助驾驶技术，提升装备车辆的行驶速度。“来之能战”阶段，美国提出的“即插即打”概念是优化压缩的一个典型案例，通过压缩各个测试、校准等环节的准备时间，实现装备即插即打。压缩导弹自检准备时间也是优化压缩的典型代表，传统导弹需要等待弹上设备完全启动后完成自检才能发射，可以考虑在导弹发射前先进行初步自检，在导弹飞行过程中，完成弹上设备的启动。“战之必胜”阶段，一个典型例子是俄罗斯的A235导弹。A235导弹从发射视频上看，具有较高的发射速度，大大缩短其反导拦截时间。

二、重新定义次序

（一）概念与内涵

重新定义次序是对导弹“召之即来”阶段、“来之能战”阶段、“战之必胜”阶段中的各个环节进行重新排布，降低每个环节衔接时间，使装备实现即召即来、即来即战、即战即胜。重新定义次序的出发点在于不省略中间环节，同时保证每个环节的工作时间，只对环节顺序进行调整。

（二）目的与意义

重新定义次序出发点在于对导弹测试、转运等环节进行优化排列，其主要意义在于：

有利于导弹快速作战准备。通过重新定义次序，优化“来之能战”环节的工作顺序，提升导弹快速作战准备的能力。

有利于减少作战反应时间。通过重新定义次序，重组作战环节的工作时间，可以减少作战反应时间。

有利于提升快速打击。通过重新定义次序，优化“战之能胜”环节的工作顺序，提升导弹快速打击拦截的能力。

有利于减少作战持续时间。通过重新定义次序，优化每个作战环节的衔接时间，可以减少作战准备时间。

（三）思路与方法

从重新定义次序的不同途径出发，其包括顺序颠倒法、串并组合法和动态过程法。

顺序颠倒法。“召之即来”阶段的顺序颠倒法是保持从储存到值班过程中原有作战环节不变，但对其在作战过程的顺序进行调整，通过调整作战环节顺序，实现作战时间的缩短。“来之能战”阶段的顺序颠倒法是保持从介入战场到具备作战能力过程中的原有作战环节不变，但对其在作战过程的顺序进行调整，通过调整作战环节顺序，实现作战时间的缩短。“战之必胜”阶段的顺序颠倒法是保持从具备作战能力到完成作战任务过程中的原有作战环节不变，但对其在作战过程的顺序进行调整，通过调整作战环节顺序，实现作战时间的缩短。传统导弹的发射流程为探测—装订—发射，即先建立起目标信息，再进行装订参数，然后实施发射。炮射导弹的发射流程为发射—装订—探测，即先把导弹打出去，再利用炮口装订器进行参数装订，最后再给导弹发送目标信息，通过调整发送流程，大大节省作战准备时间。对炮射导弹发射流程进行拓展，即发射—探测—装订，先完成导弹发射，导弹按程控弹道飞行，利用地面探测设备或弹载探测设备探测到的目标信息进行威胁判别，再通过数据链进行参数的实时装订。

串并组合法：“召之即来”阶段的串并组合法是对导弹从储存到值班过程中的各个环节进行串并组合，缩短每个环节衔接时间，使装备实现“即召即来”。一个典型例子是在车辆行驶过程中，利用装备车辆电源，完成导弹自检。将原先串联环节并联完成，缩短准备时间。“来之能战”阶段的串并组合法是对导弹从介入战场到具备作战能力过程中的各个环节进行串并组合，降低每个环节衔接时间，使装备实现来之能战。一个典型例子是同步进行自检和参数装订。传统导弹自检和参数装订是个串联的过程，但实际上两者可以并联处理，以减少作战准备时间。“战之必胜”阶段的串并组合法是对导弹从具备作战能力到完成作战任务过程中的各个环节进行串并组合，降低每个环节的衔接时间。一个典型例子是调整导弹飞行和参数装订的顺序。传统导弹参数装订是在飞行过程之前完成的，两者为串联关系，通过串并组成，将参数装订在导弹飞行过程中完成，两者成为并联关系，从而减少作战准备时间。

动态过程法。“召之即来”阶段的动态过程法是将部分作战环节放到导弹的飞行过程中完成，因为导弹飞行过程在整个导弹作战流程中所占的时间相对较长，将部分流程环节放在飞行过程中，有利于时间的合理分配。在“召之即来”阶段，动态过程法的一个典型代表是导弹的异地发射，利用导弹的飞行能力承担地面机动的任务，包括动态调整任务、动态告知态势等。在“来之能战”阶段，动态过程法的一个典型代表是导弹动态装订诸元，动态赋予作战任务。在“战之必胜”阶段，传统导弹发射后，其作战指令已经固化，不可更改。利用动态过程法，在导弹击中目标以前，通过数据链，可以实时地将指挥命令发送给飞行的导弹，对作战指令进行更新优化。美国“战斧”巡航导弹就是动态过程法的典型代表，利用巡航导弹飞行时间长的特点，在导弹飞行过程中，有大量时间对导弹的作战任务进行更新。

三、重新定义样式

（一）概念与内涵

重新定义样式根据不同的目标信息来源，采用不同的制导飞行方式，从而实现导弹作战流程的优化。

（二）目的与意义

重新定义样式出发点在于根据导弹制导信息的来源，对导弹飞行过程进行优化，其主要意义在于：

有利于实现导弹快速接入战场。重新定义样式简化了导弹作战对制导信息的要求，提升导弹快速接入战场的能力。

有利于提升快速打击能力。重新定义样式缩短了导弹的作战准备时间，可提升导弹快速打击拦截的能力。

（三）思路与方法

从重新定义样式的不同途径出发，其包括指导式打击样式、势导式打击样式、领导式打击样式、分导式打击样式、自导式打击样式、嵌入式打击样式、自组织打击样式。

指导式打击样式。通过接收雷达信息的方法，实现指导式打击样式。指导式打击是指导弹可接收地面雷达给出的目标指示信息，当满足导弹发射拦截基本距离条件时，发射导弹进行拦截。

势导式打击样式。通过接收态势级信息的方法，实现势导式打击样式。势导式打击是指导弹可以利用外部态势级信息对导弹进行中制导，实现导弹的制导飞行。

领导式打击样式。通过弹间通信的方法，实现领导式打击样式。领导式打击是指依靠导弹自身弹载探测系统获取的目标信息，引导其他导弹，实现对目标的打击。

分导式打击样式。通过弹间通信的方法，实现分导式打击样式。分导式打击是指同时发射多枚导弹，在飞行过程中多枚导弹依靠弹间的数据传输，共享目标数据，完成作战任务。

自导式打击样式。通过提升弹载探测能力的方法，实现自导式打击样式。自导式打击是指导弹通过自身携带的大威力弹载探测装置，实现制导飞行，实现对目标的打击。

嵌入式打击样式。通过兼容性设计的方法，实现嵌入式打击样式。嵌入式打击样式是指新型导弹可以直接嵌入现有装备体系执行作战任务，新型武器装备具有良好的向下兼容性。

自组织打击样式。通过通用化设计的方法，实现自组织打击样式。自组织打击样式是指不同发射平台间、同一平台发射的不同导弹可以通过弹上数据链实时通信，实现自组织协同作战。

第三节　重新定义导弹保障流程

导弹保障流程是指导弹装备的技术保障和作战保障，以及技术和作战保障的平时保障和战时保障。重新定义导弹保障流程是指从持续保持导弹作战能力出发，通过技术和作战保障流程的优化和再造，以进一步简化保障要素、压缩保障流程，增强保障的针对性和有效性。重新定义导弹保障流程主要包括重新定义技术保障流程、作战保障流程和融合保障流程三个方面。

一、重新定义技术保障流程

（一）概念与内涵

导弹技术保障流程指的是导弹日常维护工作的操作次序。当前，导弹技术理论上已经可以达到免测试、免维护，基于此，导弹装备已经没有什么技术保障工作可言。但实际上，为了保证装备的可靠性，导弹装备也需要进行定期检测，上架值班前需要进行一次较为全面的测试检查，以保证值班导弹的工作状态良好。重新定义技术保障流程需要进一步对导弹从库房维护到出库上架全过程进行进一步优化，提升装备的实战性。

（二）目的与意义

简化操作流程。当前技术保障流程以保证装备可靠性为目标，而忽视了装备在部队的使用便捷性。通过重新定义技术保障流程，可以达到简化装备技术保障操作流程的目的。

提升技术保障的灵活性。当前技术保障流程为了保证装备的可靠性，对导弹装备的检测条件约束过于严格。实战情况通常会比设计工况复杂很多，需要根据战场情形，对技术保障流程进行灵活调整。

（三）思路与方法

技术保障按不同阶段，分为平时技术保障和战时技术保障。

平时技术保障流程。导弹平时技术保障应遵循以下原则：一是减免保障项目，通过提高武器装备自身的可靠性，依靠产品设计保障，减免一些平时保障项目；二是简化保障流程，对于部分必须定期检查检测的项目，需要制定简化的保障流程；三是依靠自我保障，利用装备自检测、健康在线诊断等方法，综合运用高新技术手段，实现装备自我保障。

战时技术保障流程。导弹战时技术保障应遵循以下原则：一是集中保障与分散保障相结合原则。在作战规模较小、作战区域不大和展开武器装备不多，而且装备较为集中的情况下，建立一个位置相对集中的装备保障中心，对各种武器进行集中保障；在作战区域较大、展开装备较多且作战单元部署相对分散的情况下，将各种机动保障力量分成若干小组，分散配置在各个区域，按区域提供保障。二是自主保障与支援保障相结合。导弹部队要充分发挥本级保障力量作用，同时要坚持“三军一体、军民融合”，把上级、友邻、地方的各种配属支援保障力量和本级保障有机结合，形成军民融合的保障体系，对部队实时支援保障。三是定点保障与机动保障相结合。在一个高度分散和广阔的战役地域内组织保障行动，既要在指定地点临时开设保障机构组织实施保障，还要筹组应急机动保障分队，采取多小组、多方向的方式，对主要作战方向重点装备实时快速机动技术保障。四是逐级保障与越级保障相结合。在各种保障体系健全的情况下，通常按方案、按建制逐级提供装备保障，在实施逐级保障的同时，更要有计划、有重点地实施上级对下级越级组织实施保障，为战斗行动提供持续、快捷、高效的装备保障。

二、重新定义作战保障流程

（一）概念与内涵

导弹作战保障流程指的是导弹作战保障操作的次序。当前，导弹作战保障流程基本上是基于先验知识的作战保障流程，在战前根据作战想定，按作战步骤完成流程的制定。这样的作战保障流程无法适应未来高动态战场的作战需求。未来战场要求作战保障流程可以实时生成、在线规划，作战保障流程不再是一成不变的，而是根据战场需要实时变化。

（二）目的与意义

提升战场保障速度。按事先制定的作战保障流程，一旦战场形势发生变化需要更改作战保障流程时，将层层上报，存在贻误战机的风险。通过重新定义作战保障流程，形成动态的作战保障流程，可以提升战场的保障速度。

提升作战灵活性和冗余度。作战保障通常包括目标、情报、气象、地理等各类信息，按传统的作战保障流程，以上作战保障要素需要全部到位后才可以执行作战任务。但实际上，各类作战保障要素可能会出现不全的情况，此时需要重新定义作战保障流程，先跳过缺失项，当信息获得后，再通过其他方式传递给导弹装备，提升作战的灵活性和冗余度。

（三）思路与方法

重新定义作战保障流程主要包括先行保障、实时保障、靠前保障、精准保障、全面保障、应变保障等。

先行保障。先行保障是预先有充分准备，迅速展开先期情报侦察行动，掌握敌方人员、装备以及作战手段、样式、特点和地区地形、气象水文、通信、交通等情况，有针对性地做好战前各种准备。

实时保障。实时保障是搭建分布合理、运转快捷的物流配送网络等手段，实现扁平化直达保障，提高保障速度，在正确的时间和正确的地点提供精确的保障。

靠前保障。靠前保障是按计划实时主动前送补给，以减少装备保障指挥、控制、通信和计算机系统的工作量，使前方指挥官能够摆脱装备保障的一些琐事。

精确保障。精确保障是依托强大的战场感知和信息系统，实时掌握战场保障信息，确保作战保障及时性、准确性和有效性。

全面保障。全面保障是在作战行动的全部持续时间里，适应不断变化的情况和作战需求，对整个战区所有部队维持作战保障的能力。

应变保障。应变保障是通过引入智能技术，提高保障系统的智能性和自主性，提升作战保障的效率。

三、重新定义融合保障流程

（一）概念与内涵

导弹融合保障流程指的是军民融合保障，包括两方面内涵。一是导弹装备的技术保障和作战保障应充分借助民用保障能力和设施，如技术保障可以利用汽车4S店对导弹进行简单的维修；作战保障可以利用民用卫星为导弹装备提供信息。二是借鉴民用产品售后保障的服务理念，提升导弹装备的保障水平，使导弹装备的保障工作更加系统化、规范化。

（二）目的与意义

保证战时保障资源。一旦发生战争，装备的保障需求极大，传统的军用保障资源可能会遭受敌方的攻击，造成保障资源的短缺。全民一致对外，是中华民族的优良传统，建设融合保障能力，利用民用资源进行对装备的保障，可在战时切实有效地达到装备快速保障的目的。

提升导弹装备保障水平。由于用户的特殊性，导弹装备大多存在重技术性能，轻售后保障的情况。通过借鉴民用装备的保障理念，吸收民用产品在用户维护等方面的优秀经验，将其应用到导弹装备的产品保障中，提升导弹装备的保障水平。

（三）思路与方法

重新定义融合保障流程主要包括军民融合的保障模式、军民融合的保障力量、军民融合的保障资源等。

军民融合的保障模式。建立军民融合的保障体系，从顶层制度法规的建立上，支持引领军民融合的保障模式。

军民融合的保障力量。军民融合的保障力量是指建立一种军民融合的队伍，对当前汽车 4S 店、电气维修厂的人员进行培训，以保障预备役的身份，在战时可承担一些简单的导弹维修维护工作，形成保障力量的人才储备。

军民融合的保障资源。一是设施资源，导弹装备是一型机械电气产品，对汽车 4S 店、电气维修厂的厂房进行适当的改造，使其可以具备导弹装备的保障能力；另外，民用卫星的探测能力和通信能力通过接口设计，也可用于导弹装备的战时保障。二是资本资源，由于保障资源具有一定的军民两用性，可以通过吸引市场资本投资建设军民共用的保障资源，共同制定产品保障标准，通过市场手段，提升我国装备保障能力。

第八章
重新定义导弹作战运用

导弹作战按照作战性质又可分为导弹进攻作战和导弹防御作战，主要任务有突击作战、支援作战、体系作战、威慑作战和防御作战等。不同的导弹作战具有不同的作战准则和制胜机理，这些作战准则和制胜机理既有共性又有特色。重新定义导弹作战运用就是根据导弹系统、导弹武器系统、导弹作战体系等形态的重构，以高效达成作战目的为目标而进行的导弹作战创新运用与发展，从而提升导弹作战能力的新方式。重新定义导弹作战运用仍然围绕夺取空间差、时间差、能量差的制胜机理开展研究。

本章研究提出的重新定义导弹作战运用，是从夺取作战运用“三差”的制胜机理出发，结合导弹系统形态、导弹武器系统形态、导弹作战体系形态的重构与创新，提出的新型导弹作战运用方式，是对传统导弹作战运用方式的创新与补充，主要包括分布协同作战运用、无人自主作战运用和云—端一体作战运用等新型作战运用方式方法。

第一节　分布协同作战运用

分布协同作战运用是指通过创建一个更加灵活和富有弹性的导弹作战体系，将传统导弹作战体系的作战资源要素，如侦察探测、指挥控制、火力打击等，分散部署、协同运用的一种新型作战运用方式。分布协同作战运用改变了现有侦察探测、指挥控制、软硬杀伤等装备要素的组织关系和运用模式，实现弹、站、架分散灵活部署，扩大火力运用与打击区域，能够以任务为导向，动态组织作战要素，实现作战体系的灵活组织与运用。分布协同作战运用主要通过夺取空间差、时间差和能量差等方式，实现未来新型导弹作战体系的能力跃升。

一、夺取空间差

分布协同作战运用夺取空间差是指将体系各要素分散部署，利用协同机制涌现出的新质能力增强导弹作战体系探测威力、探测精度、识别准确率、打击范围等性能，夺取绝对空间差，或压缩敌方导弹作战体系探测威力、探测精度、识别准确率、打击范围等性能，夺取相对空间差。

分布协同作战运用夺取空间差可以以作战资源集中的应用方式，形成作战运用相对或绝对的空间优势，实现与对手的相对远、相对高的导弹作战能力，支撑夺取先敌发现、先敌到达等体系对抗优势。

分布协同作战运用夺取空间差的思路与方法主要有：

静态协同布势。静态协同布势指将多个传感器、火力打击等节点部署到前沿或有利于夺取发现空间差、识别空间差、跟踪空间差和打击空间差的位置，利用信息协同、火力协同优势夺取空间差。一是前后协同，将部分传感器和火力打击等节点前置部署，通过与后方部署的节点协同，确保体系内的传感器都能在更近的距离上观察、探测和打击目标，从而夺取空间差的一种方法；二是角度协同，将传感器部署在以目标为中心的空间不同位置，从不同角度观察目标，实现对目标探测分辨率增强，减少对目标所在空间位置的不确定性，最终夺取空间差；三是相参协同，将分布部署的多部雷达在信号级进行相参合成，提升威力，进而增加对目标探测距离，创造出我能见敌、敌不能见我的态势；四是时间协同，多个和单个传感器在一段时间内探测目标形成的目标特征时间序列，提升夺取空间差能力。该方法利用这种周期变化能显著提升目标识别、跟踪精度，因此提升夺取空间差能力。

动态协同布势。动态协同布势指将多个传感器节点、火力打击等节点以动态的方式部署到目标周边，通过压缩敌方的反应距离，夺取空间差。一是机载平台动态协同，通过运用蜂群无人机、无源探测装置等具有一定隐蔽特征的传感器，抵达目标附近，通过围绕目标的运动对其详细侦察、定位、监测，提升探测精度，与后方大型预警雷达、预警机协同配合，提升探测广度，实现空间差夺取。二是天基平台动态协同，利用高、中、低轨道卫星的互补优势，一方面在中低轨道部署大量星座，利用空间优势换取分辨率优势。另一方面在中高轨道部署少量节点，面向具体侦察目标或区域，动态调整星座连接关系，实现星座间通信，进而形成对战场全维度高精度感知场。三是波段频率动态协同，利用不同波段传感器，发挥体系互补优势，通过不断动态调整探测波长频率等方式，实现对目标探测空间探测距离的增强，夺取空间差。

立体协同布势。立体协同布势指在陆海空天网等多个作战域，以资源分散部署、协同运用的立体布势，大幅提升导弹作战体系侦察探测、打击实施等范围与远界，夺取空间差。一是高低协同，利用高度优势，拓展探测器视距，进而增强对低空突防目标的发现距离；二是体制协同，综合利用红外、激光、高光谱等传感器，提升对目标的发现距离；三是硬软协同，通过改进传感器硬件实体或软件算法等方式，实现探测时间、空间分辨率的能力提升，或通过软硬杀伤手段在打击距离上的不同，提升打击的远界，夺取空间差。

二、夺取时间差

分布协同作战运用夺取时间差是指通过分布在战场的各个节点以协同打击、协同欺骗、协同干扰、协同阻断、协同挖掘等方式，构建我发现敌在前、敌发现我在后，我动作在前、敌动作在后，我到达在前、敌到达在后，我能量先到敌、敌能量后到我的时间差优势态势。

分布协同作战运用夺取时间差可缩短OODA作战环闭环时间的同时，迟滞对手信息获取能力、大幅阻碍敌行动实施能力、大幅延长敌状态转移时间，形成作战运用的时间优势，实现与对手的相对快、相对早的能力，支撑夺取先敌发现、先敌到达等体系对抗优势。

分布协同作战运用夺取时间差的思路与方法主要有：

协同硬杀伤。协同硬杀伤指以作战资源分散、火力高效整合的途径，实现火力与信息即时按需匹配，夺取绝对空间差，或通过破坏对手信息力、行动力，迟滞对手OODA闭环时间，夺取相对空间差。一是协同打击信息节点。通过导弹多域协同，打击敌方重要雷达、预警机、卫星等信息获取传感器，使得对方体系成为“瞎子”，夺取信息域感知的相对时间差。二是协同打击指控节点。通过导弹多域协同打击敌方指挥节点，造成敌方体系无法互联互通，OODA无法闭合，夺取相对时间差。三是协同毁瘫交通节点。通过攻击敌军行动的必经之路，大幅降低其行动力，进而拉长敌OODA闭环时间，夺取相对时间差。如海湾战争期间，萨达姆共和国卫队某车队在公路上快速行驶，企图迅速撤回安全地带，美国军队为袭击该车队，首先考虑打击其首尾两端的公路，瘫痪车队行动力，大幅降低其行进速度，随后再对车队各车分别打击，正是这种战法的体现。

协同软杀伤。协同软杀伤指利用欺骗、干扰、阻断等手段，对敌通信链路、通信节点进行针对性打击，迟滞或影响对手OODA闭环，夺取相对时间差的方法。一是协同欺骗干扰，综合运用各类电子战武器，以噪声干扰、欺骗干扰等方式，对敌方电子设备进行压制，从而使其失去探测预警功能，夺取相对时间差。如美军主导的海湾战争等局部战争中，每次空袭前都首先对敌防空系统实施电子压制，目的就是压缩敌方探测预警距离，从而使其OODA闭环时间变长，进而夺取时间优势。二是协同阻断遮蔽，通过电子设备的协同运用，阻断地方各节点通信线路，使其OODA无法正常运转，夺取相对时间差。

三、夺取能量差

分布协同作战运用夺取能量差是指从作战信息探测、感知识别、决策打击、作战评估等方面入手，采用扁平化融合、短路交联、形态与架构重组等方法，有机组织数量众多的节点，提升打击精度、火力强度、作战持续性、作战毁伤能力等，实现对质量差、效能差和潜力差等能量差的夺取。

分布协同作战运用夺取能量差在以下几个方面具有显著意义：通过夺取质量差优势，实现对对手的相对准、相对广和相对持续的认知能力；通过夺取效能差优势，降低装备基础性能要求，依靠灵活应用实现实战能力拓展；通过夺取潜力差优势，实现对对手的相对准、相对持续的认知能力，支撑夺取先敌发现、先敌到达等体系对抗优势。

分布协同作战运用夺取能量差的思路与方法主要有：

夺取质量差。夺取质量差指以导弹作战的杀伤有效性、可持续性为目标，以分布协同作战运用开展导弹创新应用。一是协同打击薄弱环节，通过多弹协同配合，针对目标脆弱部位或结构进行毁伤，通过将能量进行定制，增强能量实际输出效果，起到“打蛇打七寸”的作战目标；二是协同打击重要目标，从时间维度上开展协同作战应用，对敌重要目标形成多波次、不间断的持续打击，夺取导弹作战运用的质量差。

夺取效能差。夺取效能差指利用数量大、成本低的优势，以增加敌对抗反制代价至不可接受为手段，夺取导弹作战运用的效能差。因为数量的增加、成本的降低，将导致敌需要处理或打击的目标数量的增加，在作战成本不能显著下降的情况下，打击更多目标显然付出的代价将更多。如以蜂群作战为例，传统的防空体系只需面对小批次的有人机，同时应对目标数量只有数十个；低成本蜂群无人机的出现，使得在空袭中体系面对的目标达到上百个，防御系统将面临极大的作战效益问题。

夺取潜力差。夺取潜力差指以敌潜力目标为作战对象，运用分布协同的作战样式，调动大量的作战资源实施超饱和打击，彻底消灭敌方战争潜力目标，夺取导弹作战运用潜力差。以分布协同作战运用实现对指控节点、作战装备等潜力目标的彻底摧毁，在技术上可行、在成本上有优势，这也是当前历次局部战争中美军首波巡航导弹攻击的典型样式。

第二节　无人自主作战运用

无人自主作战运用是指瞄准未来智能化、自主化作战形态，围绕自主感知运用、自主认知运用和自主行为运用等，该作战形态使得传统导弹作战体系的作战运用形式发生巨大变革，呈现智能化、云化、急速化、体系化的特点。自主感知运用是指导弹作战系统通过外部信息支援，自主实现广域态势感知，或通过自身配属的探测手段，实现对战场环境的自主感知。自主认知运用是指导弹武器系统基于外部信息支援进行关键要素提取与整体作战趋势分析实现态势自主认知，通过对大量多源异类信息综合处理，形成对战场的大范围、多域准确态势认知。自主行为运用是导弹武器系统在外部探测、制导信息支援下，自主完成导弹发射、制导和评估等打击行为的实施。无人自主作战运用通过夺取空间差、时间差、能量差，实现导弹作战体系创新运用和能力提升。

一、夺取空间差

无人自主作战运用夺取空间差是指导弹武器作战体系与系统采用无人感知、无人识别、无人决策、无人打击等方式，夺取导弹作战运用的相对空间差、绝对空间差，扩大我方探测范围、识别范围、打击范围、评估范围等空间能力，或抵消、压制对手的探测范围、识别范围和评估范围等空间能力。

无人自主作战运用夺取空间差可以形成导弹作战运用的相对或绝对的空间优势，实现与对手的相对远、相对高的导弹作战能力，支撑形成先敌发现、先敌到达等体系对抗优势。

无人自主作战运用夺取空间差的思路与方法主要有：

前置作战。前置作战指无人自主装备可在战场前沿部署，依靠地理位置的优势，扩展打击范围、延展作战空间，实现先敌打击和近距离作战。一是战场一线部署，导弹武器系统通过空投、自主机动等方式，隐蔽部署于交战区域，执行临近作战；二是国土周边部署，以“拒之于国门之外”为目标，部署于国土边境，利用导弹作战的杀伤范围，在保护自身生存的同时，夺取作战的空间；三是恶劣环境部署，利用无人自主对环境的适应性，将导弹武器系统部署于“三深一极”等恶劣环境中，扩展作战域的范围，夺取相对空间差。

超限作战。超限作战指无人自主装备减弱了人在回路给导弹武器系统带来的部署条件限制以及作战保障要求，部署区域可扩展至传统装备无法适应的区域，以更强的环境适应能力扩展武器装备的作战空间。一是深海部署，依靠深海预置的方式，可将导弹武器系统部署至前沿阵地，作战时上浮实现临近打击；二是深空部署，提高监视探测装备深空部署能力，如利用高空悬浮平台，提升探测设备的远程信息获取能力。

离线作战。离线作战指在指挥系统缺失、支援信息不全等条件下，导弹或导弹武器系统按照既定的规则或要求，在交战区域或敌后方区域自主完成作战实施。一是信息离线，导弹可在我方信息无法保障的区域自主飞行，减弱因信息范围、视界等因素对导弹作战范围的影响；二是决策离线，导弹可在指挥控制范围之外，自主完成作战决策打击；三是打击评估离线，导弹武器系统对前一波次打击效果进行自主评估，根据评估结果规划后续作战行动。

自主作战。自主作战指导弹武器系统可自主完成环境感知、作战决策与作战实施，扩展感知与威慑打击范围。一是作战感知自主，以人工智能、大数据等技术，实现对更大范围、更多作战域、更即时的战场信息的快速处理，进而支撑实现对作战空间的广域认知；二是决策自主，导弹作战系统基于战场态势，自主完成作战的规划与决策，实现更广域范围的作战控制；三是打击实施自主，导弹可基于在线智能规划、智能能量管理、高性能动力系统等，具备射程更远、跨域飞行作战能力，提升导弹武器系统作战打击范围。

二、夺取时间差

无人自主作战运用夺取时间差是指基于智能作战的感知、决策，突破传统人在回路时的作战人员生理限制，实现导弹武器系统作战速度的提升，夺取绝对时间差；或通过多域对抗、前置部署、无源隐蔽等方式，压缩敌方作战反应时间，夺取相对时间差。

无人自主作战运用夺取时间差可以形成导弹作战运用的时间优势，实现与对手的相对快、相对早的能力，支撑形成先敌发现、先敌到达等体系对抗优势。

无人自主作战运用夺取时间差的思路与方法主要有：

体系支撑。体系支撑指通过引入在线、周边的探测信息、制导信息资源，依靠智能化处理、自主作战使用，缩短作战反应时间。一是引入外部信息资源，依靠网络化、云—端平台等技术，无人自主导弹作战系统适时接收外部的探测、制导信息源，加速对战场的认知以及作战决策；二是引入外部计算资源，导弹武器系统自主确定各类信息的处理需求，灵活调用内部或外部引入的计算资源，快速实现作战决策、作战规划等作战环节。

流程简化。流程简化指以无人自主作战的形态，简化或优化传统 OODA 作战环的闭环方式，缩短闭环时间。一是简化，智能技术可实现传统态势认知与决策的同步处理，将简化传统 OODA 作战环的环节，实现加速作战环闭环的目标；二是交联，利用大数据挖掘、智能辅助决策等技术，使各类资源数据可在部分情况下，直接支撑作战的实施，实现 OODA 作战环的多样化交联。

流程加速。流程加速指依靠各类无人自主技术提升作战的反应时间。一是加快信息处理速度，依靠高性能计算机处理的速度与准确性，缩短作战反应时间；二是加快决策速度，依靠智能推理、辅助决策等技术，以部分自主或全自主的方式，加快作战决策的过程；三是加快作战实施过程，依靠发射平台自主作战、智能高效值班，缩短从作战命令下达至导弹发射时间、导弹作战评估时间等。

三、夺取能量差

无人自主作战运用夺取能量差是指基于无人自主作战的特点，从作战信息探测、感知识别、决策打击、作战评估等方面入手，以提升打击精度、火力强度、作战持续性、作战毁伤能力等角度，实现对质量差、效能差和潜力差等能量差的夺取。

无人自主作战运用夺取能量差在以下几个方面具有显著意义：通过夺取质量差优势，实现对对手的相对准、相对广和相对持续的认知能力；通过夺取效能差优势，降低装备基础性能要求，依靠灵活应用实现实战能力拓展；通过夺取潜力差优势，实现对对手的相对准、相对持续的认知能力，支撑形成先敌发现、先敌到达等体系对抗优势。

无人自主作战运用夺取能量差的思路与方法主要有：

夺取质量差。夺取质量差指以导弹作战的杀伤有效性、可持续性为目标开展导弹创新应用。一是通过人工智能对广域范围、多域维度信息的处理，提升自主感知的精度，支撑导弹进行高精度打击；二是依靠知识推理、历史信息处理等，提升目标认知的准确性，支撑导弹武器系统进行多样化打击；三是无人自主作战具有长时间高可靠性值班能力，可对目标进行持续有效跟踪，实现高可靠性连续值班。

夺取效能差。夺取效能差指以导弹武器系统运用的作战效能最优为目标，开展导弹作战创新应用。一是无人自主作战系统依靠自主监测、高可靠性等，降低保障的要求与保障频率，进而减少作战使用成本；二是无人自主作战可实现更加多样化、多类型的作战能力，使导弹武器体系的构建成本显著降低；三是无人自主设备集成化、通用化、小型化的特点，使武器系统的装备生产难度减小、作战运用简化、生产与使用成本降低。

夺取潜力差。夺取潜力差指以导弹武器系统运用的可发展性、可持续性等最优为目标，开展导弹作战创新应用。一是能力持续性潜力，无人自主作战具备自我检测、自主作战实施等特点，可简化保障操作，降低保障要求，具备强大的战争潜力；二是能力发展潜力，无人自主作战的基础是各类的深度挖掘、大数据分析、知识图谱等前沿技术，其能力的发展紧随技术的突破，这使无人自主作战将是一种不断更新、不断突破的作战样式，在未来的战场具有强大的发展潜力。

第三节　云—端一体作战运用

云—端一体作战运用是指充分发挥云—端网络、大数据、分布式作战等作战概念在信息处理、战场态势分析与共享、高效灵活作战等方面的优势，通过云—端支撑作战、分布式协同作战、模块化平台设计等思想，形成云—端一体协同运用提升导弹作战体系作战能力的创新方式。云—端一体作战运用要素涉及端导弹、端系统、端平台、端体系四个层次的内容。云—端一体作战运用通过夺取空间差、时间差、能量差，实现导弹作战体系创新运用和能力提升。

其中，端导弹是指基于云平台作战的新型智能化导弹，主要具备外部信息制导、多源信息接入、智能化作战、模块化组装、多任务作战等功能，具有低成本、通用化、平台化的突出特点。端系统是指基于分散部署的各类作战资源，以作战实施为目的、以作战要素齐备为手段、动态组合形成的新型作战系统。新型端系统具备传统作战系统的所有功能，同时具有物理分散部署、分系统动态组合的突出特点。端平台是指具备独立作战与协同作战的攻防一体作战平台。平台可兼容多型导弹实现攻防作战，可接收外部信息自主完成作战实施，实现无人作战，可基于云平台以协同作战的形式实现能力扩展，具备独立作战、协同作战、智能自主、攻防一体等特点。端体系是指基于云—端网络、打击端装备，以云—端支撑作战、分布式协同作战等为典型作战样式，构建的面向未来智能化、体系化作战的新型作战体系。端体系中的指控与数据处理核心节点在云端，作战任务可实时规划，作战资源可灵活扩展，具有抗毁性能力强、作战任务实施多样、作战资源要素全面、作战智能化水平突出的特点。

一、夺取空间差

云—端一体作战运用夺取空间差是指基于云—端的架构，从导弹作战的感知、决策和打击等方面，在提升我方导弹作战影响或打击范围的同时，压缩敌方的作战空间，夺取绝对或相对的空间差。

云—端一体作战运用夺取空间差可以形成导弹作战运用的空间优势，实现与对手的相对远、相对高的能力，支撑形成先敌发现、先敌到达等体系对抗优势。

云—端一体作战运用夺取空间差的思路与方法主要有：

云平台支援。云平台支援指通过云平台支援端平台实现对较远距离目标的指示、预警以及导弹制导，提升端平台探测和打击的能力范围，夺取空间差。

一是云平台探测信息支援，端平台接收云平台下传，或端平台主要上传探测信息需求，端平台具备调度、使用多类、大量探测装备的能力；二是云平台制导信息支援，端平台以云平台为枢纽，调用同类或异类的制导信息，扩展导弹打击的范围或消除受地形、环境的限制；三是云平台联合作战信息支援，云平台成为多类端平台的指控中枢，以协同作战的样式扩展导弹作战体系的作战范围。

云端交互感知。云端交互感知指端平台上传信息至云平台，由云平台完成广域战场态势的全域认知，依靠云—端反馈协作机制，支撑端平台实现更广域、更大范围的作战能力。一是天基感知，云平台引入天基信息，具备全球视野与导弹全流程探测、监视能力，将显著扩展导弹作战体系的信息收集范围；二是多域感知，云平台引入电磁空间的侦察、探测设备，将打破作战域之间的束缚，以软性手段实现对敌全域的直接精准杀伤。

端平台能力挖潜。端平台能力挖潜指在云平台信息支撑下，充分挖掘现有导弹作战系统潜力，拓展作战空间。一是云平台支撑实现作战范围拓展，云平台可纳入多类的探测资源，使导弹作战系统充分发挥其动力与机动性能，拓展打击范围；二是云平台支撑实现多域跨域作战，电磁网电等新域空间可通过云平台纳入导弹作战系统，依靠跨域的协同作战，实现对敌多域同时打击。

端平台优化布势。端平台优化布势指依靠云—端架构打破了以往导弹武器系统的形态，利用端平台可灵活部署的特性进行战场优化部署，夺取导弹作战运用空间差。一是优化选择，综合选择对来袭目标威胁距离最近的平台进行打击，缩短打击的距离；二是重点布势，端体系部署时，根据威胁的方向及可能的威胁样式，制定对应的重点方向部署；三是梯次布势，形成梯次部署，缩短打击距离；四是体系布势，依靠作战体系提升对来袭目标的探测距离，先敌发现，夺取空间差。

二、夺取时间差

云—端一体作战运用夺取时间差是指基于云平台在信息收集与处理的速度，端平台在信息收集与整理的即时性，云—端交互对作战决策的加速等方面特点，以创新导弹作战运用的方式，在缩短我方 OODA 环的同时，迟滞敌方 OODA 环闭环，夺取绝对空间差或相对空间差优势。

云—端一体作战运用夺取时间差可以形成导弹作战运用的时间优势，实现与对手的相对快、相对早的能力，支撑形成先敌发现、先敌到达等体系对抗优势。

云—端一体作战运用夺取时间差的思路与方法主要有：

云—端计算能力融合。云—端计算能力融合指以增加信息处理能力、缩短信息处理时间为手段，夺取作战的时间差。一是云平台计算能力融入端平台，端平台可调用云平台强大的计算能力，增强端平台的信息处理速度；二是端平台计算能力融入云平台，云平台可灵活调用端平台的计算能力，以分散化信息处理的方式增加整个云—端架构的信息处理能力。

云—端系统专用设计。云—端系统专用设计指以云平台、端平台的硬件、软件专用化的方式，提升云—端系统的信息处理速度，提高侦察探测、作战决策速度，夺取作战运用的空间差。一是硬件专用，发展端平台、云平台专用的芯片，适应战场信息处理的特点；二是软件专用，发展专用的系统软件、信息处理算法等，依靠提升信息在系统的处理效率，夺取作战运用时间差。

端平台定制化作战。端平台定制化作战指端平台在云平台的支援和调度下，针对战场态势，针对性选择作战方案。一是前沿部署，将端平台部署于交战区域，甚至敌后方区域，实现对敌方的近距离打击，缩短导弹打击时间；二是定制选择，根据不同的作战需求，云平台智能选择距离目标最近的端平台，缩短导弹打击的飞行距离，缩短导弹飞行时间；三是提前打击，由云平台提供信息支援，基于态势预判先发射后瞄准，相比传统作战流程，提前发射，缩短打击时间，夺取时间差。

云—端作战流程优化。云—端作战流程优化指基于云—端系统的扁平化、网络化与动态重组的特点，从导弹作战流程优化入手，加速导弹作战 OODA 环的闭合。一是作战环节去除，传统导弹作战系统的部分功能可由云平台承担，如感知、探测等，基于云平台的速度与时间优势，缩短导弹作战运用的时间；二是作战环节并行，基于云平台的信息支撑，端平台可实现“先发射后瞄准”“发射时装订”等作战流程创新，由传统串行变为串并行结合；三是作战环节交联，云平台作为导弹作战运用的中枢，可调度已互联互通的导弹作战体系要素，灵活重组实现作战的跨环节闭合，如探测信息直接支援作战决策，缩短 OODA 环闭环时间。

三、夺取能量差

云—端一体作战运用夺取能量差是指利用云—端一体作战带来的作战样式、作战流程创新契机，从作战信息探测、感知识别、决策打击、作战评估等方面入手，从提升打击精度、火力强度、作战持续性、作战毁伤能力等角度，以导弹作战运用创新为手段，实现对质量差、效能差和潜力差等能量差的夺取。

云—端一体作战运用夺取能量差在以下几个方面具有显著意义：夺取质量

差优势，实现对对手的相对准、相对广和相对持续的认知能力。夺取效能差优势，降低装备基础性能要求，依靠灵活应用实现实战能力拓展，提升作战效能。夺取潜力差优势，实现对对手的相对准、相对持续的认知能力，支撑形成先敌发现、先敌到达等体系对抗优势。

云—端一体作战运用夺取能量差的思路与方法主要有：

夺取质量差。夺取质量差指以云—端双层架构实现作战应用方式的创新，支撑作战效果的提升。一是云平台可融合多类、多源数据进行协同探测，提升探测的准确性与即时性，有利于先敌发现、先敌打击；二是云平台可融合多类、多源数据进行认知，提升认知的准确性；三是云平台可融合多源制导信息，制导的精度将有效提升，增加打击的精确性；三是云平台可纳入多类的作战资源，提升作战的灵活性。

夺取效能差。夺取效能差指以云—端架构降低导弹作战运用的成本入手，提升导弹作战效费比。一是云平台可服务多个体系，使得导弹作战体系的构建成本降低；二是在云平台的作战支援下，端平台功能简化，构建与作战保障成本降低；三是云—端体系的灵活架构，使得端平台可以模块化形态工作，随着作战需要动态接入/退出，满足不同作战任务需求，降低作战体系重组成本。

夺取潜力差。夺取潜力差指以云—端开放式架构创新作战运用，实现对作战资源的灵活整合，提升导弹作战运用的能力、潜力。一是提升火力释放能力，通过体系内火力与信息的灵活组合、高效匹配，提升导弹作战体系同时应对目标的数量以及单位时间内导弹的发射数量；二是提升持续作战能力，云平台可灵活调配端平台，持续保持一定的作战威慑；三是提升体系生存能力，端平台可分散部署、灵活重组，使得导弹作战体系在局部受损时，仍保持较高的生存能力；四是提升体系重组能力，基于云平台的统一调度，导弹作战体系可根据作战任务灵活重组，支撑实现不同的作战任务。

第九章

创新的误区

成功的创新是相似的，不成功的创新各有各的原因。古今中外不成功的创新比比皆是，究其原因总是指向背离创新的本来目的，使得创新进入误区、陷入困境。分析创新的误区，对于我们总结经验、避开误区，更好地开展创新工作具有十分重要的意义。

第一节　背离目的的创新

创新的目的是创造新价值和新战斗力。不能创造新价值和新战斗力的创新、为了创新而创新的创新，都背离了创新的真正目的和应有之义。

一、“李鬼式”创新

“李鬼式”创新就是伪创新，也就是假创新，表面上看起来像创新，本质上的内涵和达到的效果都是对过去工作的重复或翻版。

“李鬼式”创新的主要表现有：一是伪需求，需求不准确、不合理或必要性不大，其主要形式有不解决实战问题的需求、不适应未来战争要求的需求、画蛇添足的需求、追求局部而忽视整体的需求、不贴合国情军情的需求等；二是伪能力，生成的能力不合理、不适用，其主要形式有性能指标高但实战能力差、研制团队技术能力强但满足装备实战的意识不足、规定状态的作战能力强但应急状态下的应变能力差、靶场能力强但战场能力差、单项能力强但存在明显短板和能力不均衡等。

“李鬼式”创新产生的根源有：一是从需求上看，主要原因是对未来战争把握不准、问题本质认知不清、主要矛盾辨识不明，没有站在全局角度思考问题等；二是从能力上看，主要原因是缺乏对装备实战能力内涵和重要性的认知，普遍存在重技术轻战术、重性能轻能力、重研仿轻创新、重静态轻动态、重定性轻定量、重“是什么”轻“为什么”、重武器装备设计轻未来战争设计“七重七轻”问题。

伪需求会导致方向错误、资源浪费、贻误发展时机；伪能力会导致“绣花枕头”现象、影响创新的生态构建等。

1944 年，日本在战场上节节败退，接替东条英机出任首相的小矶国昭为扭转战争形势，提出了轰炸美国的需求。考虑到日本没有直接打击美国本土的装备，日军采纳了气象学家的建议，制定了利用存在于日本与美国之间的全球气流通道轰炸美国本土的“气球炸弹”计划。1944—1945 年，日本从本土释放了 1 万多个“气球炸弹”，每个气球携带 150 kg 常规炸药，希望这些气球炸弹可以飘到美国上空，对美国造成重大损失。但由于气流流向的不稳定性和不确定性，最终仅有 6 个“气球炸弹”到达美国上空，且美军发现可以利用飞机产生的气流改变气球的飘移方向，最终使“气球炸弹”未造成重大的损失。“气球炸弹”是日本利用气象条件进行超远距离打击的尝试，但受限于引起气流变化的不确定因素太多，设计的能力无法有效生成，这是典型的“李鬼式”创新。

二、“换柱式”创新

“换柱式”创新是指将别人的创新成果和创新概念包装成新的创新形式，转化成自己的创新成果。

“换柱式”创新的主要表现有：一是换瓶式，将同行的成果重新包装、化为已有，本质上没有创新；二是偷梁式，将国外的技术、成果重新取名字，宣称创新。

“换柱式”创新产生的根源是个别研究单位和人员投机取巧、假公济私的价值取向。

“换柱式”创新会占用创新资源，排斥真正的创新。

“阿琼”坦克是印度为适应现代化战争，从 1974 年启动研制的一型坦克，定位为印度陆军的主战坦克。但由于印度自身材料、动力及电子等相关技术积累薄弱、研发能力不足，该型坦克各项关键技术和器件均依赖国外提供，加之印度自身对引进技术的学习、掌握和整合能力不足，导致该型坦克一再拖期。最终，历经 30 多年研发小规模列装后，性能仍不能满足已降低的指标要求，使印度陆军不愿意购买和使用该型装备。“阿琼”坦克在一段时期内，作为印度政府宣扬其自主研发能力的经典案例，但该坦克实际上是多国技术的简单集成，是一型“万国造”的装备。在“阿琼”坦克研制过程中，印度将国外技术包装成自主研发的行为是一种典型的“换柱式”创新。

三、“忽悠式”创新

“忽悠式”创新是指对创新的成果和预期的能力不切实际地夸大和渲染，

或只顾一点，不及其余，或故意隐瞒和欺骗。

“忽悠式”创新的主要表现有：一是欺骗式创新，明知道创新不可行，为获取项目，蒙蔽专家和领导；二是夸大式创新，为获得支持，故意夸大创新的成果和能力。

“忽悠式”创新产生的根源是个别研究单位和人员创新态度不端正和名利思想作祟。

“忽悠式”创新会败坏创新风气、破坏创新生态、浪费创新资源。

1984 年，哈尔滨一名叫王洪成的司机宣称发明了“水变油”技术，具体操作方法是在水中加入 1/4 汽油、少量“洪成基液”，就可以变成新型的“水基燃料”，王洪成在多种场合进行了演示。该项“发明”很快受到全国的关注，被誉为一项重大的科技成果，但后经调查，所谓的发明纯粹是一个骗局和魔术，所谓的“水变油”试验是其本人通过掉包或添加易燃物实现的，“水变油”技术完全没有科学根据，是彻头彻尾的诈骗行为。最终王洪成被判处 10 年有期徒刑。以解决能源问题为幌子，王洪成利用夺人眼球的试验将一场骗局包装为划时代的创新，这个闹剧属于典型的“忽悠式”创新。

四、“口号式”创新

“口号式”创新是指创新仅停留在纸面或口头上，不进行实质性创新或开展无效的创新。

“口号式”创新的主要表现有：一是应付式创新，只是为了应付上级要求而空喊口号，以会议落实会议、以空洞的创新概念和浅尝辄止的创新论证研究代替实质性的创新工作，在创新上无所作为；二是低层次创新，出于创新会引发风险、会冲击利益格局、会影响发展前途的担心，只在低层次的、个别点上的技术方面开展一些革新活动，不具有颠覆性、整体性、根本性和有效性。

“口号式”创新产生的根源是不愿创新、不敢创新。不愿创新会导致不作为，以不变应万变。不敢创新会导致不担当、缩手缩脚、裹足不前、一事无成。

21 世纪初，惠普公司达到其发展的一个顶峰，随后因董事会内部斗争，导致公司 CEO 难产或频繁变动，使得企业的发展战略短视化，产品研发极缺乏创新能力。虽然多位掌舵者一再呼吁进行改革，但是企业不愿、不敢进行技术和管理的全面创新，导致一时间惠普最优秀的人才被用于维护成熟的产品线，而不是创新和冒险尝试新事物、拓展新的业务领域，最终惠普公司一再错过智能手机、高性能电脑、互联网云服务等互联网主流产品业务，同时惠普公司原有的产品逐渐老化、市场逐步萎缩，公司渐渐无法跟上时代发展的步伐，慢慢走向衰落。惠普公司从辉煌到逐步走下坡路的过程中，虽强调创新，但受制于公司管理者素质和保守文化的限制，始终没有进行大刀阔斧的改革创新，逐步丧失了蒸蒸日上的发展势头，而这也是“口号式”创新的典型案例。

五、“叶公式”创新

“叶公式”创新是指形式上热衷于创新，而一旦创新成果触及本单位和个人切身利益时，就会采取抵触和排斥的态度，将创新的领域逐步局限在现有的利益格局之下，而不顾及整体的和长远的利益。

“叶公式”创新的主要表现有：一是迎合式，片面地迎合需求方和上级提出的要求；二是排斥式，对触及当前利益的创新采取实用主义的态度，要么抵制，要么拖延；三是选择式，重点选择与当前利益冲突不大的创新项目开展创新，在创新上避重就轻。

“叶公式”创新产生的根源是局部的利益导向。“叶公式”创新会导致以牺牲全局利益保局部利益、以牺牲长远利益保当前利益、以创新之名保现实之实。

自智能手机问世以来，作为2G时代手机领域霸主的诺基亚公司，固守其原有的“塞班”操作系统，其管理人员多次声称将推出颠覆性产品，但由于现有技术与生产利益的掣肘，新研发的智能手机被管理者以没有前途为由否决。于是很长一段时期内，诺基亚公司仅通过增砖添瓦的方式推出新产品，以保持诺基亚公司的既有市场格局和经济利益，这种行为最终使诺基亚公司严重落后于智能手机的发展，失去了原有的市场。诺基亚公司虽然意识到智能手机时代的来临，但不愿、不敢摒弃已明显落后的成熟操作系统，仅通过修补升级的方式进行产品创新，最终导致品牌的衰落。诺基亚公司消亡的过程就是“叶公式”创新的典型案例。

六、“出轨式”创新

“出轨式”创新是指不顾行业已有的合理分工和国家已经形成的装备能力，一味追求扩大装备的种类和范围，复制和克隆别的行业与部门已有的装备成果，并把这种成果视为创新。

“出轨式”创新的主要表现有：一是利用低门槛“出轨”，如无人机研发的乱象；二是挖墙脚“出轨”，重金挖来别的部门和行业人才组建队伍，进行同质化创新，如小卫星和商业航天的乱象；三是同质能力“出轨”，利用导弹能力的同质化和导弹发展的趋同化，拓展研发导弹的种类，重复别人走过的道路。

"出轨式"创新产生的根源是错误的政绩和利益导向。

"出轨式"创新会导致无序竞争、资源浪费、损人利己，导致国家整体利益和秩序受损，导致集中力量办大事的制度优势丧失。

IBM公司成立于1911年，是美国历史最悠久、实力最雄厚的计算机企业，其商用服务器、个人电脑等在市场上长期占据主导地位。但20世纪90年代初，IBM公司因为盲目扩张，拓展至市场已经饱和且技术掌握在几家优势公司的各类硬件领域，受资源被挤占的影响，其传统的商用服务器业务优势项目被其他公司赶超，加之业务扩张带来的机构臃肿和各部门孤立封闭的文化，其在1992年创下了49.7亿美元的巨额亏损，公司逐渐面临生存危机。鉴于此，新上任的IBM公司CEO郭士纳及时调整公司经营策略，削减非核心业务，逐渐将主要精力从传统的硬件转向软件和服务，实现了公司业务与盈利模式转型。IBM公司通过摒弃非核心业务与错误的盲目扩张策略，实现了公司的再次连续盈利与技术复兴，这个过程是典型的纠正"出轨式"创新取得成功的案例。

第二节　背离规律的创新

创新是特殊的实践活动，有其固有的规律和特点，有其科学的方法和手段。背离创新应有的规律，违背科学的方法和手段，会导致创新实践事倍功半。

一、"权威式"创新

"权威式"创新是指一味顺从领导和专家对创新项目的选择、判断和要求，领导和专家要求干什么就干什么，要求怎么干就怎么干，对领导和专家不同意的创新项目就不去坚持和开展深入的探究，在领导和专家出现误判的情况下，导致创新项目的失败。

"权威式"创新的主要表现有：一是专家权威，专家更多依赖过去的经验，实际上成为一种经验模板；二是领导权威，领导对创新的选择会考虑更多的因素，有时会限制领导的战略预判的正确性。

"权威式"创新产生的根源是对创新的开拓性和不确定性的理解与把握不够。

"权威式"创新会导致思想僵化、思路局限和半途而废、贻误战机。

"第二次世界大战"结束后，美国的经济蒸蒸日上，为迎合消费者对汽车威武、宽敞等外形的要求，以福特为代表的美国汽车企业均无一例外地采用了宽大修长的车架、高油耗多缸发动机等设计方案。此外，因大量的中东廉价原油持续输入美国市场，高质量的汽油价格极其低廉，因而汽车行业的专家并未将油耗控制当作一项必需的技术进行创新研究，整个汽车行业也因汽车行业专家的判断而未研发小型低油耗的汽车。1973 年受中东战争影响，石油输出国组织（OPEC）突然宣布对美国实施石油禁运，美国立即陷入“油荒”，油价飞涨，高油耗的汽车成为市场的负担，以日本、韩国为代表的低油耗轿车趁机进入美国市场，美国汽车企业匆忙设计推向市场的低油耗小型汽车因前期技术储备不足，质量和外观与日韩车型有一定差距，美国汽车工业遭受重创，这也成为底特律汽车城衰落的原因之一。美国汽车行业因受专家权威的引导，没有提前储备技术基础，研发低油耗的产品，最终导致市场份额被日韩车企挤占，这是典型的专家权威创新的案例。

华为公司总裁任正非曾长期反对拓展手机业务，并严令“谁研发手机谁就下岗”，但受到国内及国际通信行业发展势头的影响，华为一大批高层管理人员不顾任正非的领导权威，反复游说，最终使得华为成立移动终端部门。依托自身积淀深厚的通信技术，加上对产品的精致打磨，经过一段时间的技术与研发经验积累，华为手机终端业务营收达到华为总营收的 55%，并成功推出了 mate 系列、P 系列等热卖手机，使得手机业务成为华为公司的支柱产业之一。华为的管理者以市场为导向，以独立思考的结果为支撑，敢于打破领导权威，推动华为进入手机行业，并取得辉煌的成就，这个过程是打破领导权威、实现创新的典型案例。

二、“摘果式”创新

“摘果式”创新是指直接剽窃、照抄别人已有成果，包装成自己的创新。

“摘果式”创新的主要表现有：一是“摘熟果”，利用自身特殊的便利条件，将别人已经论证完善、孵化培育的项目或成果据为己有；二是“摘青果”，通过各种渠道获悉别人的创新思路，稍加包装和修改变成自己的创新想法。

“摘果式”创新产生的根源是品格低、品德差，将自己的成功建立在别人艰辛努力的基础之上。

“摘果式”创新会败坏创新生态、损伤创新热情、扭曲创新价值、阻碍创新发展。

2003 年，上海交通大学教授陈 × 宣称成功设计并制造了中国首款 DSP（数字信号处理）芯片“汉芯 1 号”，该芯片经过由多位院士、专家组成的审查组鉴定，达到了国际先进水平，随后陈 × 作为“汉芯 1 号”的发明人，荣誉不断，并先后向政府申请了 1.1 亿元的科研经费。2006 年，经过知情人士爆料，所谓的“汉芯 1 号”其实是陈 × 在美国购买摩托罗拉的飞思卡尔 56800 芯片，雇用民工将表面的字样用砂纸磨除，再找上海一家室内装潢公司打上“汉芯 1 号”的字样和标志，整个“汉芯 1 号”项目是一个巨大的骗局。事发后，陈 × 本人被剥夺了各项头衔与荣誉，并被追缴了申请的课题经费。“汉芯 1 号”事件成为中国学术界的巨大耻辱，给中国当时的芯片行业带来了巨大的冲击，严重影响了电子芯片研发机构的声誉，损害了国家形象。陈 × 通过购买国外成熟芯片，简单包装后宣称为自己的原创产品，就是典型的“摘果式”创新。

三、“山寨式”创新

“山寨式”创新是指复制和模仿别人的创新成果，以规避风险、抢夺市场、谋取利益。

“山寨式”创新的主要表现有：一是追求貌似，即外形相近或雷同，质量和性能远远不及，成为“绣花枕头”；二是追求神似，即功能与性能相近，技术途径相同，由于基础薄弱，造成部分关键技术和器件材料依赖国外。

“山寨式”创新出现的根源是跟随式的发展模式根深蒂固。

“山寨式”创新会导致创新根基不牢靠、创新潜力式微。

美国航天飞机首飞成功后，给世界航天业带来巨大冲击，当时的航天强国苏联紧随其后制订了相似的“暴风雪”号航天飞机计划。“暴风雪”号航天飞机虽然在外形上与美国的航天飞机有一定区别，但其起飞方式、可回收的特性等都照搬美国的，该型航天飞机在完成了一次无人入轨试验后便因苏联解体而搁置。后续的航天飞机项目应用结果表明，该型航天飞机在成本、复杂性与安全性方面均存在极大的隐患，苏联贸然跟进研究导致了严重的资源浪费，而采用返回舱设计的载人航天飞行模式，在航天飞机全部退役后，仍担当着载人航天的主力。苏联装备在可靠性上具有优势，但在寿命、可重复使用性等方面存在劣势，发展旨在重复使用的太空运载工具与苏联传统的设计理念不相符，必将导致失败。苏联航天飞机计划借鉴美国的设计就是典型的“山寨式”创新的案例。

四、“加法式”创新

“加法式”创新是指在创新中只会做加法，不断地增加功能、提高性能、添加系统，使得武器装备越来越复杂、成本越来越高、使用越来越难。

“加法式”创新的主要表现有：一是增加数量，即简单依靠增加功能设备拓展功能，造成效益低下；二是增加“质量”，即简单依靠技术的换代升级提高性能和能力，造成能力的提升受限。

“加法式”创新产生的根源是错误的利益和激励导向。

“加法式”创新会导致装备的效费比下降，买不起、用不起。

战列舰是一种以大口径火炮攻击及以厚重装甲防护为主的高吨位海军作战舰艇，是第二次世界大战前各主要军事强国海上的主力武器，各个国家以舰船吨位、火炮数量作为衡量海军作战能力的基础指标。在第二次世界大战中期，日本为巩固其海上作战力量，秘密建造了人类历史上最大的战列舰“大和”号和“武藏”号，两艘战舰满载排水量达 7 万吨，配备 9 门 460 mm 主炮，装甲最厚处达 650 mm，但随着航空母舰、潜艇、舰载飞机及其搭载的炸弹、鱼雷技术的性能改进，两艘在“大舰巨炮”和“舰队决战”思想指导下制造的规模空前的战列舰长期停泊于港口中，无用武之地，最终“武藏”号在莱特湾被美军航母舰载机的鱼雷和航空炸弹摧毁，“大和”号在冲绳海域被美军舰载机摧毁。日本“大和”号和“武藏”号两艘战列舰的实战表现与日本建造之初的期望存在巨大的差距，这也表明以提升战列舰吨位与火炮数量实现海上作战能力提升的创新路径不再适用，两艘战列舰是“加法式”创新的典型案例。

五、“运动式”创新

“运动式”创新是指创新缺乏长期的持续发力和深钻细研，依靠一时的热情和短时积累的资源进行间断式、脉冲式的创新推进，热情降了、资源用光了，创新也就终止了。

“运动式”创新的主要表现有：一是一哄而上，不顾条件和基础，不管是否需要和可能，凭热情搞创新；二是大干快上，盲目堆加人力、物力和财力，搞周期性决战，倒排计划，凭主观意志搞创新。

“运动式”创新产生的根源是对创新的客观条件和发展规律认识不清。

“运动式”创新会导致创新基础不牢、成果不好、效益不高。

2014 年，北京大学 4 名毕业生共同创立了 OFO 公司，从初期的仅服务于校园到逐步投放公共市场，共享单车概念逐步成熟，并迎来了快速发展时期。2016 年年底至 2017 年年中，资本以极大的热情投入该领域，使得一时间至少有 25 个品牌的共享单车投入市场，“共享”概念一夜之间成为社会热点话题，一时间各大城市路边停满了各种颜色的共享单车，市场竞争朝着无序化的方向发展。随着共享单车模式迟迟无法盈利，且共享模式带来了交通监管的压力和社会资源的浪费，共享单车的热潮迅速消退，截至 2019 年，以 OFO 为代表的一大批企业倒闭，剩余的共享单车企业仍在苦苦挣扎，寻求盈利模式。共享单车从半年内突飞猛进的发展到迅速降温直至衰败，完整经历了“大干快干”“一哄而上”到“门可罗雀”的过程，成为“运动式”创新的典型案例。

第三节 背离生态的创新

创新不是一蹴而就的主观想象，需要必需的基础条件和环境生态，离开了这些条件和生态，创新活动将难以为继、举步维艰。

一、“囫囵式”创新

“囫囵式”创新是指在创新论证伊始，缺乏对创新目标、途径、手段和成果的科学预判，创新过程中跟着感觉走，导致创新方向摇摆不定、创新方案反复迭代、创新指标一再修改、创新成果久拖不结。

“囫囵式”创新的主要表现有：一是不知道想要什么，不知道往哪儿走就急于出发；二是不知道怎么干，原点不清、重点不明、措施不力、目标不定；三是不知道为什么干，因为走得太远就忘记了为什么出发。

“囫囵式”创新产生的根源是创新的能力与期望得到的结果不匹配。

“囫囵式”创新会导致陷入创新的陷阱难以自拔，会炒成“夹生饭”难以消化，骑虎难下。

小米公司以性价比、网络手机的标签取得了巨大的成功，一时间多家厂商推出手机品牌。2015 年，格力电器发布了旗下智能手机品牌“格力手机”，正式进入手机市场。但格力手机在外观设计、系统流畅度、价格方面均不具备明显优势，手机自身的定位和特点不清晰，导致发售后销量十分不理想。2017 年，格力公司推出了后续的格力手机二代，但仍未取得理想的市场反馈，而这一局面与其总裁董明珠在各种场合对该型手机成功的表述相去甚远，格力手机整体处于一种尴尬的地位。格力公司在推出手机产品时，对该型手机的定位不清楚、市场调研不充分，最终导致该型手机在市场上的失败。格力手机是典型的“囫囵式”创新案例。

二、“求全式”创新

“求全式”创新是指片面追求创新的全面性、前沿性、颠覆性，而不顾及现有的基础条件和短板瓶颈，贪大求全，没有重点，没有做到有所为有所不为。

“求全式”创新的主要表现有：一是片面求全，试图在技术的各个方面、管理的各个层级、市场的各个角落全面实现创新；二是盲目跟风，热衷于跟随发达国家的创新潮流，执迷于专家学者的技术预测，盲从于别人的成功途径；三是一劳永逸，“想一口吃个胖子”，试图通过创新解决所有的问题。

“求全式”创新产生的根源是贪大求全、急于求成。

“求全式”创新会导致失去方向、没有重点，欲速则不达。

“协和”号飞机是欧洲主导研发的一款超声速飞机，是“第二次世界大战”后超声速飞行技术应用于民用航空领域的典型案例，但是由于民用与军用在经济性、安全性、舒适性等方面要求的巨大差异，该型飞机研制过程中大量采用了空气动力学、飞行控制、发动机等方面的新技术，且各项指标要求大大高于预期设计，使得该型飞机在投入使用后面临经济性差、无法有效推广的窘境，且随后出现的两次重大的安全事故使得其结构设计缺陷完全暴露，进一步加剧了市场对该型飞机的质疑，最终“协和”号飞机于 2003 年全部退出使用。“协和”号飞机在研发时没有考虑各项技术的成熟度，过多地依靠不成熟的新技术实现飞行速度的提升，其在商业领域的失败就是典型的“求全式”创新的案例。

三、“风筝式”创新

“风筝式”创新是指对创新的指标要求过高，对创新的预期过于乐观，对自身的能力和局限估计不足，对实现创新的难度和风险判断不足，导致创新不落地和创新失败。

“风筝式”创新产生的根源是期望与可能的脱节。

“风筝式”创新，轻则会导致创新项目的“拖降涨”，重则会导致创新失败。

贾跃亭是乐视的前总经理，长期布局汽车制造行业。2016 年曾推出乐视 LeSEE 概念车，并计划投资 200 亿元将该型车辆量产化，随后受乐视财务事件的影响，贾跃亭前往美国并继续开展新概念汽车的研发与制造，但该型汽车长期无法顺利量产，使得贾跃亭原计划不断被推迟，直至其申请破产重组。贾跃亭从布局汽车行业开始，先后对外宣称的两款车型一直无法实现量产，这是由于其本人对汽车制造的难度估计不足、对汽车量产周期的误判。贾跃亭造车始终无法按期量产是典型的“风筝式”创新案例。

“第二次世界大战”时期，德军为对付英国的飞机，研发了“空气炮”，该型装备在试验时成功实现了对 400 m 外目标的杀伤，但投入战场后，由于没有配备制导系统，无法精确瞄准空中移动的目标，并且由于整个设备体积过大，投入战场后很快被盟军摧毁。“空气炮”的技术途径不可靠，形成的杀伤距离指标与期望差距较大，是一型失败的作战装备。这是一个典型的“风筝式”创新案例。

四、“模板式”创新

“模板式”创新是指照抄照搬别人取得成功或自己曾经成功的创新方法、技术途径、管理方式等，忽视本单位面临的现实主观条件和客观环境，简单地复制别人创新成功的路径和模式，从而造成创新失败。

“模板式”创新的主要表现有：一是技术模板，盲目跟随和仿制，导致研发出的装备“水土不服”“知其然不知其所以然”和受制于人；二是管理模板，没有把别人成功的管理模式本土化并且有选择性地移植，导致体制性的障碍和机制上的冲突；三是道路模板，重蹈别人的发展道路，永远不会实现超越和引领。

“模板式”创新产生的根源是对成功模板的崇拜和执迷。

“模板式”创新会导致思想僵化、思路局限、贻误战机。

在火箭研究领域，苏联依靠发动机堆叠、增加携带燃料量等方法，取得了发射首颗地球卫星、首次载人航天等一系列令世界瞩目的成就，积累了大量的工程与技术经验。在与美军开展登月竞争时，苏联没有选择研发大推力、大口径的发动机，而是设计了采用更多发动机并联、多级串联的传统方式的 N－1 火箭，该型火箭第一级发动机数量达到 30 台，最终该型火箭 4 次发射全部失败。N－1 火箭失败的直接原因是发动机可靠性不足，但深层次原因是苏联固守既往火箭研发技术与路径模板，没有针对新需求采取新的技术途径。N－1 火箭的失败是“模板式”创新的典型案例。

五、“工程式”创新

“工程式”创新是指采用工程项目的研发模式开展创新实践活动。

“工程式”创新的主要表现有：一是工程式地筛选项目，过分强调需求紧迫性和技术可行性，使得许多有潜力的创新项目遭到淘汰；二是工程式地推进项目，在项目管理、技术状态管理、经费和进度管理上照搬工程项目的管理模式，使许多创新项目由于不适应工程项目的生态环境而夭折。

“工程式”创新产生的根源是管理体制和机制的僵化、单一。

“工程式”创新会导致真正的创新项目的逆淘汰和夭折。

2004 年，中国国内彩电行业正处于由显像管（CRT）向等离子、液晶电视的升级阶段，当时索尼、东芝等日本企业相继放弃了较为成熟的等离子业务，转向研发尚处工程试验阶段的液晶显示技术。由于考虑到液晶屏幕的技术不成熟且初期成本过高，长虹电视的决策者将等离子屏确定为研究方向，并通过大规模的业内并购，掌握了等离子的全套技术和规模巨大的生产能力。但随后等离子技术并未给长虹公司带来与投入对等的效益，而液晶屏幕的成熟则反过来侵占了长虹电视的市场份额，使得长虹公司长期处于严重亏损状态。长虹电视受工程化思维的局限，选择了技术相对成熟的等离子技术，摒弃了仍处于研发但市场潜力巨大的液晶技术，这是典型的“工程式”创新案例。

第十章
导弹创新者的体悟

为辅助本书的写作，作者邀请了100位从事导弹创新工作实践的科技工作者和管理人员，采用调查问卷的形式，从四个方面归纳了100位专家的意见和观点。这些意见和观点都是受邀专家长期从事导弹创新工作的实际感悟和切身体会，他们从不同的视角、不同的岗位、不同的专业等阐述了对导弹创新的理解和体悟。这些体悟弥足珍贵，现不加剪裁地奉献给各位读者，相信总有一些观点和认知与您相契合，并产生深刻的共鸣。

第一节　对导弹创新概念、本质、特点、规律的理解

创新是用新的思路、新的方法解决科研工作中的难题。创新的本质是以基本的理论、专业的知识、丰富的经验为基础，运用联想思维、逆向思维、发散思维等各种思维方式，提出新的解决问题的方案。创新需要有土壤，创新应该被鼓励，要让会想的人敢想；创新需要源泉，源泉来自兴趣和热爱，要让合适的人干合适的事。

创新是针对未来态势和因应新技术发展而采取的对现有技术的突破和变革，其本质是对现有技术的革命，其特点就是突破和颠覆，会在某些战技指标上带来革命性的变化，从而形成对现有装备和技术的巨大优势。创新需要明确的需求牵引和愿景描述，需要基础技术和基础工业的深厚积累，需要开放的组织体制和灵活的人力机制。创新归根到底是人的行为，是人对自己长期固有技术和思路的自我变革，超越固有约束和框框，按照明确的需求组建超越现有单位的组织形式，是创新的必由之路。

创新应该是在现有技术进步的基础上，通过不断积累而达成的量变带来的质变。纵观现代社会的发展过程，所有在历史中记载的创新行为实际上都存在着相应的技术基础。如果我们把创新过程看成一个三棱锥，那么“技术”就构成了三棱锥的底面，而“思想”“行动”以及“信念”则构成了三棱锥的三条棱线，共同支撑起了“创新”这个顶点。决定三棱锥稳定性的正是其底面

面积的大小，因此对于“创新”这一行为本身而言，绝不能为了创新而忽视技术上的积累过程，否则必然会在其他方面付出更为惨痛的代价。

创新分为原始创新和集成创新。原始创新是在大量实验、演算、推导的基础上，对科学规律的发现和归纳；集成创新是对已有工程技术、科学技术等进行有机组合而产生的新能力、新方法。原始创新起点高、难度大、投入高，对人的要求高，其动力是人类追求对客观世界的认知渴望，一旦成功可带来人类社会某一领域的颠覆性改变。集成创新起点相对低，但需要有良好的机制驱动，不是对技术、方法的盲目组合，而是要通过市场需求来引导，这样的创新才有价值。无论是原始创新还是集成创新，其核心都是人和机制，发挥人的主观能动性，积极保护知识产权，是人类社会保持创新源泉的重要途径和方法。

创新就是用新思路、新方法、新途径解决问题。本质是“创”，结果是“新”，做别人没做过的事情，并且具有积极的意义，能够产生正向价值和效益，促进技术发展。创新可以是从无到有的原始创新，也可以是一些技术的集成创新，是在一定基础上逐步发展的，需要积少成多、聚沙成塔、厚积薄发、持续积累，不是一蹴而就，做做运动就行的。

科研工作中，采用不同于以往的技术措施、工作方法，在提高产品性能、增加工作效率、降低科研成本、缩短研制周期等方面起到积极作用的行为，均可理解为创新。创新的本质就是改变。创新包含不同的层次，对比以往技术、方法，可以是革命性的，也可以是改进性的；创新既有灵光一现的偶然性，又有不断积累后突破的必然性。

创新的本质是对某类关键问题或瓶颈技术的突破。只有经过丰富的实践，才能提炼出限制问题解决的关键所在，故创新源于实践。由于实践积累需要时间以及必要的资源投入，所以优秀的创新成果周期较长。创新要有的放矢，产品技术创新首先要准确捕获用户需求，包括潜在需求，并在各种利益攸关者的约束下，达到最终目标。所以，创新目标的达成是有限的，是有条件的，不能包打天下，具体到导弹创新，应包括三个层次：更新——不断优化，提升性能；创造——新的产品，功能跨越；改变——打破体系，另辟蹊径。

对于导弹的研制而言，创新建立在技术进步的基础上，对导弹的性能有较大幅度的提高；创新不是凭空想象的，一定是在传统技术进步的基础上的从量变到质变的过程。创新的概念是在尊重科学规律的前提下，为解决科学问题所采用的新思路、新方法等，本质还是“温故知新”。创新规律是在某些科学领域、某项技术得到突破时，有可能为自己所从事的领域带来新的机遇、新的理论和新的应用等。

创新是以有别于常规的思路而改进或创造新的产品、方法、手段、制度，并能产生一定社会经济效益的行为。顽强的创新意识和科学思维是持续创新的源泉。创新的本质是突破，即突破常规思维。

创新代表未来的发展方向，是一个从量变到质变的过程，需要持续不断的努力。创新来自实践，具有目的性，是出于对所面对问题的不断思考、反复尝试。创新以“新”为目的，以“创”为手段，“新”必须从实际出发，“创”同样基于实事求是。

与传统的技术或算法相比，在技术或算法上有全新的方案、思路、原理、方法等，或者采用的理论方法、技术途径等有新颖性或有独到之处，或在原有技术算法基础上有新的有效的改进，从而使产品的性能、功能或质量有明显的改善提高。

创新是突破传统的技术路线和途径，采用创新的理论成果，形成新的技术路线和途径，以达到更高的技术指标和战术性能的创新活动。它主要分为颠覆型创新和改进型创新。颠覆型创新是为实现战术目标采用与传统方法完全不同的技术途径，其本质是全新的基础原理和理论的创新，其特点是大幅提升战术技术指标和能力，对基础理论研究、基础元器件、工业基础产生重大变革，具有划时代意义。改进型创新是在保持总的技术途径不变的基础上，通过提高一个或几个技术环节的性能，达到优化系统组成和性能，提高系统总的战术技术指标的创新活动。创新活动的规律一定是厚积薄发的过程，是渐进的量变和突发的质变相结合的发展过程，需要理论研究、基础研究、系统研究、基础工业能力提升等，是各个环节的长时间积累、多点突破的结果。创新绝对不是空想的结果，不是闭门造车的过程，而是多个学科交叉启发、组合创新的结果，其过程是大胆假设、探索求证、实验验证、再假设、再求证，孜孜不断的追求过程。

创新来源于两点：一是外在需求牵引，由于需求与现实的不协调、不匹配，不得不创新以解决问题，这是被动创新，即使在心态上是主动。被动创新多出现在工程、管理领域。二是内在积累爆发，不满足于现状，有意识地更进一步，探索更先进、更高效、更美好、更前沿的领域或方法，这是主动创新。主动创新多出现在科学、艺术领域。发展的本质就是创新，无论主动或被动，创新都是永恒话题。创新的力度大小取决于需求和理念的提升程度。有价值的创新多半积累在扎实的基础上，即便是旧物新用类型的创新。只有站在巨人的肩膀上，深刻理解事物本质和创新目标，才能让创新高效而有价值。

创新是创造新理论、新事物以改变现状的过程，其本质是为满足具体需求而在整合和发展现有资源基础上提出的不同于原解决方案的更优方案，其特点是突破原有思维或技术的限制，采用新理论、新方法更高效地达到目的，其规律是随着新理论、新基础技术的发展而不断发展。

创新是用新发现、新思想和新方法解决现实问题的过程，其本质是解决问题。创新的特点是提高效率、创造效益、促进发展。创新的规律受人类思想认识水平和科学技术发展水平的主导和影响。互联网、AI技术的发展催生了“互联网+”、智能制造，也推动了导弹武器系统的网络化、智能化发展。

创新指的是以现有的思维方式提出有别于常规和常人思路的见解，利用现有的知识和物质，在特定的环境中，以新的需求为推动，从而改进或创造新的事物、方法、路线等。创新需要需求推动，只有需求推动下的创新才是可持续的、稳定的，需求的变化才是创新的原动力。

创新是指在现有技术或产品的基础上，利用新方法、新技术或新工艺所进行的产品功能、性能提升改进活动。它包括三个层级：瞄准已有问题的针对性改进；新方法、新工艺的应用；应用全新理论引起的产品颠覆性的结构、技术路线的革新。

创新是事物发展到一定阶段必须面临的改革，是发展的动力源泉。现有产品的缺陷和不足会迫使新概念、新产品和新方法的萌生，必须创新才能从根本上解决问题。

创新是一种通过创新思维意识，利用现有技术、方法、材料重新组合（小幅改进）或全新技术、方法、材料，进一步提升产品性能或研发出全新性能产品的活动。创新的本质是打破人的惯性或僵化思维，促进多向思维或颠覆性思维，最根本的是人的思想观念的创新升华。创新的特点是成功率低，因此应允许创新者创新失败。

创新是指人类为了满足自身需要，不断拓展对客观世界及其自身的认知与行为的过程和结果的活动。具体来讲，创新是指人为了一定的目的，服从事物发展的规律，对事物的整体或其中的某些部分进行变革，从而使其得以更新与发展的活动。创新的本质是：创新是为客户创造出“新”的价值，把未被满足的需求或潜在的需求转化为机会。创新的特点是具有价值取向性、明确目标性、综合新颖性、高风险及高回报性。

创新是以现有的思维模式提出有别于常人思路的见解为导向，在特定的环境下，本着理想化需求，而改进或创造新的事物，并获得一定效益的行为。创新是基于充分认识基础上而产生的自然的提升，是对规律深入理解基础上的再利用。

创新是在解决具体问题，弥补现有不足和缺点的实践活动中，发现新理论、提出新方法、创造新产品的技术过程。其本质是“新”，以前或者没有类似的想法和理论，或者没有得到实际操作，或者没有做出实际产品，都可以称为创新。创新可分为两类：一类是在现有理论指导下，开发新的产品和技术，工程领域的创新大多数属于此类；另一类是没有现成的理论，需要发现规律，构建理论体系，再开发产品和技术，此类创新更具有开拓意义。

创新是更新和扩大产品、服务和市场，也是对以往经验的总结和开发，是发展新的设计方法、新的管理制度等，其本质是以新思维、新发明和新描述为特征的一种概念化的过程。

创新本质在于：追寻和探索性能、品质更优更好的实现方案，通过创新可以实现各个方面超过现有实现方式的优化替换，是一种主动性创新；解决现存的实际问题，由问题驱动的创新，不出现全面的性能优化，具有与现有阶段完全不同的表现形式。在现阶段不能看出优于或未来优于目前状态的创新，是一种自然性或艺术性的创新。创新不一定能完全解决实际问题，但所有良好的改变均应值得鼓励，其规律在于积累，单个及群体性创新的不断积累将会使整个国家、行业产生蓬勃的生命力。

创新体现为某领域技术实质性的特点及进步性，即从现有技术领域中不能得出构成该创新的全部必要技术特征，或与现有技术相比克服了现有技术的缺陷和不足，具有新的优点、效果。

创新是为解决问题，提出前人未使用过的方案或方法的过程，其本质是变化，可以包括将不同领域的知识类比过来或者发现一种全新的方法等；其特点是要解决存在的一些矛盾，如体积和功能的矛盾等。

创新就是对人们习以惯之的方法、制度、思维的突破，其主要的本质和特点就是向效率、性能、成本等更加优化方向的改变。

导弹创新就是突破先验性的意识，突破固有概念的樊篱，突破思维的局限，寻找技术的边界和突破点。导弹创新的本质就是为了解决现实的问题。导弹创新不是重复劳动，也不是修修补补，它是一种突破性的行为活动，具有起步艰难、风险较大、过程复杂的特点。

创新就是思路的转换，创新就是量变到质变的过程。

创新是依据需求或向往的指引，向未知领域探索。创新有风险，失败是常态，而失败也是成功之母，是走向成功的修正器。

技术创新是指用创造和应用新知识、新技术、新工艺，采用新的生产方式和经营管理模式，提高产品质量、提供新服务的过程。创新首先要发现新的需求，以满足新的需求为目的，以科学技术为手段，遵循科技的认识和发展规律，解决实际需求与工程技术之间的矛盾，实现产品更新和技术突破。

创新是以有别于常规的思维或想法，利用现有的知识、技术和物质（或新知识、技术和物质）解决当前工作中的问题；是对事物的后续发展提出创造性方法。

创新就是创造新事物、技术、方法的过程，是在现有事物、技术、方法之上的再开发过程。

创新的本质就是创造出新方法、新产品，是在旧的传统事物上形成新思路的过程。

创新分两种，一种是基础概念意义的理论创新，另一种是在现有技术体系内的应用创新。创新说到底是在行业内现有产品、设备等总结提炼的基础上，提出新的思路、方法、实现路径。

创新是突破传统思维，通过新的技术手段使产品功能和性能达到一个新的高度。创新的本质就是解决目前存在的各种矛盾和冲突，如用户对产品功能与用途具有更高的期待，但是通常受到技术水平的限制；产品的功能、性能与经济性、易用性的矛盾等。创新的特点是新颖性，即在已有产品中引入前所未有的元素，从而使产品功能、性能和实用性等方面得到提高。创新可以是对原有技术手段的改进和扩充，也可以是对原有技术的颠覆和完全替代，创新并不总是带来积极的影响，有时候会引出新的问题，因此技术的发展和创新可能是螺旋式上升。

创新是创造新知识，形成新技术、新工艺等，形成与前者适应的新方法制度的行为，分为突破型创新和改进型创新。改进型创新行为在良好环境下会是自发性行为，在一定积累后促成突破型创新行为的发生。

创新是在融会贯通整个技术体系脉络的基础上进行的新方法、新理论等研究工作，技术发展都是一脉相承的，如果没有掌握整个技术体系，创新可能就是无源之水。新的理论和方法都是孕育在现有技术之中，从这个角度来说，从来没有弯道超车，历次工业革命中别人掌握的技术，我们一样也得掌握。纵观我国的技术发展历程，和西方发达国家相比，从望尘莫及、望其项背到超越，超越就是创新，对现有的先进技术不了解、不掌握，创新工作就不能获得实质性进展。同时，创新可能是一种枯燥、产出率极低且极其艰难的工作，大部分时间可能毫无收获，大部分方案和思路可能都是错误的。

创新是指根据发展的需要，运用已知的信息，突破常规，发现和创造新的事物、方法等，如新材料、实用新型（在别人未尝试的情况下，通过将经典的机构重新组合、结构变异形成新的传动机构）、新工艺、新方法等；创新的本质是在已知的基础上，突破思维定式、打破常规。

创新的概念是指研制本不存在或改进有缺陷的产品、方法、技术等，但有时也指将成熟的、已有的技术开创性地应用到其他领域。创新是存在规律和方法的，并不是随意而为；创新并不仅仅局限于技术领域，在管理方面的创新也很重要，同样能促进生产力的大力发展；在现在的工业时代，更多的创新是在交叉学科发生，也就是说更多的是将“老”的技术开创性地用到“老”的领域，从而产生新的效果。

创新就是突破常规，采用新技术、新方法、新材料等创造出不同以往的新事物，其本质是突破，突破旧思想、旧思维定式的束缚。创新的特点在于其独创性、灵活性和未知性，创新不能保证必然成功和得到好的结果，高风险也就意味着高收益，应容许失败。

创新是在现有知识的基础上提出有别于常规的见解，改进或创造新的事物、方法，是推进科技发展的动力。

创新的概念理解是用新技术、新方法、新工艺、新管理，促进产品更新换代。

创新要打破常规、有所突破，创新首先要有基础，基础就是现状，不了解现状创新也极其困难；然后是要有打破常规的勇气，中规中矩也极难创新。

创新是在现有产品或设计中，以一个新的视角或方法来解决问题，其本质是通过技术手段开发新的导弹、新的设计、提供新的服务；创新是有相当大的继承比例，以减少研制风险，提高效益；创新本身是一种新颖、独特的思维方式，一定要具有社会意义；创新除了具有一定的基础外，还需要合适的外部条件或需求。

创新是人们为达到某种目的在相关领域进行的探索和应用，改变和不同不是创新，是个性。创新是从无到有的过程，是有正向价值的。创新有原始创新、跟随创新和集成创新三种主要模式。原始创新在创新中处于核心地位，是前所未有的重大科学发现、技术发明、原理性主导技术等创新成果；跟随创新是在已有成熟技术的基础上，沿着已经明确的技术道路进行技术创新；集成创新是利用各种信息技术、管理技术与工具等，对各个创新要素和创新内容进行选择、集成和优化，形成优势互补的有机整体的动态创新过程。

“创新”一词本身包括“创”和“新”，“创”是与众不同的做法，“新”是与众不同的变化，因此，“创新”就是因“与众不同的做法”所带来的“与众不同的变化”，即因“创”而“新”。“创”是过程，“新”是结果。

“创新”一词本身并不意味着一定带来正向、积极或高效的成果，但实践中，不带来正向、积极或高效成果的创新是没有生命力的，因此，实践中“创新”的结果被认定为是“优良”的结果。这种理念带来的负面影响是，创新只许成功，不许失败；试错、容错机制无法形成；稍有风险，甚至完全是假设风险的创新都容易被否定，从而降低了创新的积极性和水准。

创新分为原始创新（或叫自主创新）、集成创新、跟随创新三种模式。自主创新实质通过自己的研究开发形成自己的专利技术；集成创新是把现有的技术组合起来，产生一个新的技术或者新的产品；跟随创新是在别人创新的基础上再进行创新。原始创新最核心关键，也最难形成；跟随创新最易实现，但难以实现超越对手。

创新是针对工作中遇到的问题，在积累经验的基础上，开拓思维模式，提出有别于当前或传统模式的新思想、新方法、新技术、新途径、新环境等的过程。创新的特点是以提升效益和简化事物为目的，没有限定的方向。创新需要先发散后集中，最后解决问题。

创新的初级层面是为解决已经存在特定的问题而提出的新的思路方法，提高部队战斗力。高级层面是通过原始创新、跨域设计，在导弹领域引入新的方法、新的理论，形成全新的装备、能力，去引导军队的消费，去设计战争方法，取得“完全压倒对手”的独特战场优势。创新必须由对军队战争、装备研制都有丰富理解的“经验丰富”的设计人员结合初出茅庐的“思想开放、天马行空”年轻人，大家一起才能做好导弹创新工作。

创新是一个经济学范畴概念，指与新技术（新产品，新工艺）研究开发、生产及其商业化应用有关的活动，是新技术从无到有的工程。

创新是指创造或采用“新的产品”“新的特性”“新的生产方法”“新的方式”“新的组织”。创新要能提出或产出具有新颖性和适切性的工作成果。创新内涵就是把一件事做到极致，不应该看谁会玩概念，而应该看谁真正把技术沉淀下来。创新需要头脑和勇气，但同样需要耐心、定力和厚积薄发。创新就是要突破核心技术。

创新具有两种解释，一种是在理论层面上提出了一种新方法、新思路；另一种是在工程应用上采用了某种新的关键技术。创新的特点就在于创造、革新，提出的这种新方法肯定是要在某些方面优于当前方法。创新的出现一般是两种形式，一种是现有技术或科学理论积累到一定程度后必然出现的新理论、新方法；另一种是针对工程上可能出现的某种问题或难点特地提出的一种解决方案。

创新是一种创造新实践行为，这种实践为的是增加利益总量，需要对事物和发现进行利用与再创造，特别是对物质世界矛盾的利用和再创造。人们通过对物质世界的利用和再创造，制造新的矛盾关系，形成新的物质形态或新的理念，包括思想理论创新、科学技术创新、管理创新、经营创新、机制创新、制度创新、知识创新等。创新需要的是打破陈规、突破框架，以不同以往任何形式的发明创造，产生出新的形式。创新是一种有目的的实践活动，其目的性使创新活动必然有自己的价值取向；创新必须提供富有新颖性的成果，是解决前人没有解决的问题；创新活动是一项实践活动，在整个过程中，产品的构思阶段和制造阶段都显示出含有大量实践性经验的因素；创新以求新为灵魂，具有超前性，这种超前是从实际出发、实事求是的超前。

创新是指以现有的思维模式提出有别于常规或常人思路的见解为导向，利用现有的知识和物质，在特定的环境中，本着理想化需要成为满足社会需要的目的，而改进或创造新的事物、方法、元素、路径、环境，并能获得一定有益效果的行为。

导弹武器系统的创新通常是集成性创新。同样技术基础和资源条件下，如何实现效能最大化，是创新的首要目标。导弹武器系统研制创新，需要打破传统思维模式或常规方法，在既有的技术基础条件下，能够实现武器系统性能的突破。创新牵引关键技术突破的动力，是提升单位核心竞争力的重要手段。不建议为创新而创新，创新一定要基于现实需求（即传统方法无法实现所需的性能和功能），能够为武器性能提升或发展带来价值。

科技划分为 STEM（科学、技术、工程、数学），创新对应为科学发现、新的技术途径、新的工程应用，以及新的分析计算工具。STEM 带来的创新影响是依次递减的。

创新的目的是提高武器系统的技战术性能、为作战使用带来新的能力、能够牵引技术进步，而非为创新而创新。创新不是简单提个新想法，而应该是一套具有基本可行性的解决方案。创新分为原始创新和集成创新两类，现在作为总体设计，要提出被认可的原始创新非常难，诸如新的弹道形式、新的导弹布局、新的制导方法等，提出气动、结构方面的创新想法相对比较容易，但又很容易陷入不切实际的问题，这就需要设计师思维敏锐、概念清晰，具备一定的分析计算能力，能够多方面权衡把握。未来更多创新来自集成创新，很多事物集成在一起往往能产生意想不到的“化学作用”，在收到非常好的效果的同时，并没有增加太大的技术难度，这个需要我们去重视，需要领导去认可。创新可能来源于长期认知的积累，可能来源于灵机一动，可能来源于设计师讨论中的思维碰撞，没有固定的规律。

在工程技术领域，创新不是进行科学发现，是一些技术在特定领域的应用，需要具备开阔的视野、新技术新方案与需求结合的强烈愿望与热情，需要具备一定的综合判断能力。条条大路通罗马，没有绝对的权威。

创新是引领发展的第一动力，是不断突破自我认知能力和实践能力的过程，是一种主观能动性的表现、一种创造性的实践行为。创新本质是突破传统、突破常规。创新特点有：一是反常规，要突破思维定式；二是没有固定的标准答案，不存在唯一解；三是相对性，同样的事物今天大家看是创新，未来一旦被多数人接受就变成传统。创新需要经历发现、构想和实践三个阶段。在发现阶段，就是发现矛盾点，找出不协调的现象；在构想阶段，就是透过现象究其原因，提出解决问题、消除不协调的创新构想；在实践阶段，就是通过实际行动不断尝试，其中可能会面对失败，最终取得创新成果。这三个阶段就是创新的规律。

创新的本质是观念颠覆，是对已有系统的功能、性能与使用模式上的全面创新，创新的载体是技术；其特点是越是小团队、高效率、去行政化，其创新成果就越具成效；其规律是跨界、跨域领域的创新点和成果比较容易出现。

创新与其说是求新，不如说是求深，即深刻挖掘问题本质，深挖到可以直接轻松看到解决办法的程度。

创新为人类利用思维、工具对于已有事物（含方法）进行改进升级，对于未知事物进行探索创造，从而创造出之前未有的新事物的过程。其本质与特点在于创新的结果与之前对比是有进步的，或为改进升级，或为颠覆原有，或为创造新生。创新没有固定的规律可循，创新主体起着决定性作用，原始类创新（供给侧创新）更加侧重于创新主体的灵感，改进类创新（需求侧创新）更加侧重于社会的需求。

创新就是乔布斯的非同凡响、任正非的炮击城墙垛口（持续炮轰）、钱学森的系统工程方法。创新的本质是预测和敏感变化，并通过创新者的活动引导变化朝着预期的方向。创新的特点是变，即认识上的变、思维模式的变、活动范围的变、行为结果的变。创新的规律就是没有规律，但从创新活动角度来看，具有一定的规律性，世界上有很多最佳实践值得我们学习和思考。例如，我国的“两弹一星”，华为、小米等成功企业，国外的“臭鼬”工厂、DARPA、苹果、Google 等。

创新是一个很宽泛的概念，参考阿尔特·舒勒的划分方法，可以把技术创新划分为五个等级：最基础创新是在原方案上优化参数，称之为改进更合适，这一类在发明统计中占 32%，是为等级一；进一步创新是在原领域中进行方案折中，利用行业内知识提高系统性能，在发明统计中占比 45%，是为等级二；利用跨领域、跨行业的知识解决问题，使系统性能得到显著提升，在各类发明统计中占 19%，是为等级三；第四级是基于新的原理，提出全新概念的创新，在基础理论有所突破，使系统性能得以全面升级，此类占比 3.7%；最高的创新（第五级）是基于科学所发现的创新，能够导致科技进步，能构造出全新系统，但成功之路艰辛而又漫长，且多有偶然性机遇，占比 0.3%。上述二、三、四级创新是我们所追求的。其基本规律：一是回到需求的原点，不拘泥于原方案、原领域，才可能有更好的创新；二是打破专业规划与跨界思考问题，能得到更好的解决方案。技术上的高等级创新有可能导致市场的颠覆，但也不必然。颠覆性创新是一个比技术创新更有特定管理学内涵的概念，可定义为通过创造一个新的市场和价值网络而打破现有的市场及价值网络，并取代现有市场中的领先企业和产品的创新。低成本是一个颠覆性创新，就如同1908年美国福特的T型车，改变了大众的生活方式，改变了美国的工业化进程。

导弹创新是指跳出常规的思维惯性，通过新原理、新方法、新途径的运用，生成新型作战能力或显著提升导弹技术性能研究和研制活动。创新具有反常规、颠覆性、不确定性、交叉性等特点。

创新概念就是瞄准一种全新的需求，发掘全新的理论、方法、标准，使人类社会产生一种全新的能力。本质就是充分发掘人的主观能动性，以创造出新质能力。创新需要打破思维思路，运用新原理、新方法等获得新能力的活动和规律。

创新的概念十分丰富，其本质就是运用不同寻常的方法实现提质增效。特点是颠覆性、前沿性、长期性，这也是其规律。颠覆性体现在创新不是传统技术延长线，而是“另起炉灶”，彻底颠覆或部分颠覆，如气动控制—直气复合—跨域变形；前沿性体现在创新从需求到途径均应代表前沿发展，能够辐射带动技术群跨越式发展；长期性体现在从需求角度，必然是长期存在且未较好满足需求，或新近出现但将长期存在的需求，才需要创新，值得创新。从过程角度，必然是要经过一段长期不被认可而砥砺攻关的过程。从结果角度，创新结果应持续提质增效，在一段时间内保持效果。

创新是指以现有的思维模式提出有别于常规或常人思路的见解为导向，利用现有的知识或物质，在特定的环境中改进或创造新的事物（包括但不限于方法、元素、路径、环境等），并能获得一定有益效果的行为。创新是人们为了发展需要，运用已知的信息和条件，突破常规，发现或产生某种新颖、独特的有价值的新事物、新思想的活动。创新的本质是突破，即突破旧的思维定式和约束。就我们所涉及的科技创新而言，类型包括知识创新、技术创新和管理创新。创新的规律包括：遵循市场规律，创新价值要通过市场实现，要瞄准需求创造价值；遵循痛点规律，找准痛点是创新的良好开端；遵循协同规律，解决实际问题往往需要多种学科结构的支持；遵循渐进规律，特别是基础研究具有先导性、战略性、公益性等特征，还具有很大的不确定性。

第二节　导弹创新的原则和方法

导弹创新应聚焦实战，以打赢现代化战争为目标。在导弹研制工程中，创新应以实际需求为牵引，以解决关键问题为原则。对于一个老问题，若要采用新方法，要先明确老方法存在的问题和不足，有针对性地进行方法创新，新的方法才能比老方法带来更多的好处，方法创新才有价值和意义。对于一个新出现的工程问题，提出一种解决方法即为创新。

历经数十年发展，精确制导导弹的技术发展已经几近瓶颈，新技术的萌芽方兴未艾，精确制导导弹面临着发展的十字路口，面对大国竞争的严峻态势，迫切需要开辟新的技术途径。导弹的未来发展需突破现有技术的框架，融入体系，转变角色，分布协同，由原来的“大而全”转变为“小而精”，由原来的“少而精”转变为“多而廉”。在方法层面，应重新审视系统框架、各部件、各功能的本质需求，在新的战争态势和威胁面前是否存在着变革的可能。

导弹创新是集成创新，在型号研制中应本着需求驱动原则，既不过分追求性能的优越，也不过分保守，一切以满足用户需求为主要因素；在技术研发中，也应本着需求驱动原则，做好对未来需求的把握和判断，避免走弯路。

导弹创新要遵循循序渐进的原则和方法。按照发展的时间，将技术分为创新型、前瞻型和颠覆型等。要联系导弹本身、作战环境、目标、发射平台等体系中的要素来创新。要借鉴其他武器装备领域的新技术、新理论和新方法来进行创新。

自顶向下的原则：目标导向、价值导向、做好顶层规划。

尊重科学的原则：一切创新应遵循科学知识和客观规律。

实事求是原则：尊重事实、追求事实真相，以真实实验结果作为检验的唯一判据。

包容原则：允许不同的观点、不同的声音、不同路径的存在，同时欢迎成功、包容失败，从机制上而不是口头上真正容忍失败。

创新的方法应经得起理论推敲，而不是拍脑袋异想天开。

从武器系统考虑，导弹创新要基于战场实用需要，以作战的实际应用为出发点，有针对性地根据战场需要，解决传统武器没有的功能，扩张战术战法的灵活性，简化作战使用模式，做到简单、实用、好用。

从技术发展考虑，需要采用新的技术体系，不断追求性能的提升，包括小型化的集成技术、新型的软件算法技术、跳出现有的体制，从体制上进行创新，不断将新技术集成优化整合到武器平台上，提高武器作战性能、使用的简单化以及成本的低廉化。

从战法、导弹、舱段、单项技术等不同层面鼓励创新，同时重视战术、战法层面的创新工作，对导弹及舱段技术进步起引领作用。

导弹创新要知彼知己，既要关注平台和自身，也要关注敌人和目标。首先，导弹是用于攻击目标的，故导弹创新要关注敌人和目标动态，尽可能掌握敌人和目标的各种特性，做到充分知彼，并将其作为技术创新的重要依据；然后，导弹能在何种条件下攻击哪类目标，这是导弹的性能边界问题，创新者应该了然于胸；最后，还要保持对相关技术发展的敏感，如未来平台向高超声速发展，空空导弹就自然要具备高超声速特性，为具备这样的特性，需要攻克哪些关键问题，自然也就为创新指明了方向。

导弹创新应在现有知识和技术的基础上，考虑未来可预期的作战环境，通过改进或创造新的理论、方法、路径、产品，来实现理想化的作战需求。

导弹创新需要准确了解用户的需求，了解以往产品在用户使用中的缺陷和不足；熟悉传统解决问题的方法的优缺点，在传统设计方法的基础上，从局部做起，循序渐进，逐步提高创新的幅度和范围，加强创新项目的试验验证。

导弹创新应遵循的原则包括“用户第一，作战对象和作战环境第一”“温故知新”等，即“创新”是在“温故”的基础上，对所从事的工作领域利用新理论、新技术等对新设计、试验验证的方法进行创新和改进。创新一般包括渐进式创新、风暴式创新两种类型。

贯彻通用化、系列化、组合化设计原则。在新导弹研制中最大限度地重复使用和复用，以加快产品更新周期并实现效益最大化。

规范设计原则。新产品设计应遵循现行有效的各项标准，这是继承成熟经验、少走弯路的关键。

简化设计原则：在满足设计技术指标要求前提下，存在多种设计方法、实现途径时，宜选取最为成熟可靠、易为同行理解的设计方法，越简单越可靠。

战术技术指标适度超前原则：导弹研制有其一定的周期，指标适度超前，可确保产品定型、交付使用时的先进性。

风险可控原则：方案论证阶段要做好风险分析，拟订风险控制措施。

导弹创新应遵循科学规律，技术算法创新应该机理清楚，能够推理证明，并通过试验验证。

导弹创新是应用创新的范畴，一定要考虑到应用条件和目标的限制，一定要考虑工业基础的制约，因此导弹创新应遵循两条腿走路的原则和方法。一方面在现有的体系内通过局部创新提高系统能力；另一方面密切关注新技术的发展，在可能的新技术途径上保证持续投入，持续占领新技术高地。

导弹创新的动力多来自军方需求，需求的正确性和难度决定了创新的价值和程度。有价值的创新，符合工程实际（注重可靠性与可生产性），具备继承性，或有充分的预研支撑，关注追踪新理论、新方案、新技巧，既有产品持续改进，精益研发。

导弹创新应以需求牵引为原则。其方法是在新理论、新基础技术发展的基础上集智创新，提出并完成新的工程实现方案，持续满足新目标、新毁伤要求。

导弹创新应当遵循需求牵引、问题导向的原则，以解决实际需求为目标。导弹创新可以借鉴 TRIZ（发明问题解决理论）和方法，提高创新的效率，减少盲目试错的时间、资源和人力成本。

导弹创新应遵循循序渐进的原则。导弹作为一个实战产品，在考虑其作战性能先进性的同时，首先应考虑产品的可靠性和易用性等工程特性。创新技术的采用必然带来产品结构、工艺和软件等方面的变化，从而带来新的问题，进而影响产品的可靠性，所以导弹创新应循序渐进、适用即可，创新技术的应用必须经过充分验证。

导弹创新应遵循工程可实现性的原则，导弹创新可在新技术、新材料和新工艺等方面开展。例如，目前小体积是制约空空导弹发展的一个瓶颈，针对小体积开展的芯片研制、多部件一体化研制、信号互联技术和集成工艺等都是推动导弹继续发展的创新。

紧盯导弹创新目的，或提升性能（射程、探测距离、抗干扰性能等），或减小体积，或降低成本，或提高可生产性可维护性等；根据导弹创新目的，提出创新思路或方案（渐进改进、现有技术重新组合或者颠覆性创新），在此过程中要敢于打破常规，善于激发和引导团队成员的各种奇思妙想；快速行动、高效落实创新方案，以免错过创新时间窗口，提升创新的时效性；创造宽松的创新环境，使创新团队敢于异想天开、勇于试错。

导弹创新必须服从科学技术原理，同时符合市场评价和成本原则、相对较优原则和机理简单原则。

导弹创新应遵循以下原则和方法：一是好奇，这个部件为什么这样设计，在好奇中熟练掌握知识；二是兴趣，只有感兴趣才会主动思考它和探究它；三是质疑，这个事情为什么这样做，可不可以那样做，还可以哪样做；四是探索，对于有可能节省成本、提升效能的途径，在工程实践中进行探索。

导弹创新应充分认识世界格局、作战对象、作战体系、作战模式、作战方法和技术基础。导弹创新与其他创新区别不大，注重思维的培养、专业知识的积累、拓展眼界。

导弹创新的目标是“更远、更精、更小、更可靠、更便宜”。当前应当遵循的原则有：一是瞄准国际先进水平，跟踪国际先进水平，解决我们当前的问题；二是应针对新型作战模式、新型作战概念对武器系统的需求，采用更高效的方法解决问题；三是应分层次，既要有“天马行空”的新方法、新思路，又要有立足现有的科学技术和理论，解决制约目前导弹技术发展的问题；四是不能脱离导弹武器关注的本质，如安全性、可靠性等方面的要求；五是应用于型号的创新应进行充分的验证；六是应充分关注“体系创新”，走国内大协作创新的路子；七是重点对创新路线进行规划，重视但不过度注重大的创新项目牵引，应多拓展中小型的创新项目，不断积累，由小创新积累为大创新。

导弹创新应遵循以下原则和方法：一是应当预见到知识、技术的变化，产品的新要求，以及工作设计的改变，根据这些变化，采取相应的措施；二是应当成立相应的设计组织，使其适应当前产品的新要求、新变化，组织规划来进行。

导弹的创新在思路上应鼓励发散，不过多受研制经验的束缚，大胆求证，敢于采用新体制、新技术形式；在实现上注重结合目前的器件水平、工艺能力，收敛设计思路，形成整体可行的创新理念；在技术上创新跨度不宜过大，应注重阶段性规划，随时结合电子或技术行业的整体发展趋势。

导弹创新应遵循的原则有整体效益优先、经济技术合理，实际解决同期面临的某类、某个技术难题或瓶颈，提升导弹某功能组件或全弹的性能、性价比等。

导弹创新的原则包括：全流程，体现在作战目标（在陆、海、空、天、网络和认知域作战），应用平台（如舰、陆、空、天和无人平台，组网，智能），导弹实现（新概念、新技术、新材料），毁伤效果（摧毁，失效，主要功能失效）等方面；作战概念和应用理念，体现在导弹单个应用，导弹成组应用，导弹成群应用，导弹和其他武器成群应用方面；在继承的基础上跨越式发展，立足一定的继承性，创新提高；综合多学科理论集成发展，尤其是AI技术应用。

导弹创新应遵循逐渐成熟、分项验证的原则。导弹创新中各组件、各部件进行创新，各自进行验证，各自成熟，分期改进，全新的导弹研制风险过大。

导弹研制，与国外技术对比，从跟踪、并肩向跨越的发展。导弹创新需要理论研究的突破、技术积累的沉淀，需要一个过程。

导弹创新应该是立足现有平台，在算法上进行创新，在战法和应用上进行创新，发展到一定的程度上自然出现跨代产品。

导弹创新需要以未来战争的想定、设计等作为方向指引，需要适宜的氛围、宽松的考核和适当的激励。

延续性创新，主要是对导弹现有产品性能的改进和提升，降低成本，提高可靠性等。通过产品技术指标的优化和改进、工艺的改进等方法实现。

破坏性创新是赋予产品新的价值主张，创造产品新的功能。通过发掘用户的潜在需求，以技术为手段，经过总结和修正，实现产品更新和技术突破。

导弹创新应遵循继承性与预研工作相结合的原则。新型号中应用的新技术不能超过一定比例，采用的新技术应在预研项目中进行过验证。

导弹创新应遵循继承性创新原则，即新型导弹应在上代导弹基础上根据使用需要在某些点上寻求突破，而不是全面超越，以降低工程研制风险。

导弹创新应该遵循继承定型产品的经验、利用预研成果、自主创新的原则，方法应该是逐级分步进行，严控风险。

导弹创新的原则首先应是对作战任务的创新，通过与载机或作战系统的有机统一来达到作战意图，从而引起导弹系统的创新。再依靠体系的分解形成创新的关键技术点，有针对性地进行创新性突破。

导弹创新应紧密围绕作战使命和未来空战使用需求，针对实战中存在的困难和不断提出的新的要求，追求更高、更快和更强。创新应突破使用领域和专业的限制，积极吸收各种技术发展和创新的成果，通过互联网思维和跨界的思想实现导弹新的飞跃。

导弹创新应遵循先预研再工程应用的原则，突破性创新活动在预先研究中完成，工程研制阶段应重点进行工程应用和应用优化。

导弹创新工作应遵循技术发展的客观规律，多了解国内外相关技术进展，切忌闭门造车。导弹技术创新应先进行项目预研，技术成熟度满足型号需求后再上马型号研制。

应遵循理论研究与工程实践相结合的原则，理论可行是创新的根基，工程实践对创新加以验证并加以迭代，使创新趋于成熟，为应用、推广打下基础。两者相辅相成。

导弹创新应从四个方面着手：一是新技术应用，新的技术层出不穷，其中一些新的技术会给武器装备的性能带来质的飞跃，大大提高现有武器性能；二是工艺创新，工艺上的创新不仅仅会让产品更加可靠、性能更加稳定，更重要的是会带来生产效率大幅的提高，从而带动产能增长；三是和武器系统的交联，如何结合系统发挥自己的优势、隐藏自己的短板从而发挥整体效果需要创新性的思维；四是军民融合，如何创新管理和生产模式，通过与民营资本的合作提高产能，加快技术更新也需要创新性的布局。

以未来战场需求为牵引，以追求导弹的先进性为目标；先进导弹最终的目标是在未来战场环境中具有对抗能力和打击能力，一切皆为打赢，因此必须洞悉国外导弹的技术发展方向，对未来战争模式应有深入的研究和了解，创新的目标和方向必须明确，不能为了创新而创新；导弹创新应进行分类，分为一般性创新和颠覆性创新，针对不同的创新类型采取不同的策略方法；进一步加强复合型人才、创新型人才的培养，对基础工业领域的前沿技术发展具备高度的敏感和认知；加强导弹关键技术预研的投入。

在现有导弹的基础上具有一定的继承性，创新需要考虑技术成熟度、验证充分，保证产品可靠性。方法有：开展方案论证、技术成熟度分析、研制风险分析、全面试验策划等工作，确保产品可靠性。

通过前沿跟踪、基础技术积累，短期应提升产品的一个或几个特性指标；长期应形成体系化发展。

勇于创新，但要站在巨人肩膀上，在继承基础上进行创新，深入原理、物理概念；慎重应用，在多验证的基础上进行实际应用。

创新应该先进性和风险性兼顾；循序渐进，对导弹来说，命中率的提高、作用距离的增加、制导方式的改进等，跨度既不能过大，也不能过小；在消化、吸收的基础上进行创新。

大多数创新应遵循现有导弹的相关机理进行跟随创新，同时综合各种新技术、新方法等进行集成创新；积极进行原始创新，对导弹作战使用、原理机理、研发模式等进行颠覆性改变，大幅提高作战能力，形成技术突袭。

“需求牵引、技术推动”是武器装备发展的车之两轮，同样，“需求牵引、技术推动”也是导弹创新应该遵循的原则与方法，也就是说导弹创新者应该从国家战略需求、作战任务需求、导弹用户需求等需求方面寻找创新的灵感，从新技术发展中寻找创新的灵感。

“战斗力导向”原则：贴近实战和实用，以提升和保障导弹的作战能力出发进行创新，在创新过程中努力做到“五讲”（讲场景、讲作战、讲体系、讲型谱、讲性能）。

“开放性探索”原则：在导弹创新研究中，不排斥对各种“奇思妙想”及新概念、新技术的基础研究和应用研究，即使部分新技术成熟度较低，也可以作为探索研究的内容，并给予相应的资源支持，以期为导弹技术的长远创新发展奠定坚实基础。

“努力实用化”原则：在导弹创新中，要努力推进导弹在“规定对象、规定条件、规定边界”约束下的实用化进程，不断提高创新研究成果的技术成熟度。遵循的方法为：第一步，明确问题、需求等创新输入；第二步，在开放思考（含“头脑风暴”、内部研讨会等措施）与充分调研（掌握国内优势单位的能力水平，听取相关建议）的基础上，完成相关方案论证，其间积极争取项目支持，获取必要的创新资源；第三步，充分利用理论计算、数字仿真、半实物仿真、原理样机演示验证等手段，进行必要的设计迭代和综合优化设计改进，获得创新研究成果；第四步，根据创新研究成果应用价值和成熟度水平，开展后续创新性研究，包括进一步提升技术成熟度的预先研究或与导弹型号研制相结合的应用研究。

导弹创新有以下原则：第一，实用性。必须有用，能够真正解决问题。导弹首先是用来打仗的，离开打仗，离开战场，离开提高己方战斗力或削弱敌方战斗力将一文不值。第二，可实现性。利用现有科学理论、技术、材料和工艺等，或者可以预见的未来能够获得的上述要素，通过集成能够形成装备。第三，经济可承受性。打仗最后拼的是经济，任何装备都必须考虑一定的保有量，因此导弹创新应该同时考虑全寿命周期的经济可承受性。当然对于某些能够改变“战略局势”的“撒手锏”武器，这一点可以大大放宽。第四，技术先进性。导弹武器系统是一个多学科支撑、相互配合的集中工程，包含导航制导技术、发动机技术、空气动力学、材料学、热力学、电子技术等。导弹总体设计是一个探索性、开拓性的创造过程，是新技术的采用和系统的合理综合。因此，总体设计应综合体现现代科学技术发展的进程，把先进技术应用于导弹设计之中。第五，综合性。导弹武器系统是一个庞大复杂的工程系统，是一个能精确完成特定任务的整体，由多个分系统组成，各部分之间相互配合，综合形成整个系统的总体性能。

导弹设计是一项系统性的工程，保证高可靠性是不可忽视的要求，所以在进行导弹创新时，应当在保证高可靠度的基础上进行，相比已有型号产品，新型号的创新比例不能过高；作为一款导弹，最终还是实战，所以在进行创新设计时，一切应以实战为最终目标；此外，还应考虑成本约束等。导弹创新可首先基于行业内已有技术寻求突破，因为这些技术已较为成熟，可保证高可靠度；若技术突破难度较大，可寻求借用其他行业类似技术。

美国在包括导弹在内的各个国防科技领域均处于世界领先地位，其实施国防科技协同创新的运行体制和方法可供借鉴。

制定战略规划、绘制协同创新蓝图。第一，以国家战略为引领。美国制定符合国防工业建设需求、契合科技发展趋势的国家顶层战略规划，指引创新方向。美国自 2009 年起每两年发布一版《美国创新战略》，提出创新发展的总体构想和政策措施。并且美国国家科学技术委员会 2016 年发布《21 世纪美国国家安全科技与创新战略》报告，总结科技创新发展要点。第二，以国防部规划为抓手。美国国防部在国家战略指导下，通过发布针对性规划计划，指导协同创新项目，设置优先级别，吸引相关单位参与协同创新，典型如“一个战略、三项规划”（《国防科技战略》《联合作战科技规划》《国防技术领域规划》和《国防基础研究规划》）。第三，以军种计划为支撑。军种通过制定详细的规划文件，指导具体的协同创新。以海军为例，海军研究局每两年发布一版《海军科学技术战略》，明确海军科技领域的发展领域和战斗力需求的关键方向，规划海军科技创新的优先层级。

优化国防科研管理机构，加强协同创新协调。第一，发挥高层部门的决策统筹作用。美国总统和国会作为美国顶层决策机构两大体系，分设决策机构统一决策制定联邦政府科技计划，从国家层面了解需求制定切合国家发展重点的科技研发项目。第二，发挥职能机构的统筹协调作用。美国以项目为牵引，构建了专业化的跨部门、跨军兵种联合管理机构。最为知名的机构就是国防部与能源部、商务部成立了技术转移办公室及负责研究项目在军民有关科研单位之间合理分配的国防高级研究计划局。第三，发挥创新机构的动力引擎作用。国防高级研究计划局自1958年成立至今，作为美国科技创新动力引擎，在国防科技原始创新领域地位举足轻重；美国国防部战略能力办公室（SCO），主要以“应对高端威胁、提供颠覆性能力”为使命。

改革协同创新模式，强化主体协同力度。第一，运用先进商业理念牵引协同创新。引进先进商业理念打破当前创新壁垒，提高民企参军积极性，实现创新能力全面提升。在硅谷等集聚企业、大学、研究机构、行业协会的“联合创新网络”中组建科技创新试验小组，运用风险投资基金对具备军民通用性且转化价值高的技术进行投资，该模式效果显著。第二，开展技术交流，实现信息互联互通。美国国防部和各创新团队开展多种技术交流活动征集创意，通过包括专家咨询、举办技术研讨会、论坛、挑战赛等多种形式实现信息互通交流。第三，搭建信息交互平台，推动协同创新。美国通过搭建信息交互平台，有效实现了军地信息交流，推动国防科技创新进程。在军方和政府实施层面、协会、大学专设技术转移办公室，为协同创新主体参与国防科技建设打通渠道，如国防部“军备合作委员会”；设置专门的激励机构催化信息互通，在国防部、各军兵种设立“竞争倡议人”；构建网络信息发布平台，集中发布需求信息，扩大公开、推动竞争。第四，构建协同创新环境，保障创新有效运行，高度重视知识产权保护。在协同创新过程中，各创新主体研发的科研成果归属问题若不能解决，就像合作中的定时炸弹，不利于提高科研人员的参与积极性和归属感。运用《美国法典》合理保护知识产权，鼓励技术供给主体在协同创新中结合实际情况提出知识产权保护、共享和发布计划。创新资源支持，资金、设施设备、人员等创新资源的共建、供给是实现国防科技协同创新的基本保障，努力实现机构共建、设施共用、人员交流和创新资金支持。

提前谋划。创新需要顺应技术发展趋势和未来装备作战需求，提前布局和培育基础性技术，否则难为“无米之炊”。导弹创新不能仅仅依赖“灵光一现”的灵感，更需要以突破某些瓶颈性基础技术为支撑。实用性原则：创新要能够带来传统方法无法实现的效能。可持续发展原则：创新要能为装备未来发展提供更多机会。

未来的战争形态和作战样式决定对火力投送和毁伤的需求。导弹是一种自主、精确的远程火力投送方式。导弹创新应围绕“火力投送”的狭义效率（自身的射程、精度、毁伤能力）和效益（及时、准确地响应作战要求/外部输入）。导弹作为一个成熟工程产品，短期的创新在于提高效能，中期的创新在于新的科学原理和技术实现带来的样式颠覆，长期看不排除导弹逐渐退出作战场景（参考热兵器取代冷兵器）。

作为军工研制单位，其主业是导弹产品研发，在开展导弹创新活动中，应该将核心任务放在产品创新上，围绕导弹产品研发去选择或牵引创新技术，更多强调应用创新，而非拼命发展基础技术创新，基础前沿技术研究更多依靠高校等机构完成，做到分层级创新。

导弹的创新需要立足需求原点。导弹作为一类特殊产品，其服务对象是战争，其使用环境是个不断发展变化和动态对抗的战场环境。所以，导弹的创新的根本点在于如何杀伤敌方目标、如何降低敌方体系运行效率、如何不战而屈人之兵。导弹的形态也在变化，从单纯的导弹，到无人作战系统，到联合打击系统，到侦、控、打、评的全过程作战系统。

导弹创新应该遵循长期性的原始创新与短期性的洞见创新结合，也就是对原始、基础性创新长期长久投入、支持，而对改进、集成式创新高频度开展。前者厚积薄发，后者获得能力的持续提升。

功能升级性创新：对于已有导弹的局部设计或者部分零部件进行创新改造，以达到导弹总体性能与功能的提升与升级；原始创新：从设计理念出发，创造一种全新的导弹，以达到某种新的功能，满足某种特定需求。

弹弹之间的创新：可以进行弹群协同创新，各司其职，互相协同，达到预期功能；弹与平台之间的创新：创新二者之间的交联耦合关系，提升导弹性能与功能。

导弹创新要遵循作战牵引、洞见未来、做好技术预测、实战化主线等原则。

瞄准需求、市场，否则创新就只是纯技术上的，而不是颠覆性的；高超声速飞行和智能作战是技术推动型的颠覆性创新，低成本技术是市场推动型的颠覆性创新，其价值在于有效解决先进精确制导武器用得起、供得上的实战化需求，改变未来作战样式；其次是从需求原点出发，发现问题，通过跨专业的IPT（集成产品开发团队）组织研究解决问题的技术途径。

能力导向：创新的目标是形成新的作战能力或者显著提升导弹性能；问题导向：通过创新有效解决常规技术或方法难以解决的瓶颈问题、核心问题；效益原则：创新工作所需资源投入的效益高，摒弃大幅降低效费比的创新。

遵循事物的发展规律；对新技术、新原理要敏感；要能经受挫折，要有解决问题的恒心和毅力。

围绕需求，在需求牵引下创新，满足未来武器作战能力形成需求；围绕技术，在技术发展前提下融合创新。

需求牵引，要贴近作战需求，支撑作战概念创新；立足理论，导弹的本质是无人飞行器，基础技术包括气动力学、结构力学、发动机动力学、飞行控制、制导方法等，导弹创新的支点必然存在于上述基础技术之中；注重学科融合，导弹本身是一个系统，需要系统工程方法，导弹创新的支点可以是唯一的，但创新的推动力必然源自各个技术领域，是一个集成创新的过程，必须做到多学科融合。

导弹创新应遵守基本的理论体系，如气动、控制理论，不能违反科学技术的基本原理。导弹创新要敢于逆向思维，要突破常规思维的约束，比如大家都在追求制导精度，当精度已经成为当前技术基础的瓶颈时，就要考虑如何打破这种约束；要坚持不懈，制订长远的计划，适时进行评价和激励，既不可急于求成，也不能遍地撒种，自然生长；要根据单位的发展战略、定位和愿景，规划创新领域，即使是技术创新，也分为集成设计创新、工艺路线创新、材料替代、设备更新等。

第三节　在现行体制下导弹创新需要什么样的生态和文化

创新的本质是人的创新，构建起跨单位的机动灵活的用人机制、鼓励探索允许失败的创新文化以及构建独立的研究实体是创新的依托和根本。

项目与预研交由同一个团队交替进行，利用项目研制过程中的经验教训带动预研过程中对后续型号发展方向的思考，并进而带动技术预研方面的发展。

围绕人和机制开展生态和文化建设。从体制内部来说，技术研发、产品开发分离，促进技术研发高投入、产品开发低成本；从体制外部来说，积极利用市场资源，发展小核心、大配套的军民融合发展体制，把部分军队的需求交给民间。在人的因素方面，一方面，把创新与待遇、创新与岗位等挂钩；另一方面，放松对技术研发人员的束缚，充分发挥军工集团学科齐全的优势，组织跨专业的团队，专项从事某技术、某方法的技术攻关，简化业务流程，打造类似波音“鬼怪公司”、洛·马“臭鼬工厂”的创新研发团队，充分发挥人的主观能动性，使其尽量摆脱组织行政的各种束缚。

协作生态。扩大在国内技术领域，尤其是民用领域的调研，积极引入新技术和新方法。年轻开放的文化，积极吸纳“90后”或者“95后”来开展创新工作。

民主。需要营造民主的技术生态，特别是具有较大话语权的权威人士，由权威来消灭自己的权威，消除“一言堂”，学术民主、技术民主，不应由于某些权威的存在而听不到不同的声音，不应由于“权威”的眼界限制而约束了行业的眼界，实现百花齐放。

包容。包容不同意见、不同思路、不同途径，包容失败，包容年轻人的“冒昧”。

“鼓励创新、宽容失败”“百花齐放、百家争鸣”，知识共享。

鼓励创新，营造创新基础和氛围。大力做好对创新工作的肯定，明确并保护创新者所做的贡献，并给予物质和精神上的鼓励。

现行体制缺乏现代企业应有的商业生态，行政色彩浓郁，经营业绩压力无法有效传递到基层，路径不够直接，对创新的刺激作用有限。亟须营造一种由用户需求直接驱动创新，由创新提升用户体验，并由用户体验反馈创新的良性闭环生态。企业是市场主体，其存在的价值即满足用户需求，获得足够利益。因此既要讲情怀、讲社会责任，也要讲待遇、讲员工利益。即创新活动要围绕成本与利润展开，既要设法创新管理、创新技术以创造利润，又要投入成本刺激创新增加利润。

舆论宣传、计划优先、资金支持、失败容忍、人员保障。

现行军工体系下鼓励继承，鼓励产品设计的高成熟度、方案的继承性，研制周期固定，这与导弹创新的要求有一定的不协调，因此导弹创新需要一个包容开放、允许失败、研制周期有弹性、政策鼓励、绩效激励的生态和文化环境。

管理上首先创新，可借鉴美国DARPA的做法，从顶层设立机构、经费、管理模式，其中最主要的是允许失败；对于创新项目，要改变或不要用绩效考核的方式进行考核，否则不可能有创新；不要用型号研制的管理方法对创新项目的进度进行管理，要采用宽松的方式进行管理，如由项目组提出考核的节点。

树立创新是为满足顾客需求而推出新产品服务的理念，不产生效益的创新不能称为创新。完善创新激励机制，创新是科研单位持续发展的动力，一方面要从制度、岗位职称、薪资、福利待遇等各方面鼓励人员争先恐后投入科研一线；另一方面要裁减机关管理人员，提高管理效率，要考虑产品的人力投入成本。营造良好的学习氛围，在跟踪国内外知识更新进度基础上要勇于推陈出新，培养科学思维方法，培养团队协作创新意识。

导弹创新需要长期的潜心研究、不怕挫折、百折不挠的精神，刻苦钻研、敬业爱岗、献身导弹事业的奉献精神；有足够的人力、物力和经费保障，有宽容失败的文化环境和氛围，以及鼓励创新的激励机制，保护尊重创新者的知识产权等。

需要耐得住寂寞和外界各种诱惑，同时在现行军工体制下尽量提高军品研制人员的收入和地位，把个人成功、成长与导弹研制成功紧密结合起来，树立“型号成功我成才”的思想，这样创新的干劲才会持续长久。

型号、预研、探索等创新活动需要关注不同的特点，型号需要关注质量，预研关注技术突破和成熟度提升，探索需要研究基础伦理和理论创新在导弹上的初次应用和未来发展的评估。需要在生态和文化建设上各有侧重，型号侧重“严慎细实”的文化，预研需要侧重高效的技术途径验证文化，探索需要侧重深入细致的理论创新文化。

既包容又严格。对于军工科研来说，质量是生存的底线，创新是发展的基石，所以创新要重视。由于创新面临风险，所以项目要支持，创新项目的结果要包容。但是，创新的目标是应用和提升，所以创新技术的实用性需要严格验证、考核与评估，不能构筑一堆不结实的空中楼阁。

创新需要打破部门和行业壁垒，建立从用户到研发单位、从基础研究到工程实践的生态圈，由研发单位根据用户需求结合最新技术发展提出解决方案。在研发部门内部应有开放、包容的文化氛围。

重视基础研究，重视预先研究，开放宽容、交流共享的生态和文化。基础研究和预先研究是导弹创新的基础和土壤，开放宽容、交流共享的文化氛围是导弹创新的阳光和水。

应该鼓励创新，对待新事物要有一定的包容性，允许失败，建立合适的考核机制和人才机制。交流和碰撞很重要，组织类似科技沙龙的活动，促进交流和碰撞。

高度重视预研项目的投入，充分开展新技术、新方法和新工艺验证，确保经过验证成熟的技术用于导弹产品的设计。在验证过程中逐步形成技术牵引、充分验证、允许失败的创新文化。

对新技术、新材料和新工艺等创新给予充分支持和肯定，并鼓励科研人员进行创新和技术积累，为尽快实现工程可实现性奠定基础。以创新作为引导，以工程化应用为目标。

厚植创新意识、弘扬创新文化；严格保护知识产权与转化成果；以项目研制团队为主体，提高科研人员的经济和政治地位。

军工体制下因保密等因素限制，导弹设计单位技术壁垒较高，要进行导弹创新，应开阔设计人员眼界，在不违反保密等要求下，技术人才之间的沟通融合是创新的加速器，多走出去，与高校、名企、强企进行沟通交流、合作，吸收先进技术及掌握技术发展动向，落实“军民融合”“民为军用”。要建立鼓励创新的制度，激励设计人员多提出新思路、新设计、新技术，即使最终证明不成功，也应该鼓励尝试，并且不能因为失败影响创新者后续的发展。导弹的创新在思路上应鼓励发散，不过多受研制经验的束缚，大胆求证。创新不一定能完全解决实际问题，但所有良好的改变均应鼓励，其规律在于积累，单个及群体性创新的不断积累将会使整个国家、行业产生蓬勃的生命力。

灵活的组织机构，为创新提供适应导弹需求的人力资源；适应现行军工体制下的管理和激励政策，为创新工作提供所需的适宜的环境条件。

重点对创新路线进行规划，重视但不过度注重大的创新项目牵引，如预研或重点基金，应多拓展中小型的创新项目，不断积累，由小创新积累为大创新。

导弹创新需具备良好的管理体制及研究氛围，需要制度上对创新的支持，并且具备创新技术储备，支持协助创新挫折的有效解决措施。

从资源、条件保障上支持创新，容忍失败，提供验证环境；在创新层面开展系统创新、组件创新、部件创新；开展全流程创新，包括设计方法创新、生产方法创新、试验方法创新、管理创新。

导弹创新要允许失败，既然是创新就可能会失败，在型号研制中的创新应是以预先研究中的创新为基础的，即便是这样，在型号的研制中也可能会出现反复，因此应该做好备份方案或保底方案，多方案并行研究。在企业中应该形成鼓励创新、以创新为荣的生态和文化。同时，创新也是有理论或方法的，要有针对性地开展创新思维方法的培训。

支持和鼓励创新，建立鼓励、开放、试错的机制，需要持续不断的人力、物力的投入。

提高从业人员的创新意识，营造敢于创新的氛围。我国导弹研制经历了从跟踪仿制到自主创新的过程。由于从模仿起步，长期跟踪国外导弹技术，容易盲目信服国外技术，缺乏创新信心；要营造敢于创新的氛围，创建长期的创新人才队伍建设机制。导弹从业人员的知识面要求广、培养周期相对较长，要创建长期的创新人才培养机制，从业人员的培养、使用、职业生涯规划、上升通道要有长期性和多样性。

需要更包容和更开放的生态，容许在现行导弹中开展算法提升或部分硬件升级的小步创新。

成立独立的创新研发团队，主要由市场人员和技术人员构成；直接了解客户的新应用需求，着眼于细节，发掘用户的潜在需求和新兴市场；给予团队资金支持和灵活的管理模式；容许团队试错。

总师系统要有创新意识，且允许科研人员在创新过程中失败，不能有“我的型号不能出问题”的思想。对创新团队要有激励措施，要鼓励大家进行创新。对创新团队要有适当的考核机制，不能以交付产品那样的考核对待创新人员。

管理放开，财政放开，允许试错，型号牵引。

导弹创新不仅是负责导弹系统研发生产的企业的责任，同时还需要主机所、军事研究所、军方用户以及供应商等多个生态圈内成员单位的共同配合，从军方战法战术的创新、飞行员使用环境的创新、导弹系统功能的创新到元器件、基础材料的创新相结合，才能形成一个闭合的创新链，使武器系统发挥巨大的作用。

需要开放和包容的思想，打破思想束缚，避免故步自封。

项目论证中应关注突破型创新的牵引；多立项演示验证项目，关注新技术的工程实现；工程中关注新技术的应用和应用改进。关注体制的创新，减少低成熟度创新行为在研制阶段进行，降低研制风险。但在前两个阶段应增大突破型创新行为的比例，起到牵引作用，形成良好的环境。

导弹创新需要宽容的文化氛围，需要一种对极致技术追求的心态，需要聚拢真正感兴趣的人从事创新工作，重点需要将从事创新工作的科研人员从繁重的事务性工作中解放出来。对从事创新工作的科研人员来说，需要解决怎么考核和激励的问题。创新工作很多时候不能用节点来考核，很多时候是一种试错的过程，大部分时间没有产出，长时间处于“冷板凳”的状态。

首先，要有允许失败的勇气和大度，创新的道路从来都不是一条坦途，创新的道路上充满了坎坷与荆棘，要对创新者有一种包容的态度；其次，要对新思想、新方法、新工艺的提出加以鼓励、研讨，对可行的创新概念进行立项，进一步开展研究工作；再次，创造一个宽松的创新环境，适当放宽对创新经费的要求，加大对创新经费的支持力度；最后，完善创新项目的审批、经费申报、考核及结题验收，创新对社会产生的经济价值及社会效益评估和奖励政策等规章制度。

尊重技术。尊重技术不是指尊重技术人员，而是指要重视技术的声音，给技术生存和发展的空间，做长期规划、允许失败，不要把技术和效益完全挂钩；打好基础，先锋模范的带头作用固然重要，广大深厚的基础才是创新源源不断涌现的保证。需充分重视对创新型人才的普遍性激励和对人员在创新性工作上的政策引导；重视客观规律。在创新过程中，要合理制定节点和要求，不能将其作为项目来管理。

形成创新机制、鼓励创新，同时对创新项目进行评审，遴选出重点项目并给予支持；保护知识产权并给予奖励，甚至项目提成。

对失败要有容忍（但应将风险尽量控制在地面，地面验证充分），对设计要有激励，不求无功但求无错要不得。

人才是第一位的，现行体制下要留住人才，除了爱国主义教育外，还要提高科研人员的待遇；写字楼格子间的办公模式可能会影响创造力、想象力，可以借鉴一点高校的模式，让技术人员有一定的思维和灵光一现的空间、时间，不能管死，一管死，思路就难以打开。

重视基础，愿意做长时间技术沉淀，不能存在急功近利倾向；需要拥有“功成不必在我”的理念。

创新需要环境和氛围。在环境方面，需要军工企业提高解决问题的能力，具有承担风险的勇气和宽容失败的态度，使员工有足够的信心和动力进行创新；在氛围方面，需要具有创新意识的文化氛围，让创新的价值观渗透到企业的各个环节，包括科研、生产与管理，使员工内心深处有创新的意愿并转化为自觉的行动，创新的种子才能生根发芽、开花结果。

研究人员之间无壁垒顺畅沟通交流、单位技术知识在一定范围内高效率共享；各军工单位之间本着互利互惠原则组成联合创新团队，实现优势互补；具有鼓励创新、大胆尝试、不畏风险、不怕失败的文化氛围；贯彻“创新以人为本”的理念，有专门的政策措施激发员工的创新热情、主动性和责任感，使员工的创新性贡献与绩效、晋升等有较强关联性；立足长远发展，对基础研究、新概念研究方面的科研活动提供积极支持。

从国家层面看，没有哪个装备研制过程中会产生“有重要影响”的导弹创新成果。所谓的装备研制无非是已有（接近成熟）技术的集成和验证，根本不属于导弹创新的范畴。国家必须仍然保留所谓的事业单位体制，或者在装备研发企业内部挑选一部分优秀人才，让他们集中精力、心无旁骛、衣食无忧、专心致志地开展导弹创新（预先研究）的工作，这样才有可能形成导弹创新的成果。任何一个普通的企业，其考虑的第一件事情是“活下去”，因为企业的生命周期是非常有限的，导弹研发企业也不例外。首先考虑今天有饭吃，最多是明天也有饭吃，具体到下个月的情况，再说吧。而导弹创新属于下个月的饭，不是伟大的企业、没有百年老店的志向，是不会认真考虑的；从企业层面看，拿着考核研发、生产战线上技术人员的考核办法，采一些所谓的盈亏平衡点精确算计投入产出比等的简单粗暴、目光短浅、斤斤计较、锱铢必较的标准考核导弹创新（预先研究）技术人员，我们的导弹创新（预先研究）将永远干不出什么拿得出手的东西，因为现有的“生产关系”制约了导弹创新生产力的发展。

需要“鼓励创新、保护权益、宽容失败”的创新理念，注重发挥创新人员各自的特点和专长，鼓励开拓创新、大胆探索，形成在创新和探索中允许失败、包容失败和不怕失败的团队氛围。

创新应该有试验支撑，而不能把每次试验成功都作为考核手段，这样会约束设计师的创新。

鼓励创新，奖励新技术、新突破；在保证可靠的前提下，尽量使用新技术、新突破，在不断的验证中使新的技术逐渐成熟；保证对行业内最新动态的了解，所以需要为广大军工人员创造了解行业最新动态的条件。

国家战略引领。在国家层面根据中国国防军事力量、防务力量、面对的国际国内安全威胁、存在的技术瓶颈系统制定国防科技战略、明确国防科技创新领域，指明科技创新方向，实现国家层面的战略引领。

体制机制保证。导弹创新毕竟是系统性工程。在当年国家被外部禁运封锁的困难时代，利用举全国之力、“国家队”的特殊体制模式实现了包括“两弹一星”的重大工程突破；随着 1998 年 3 月开启的国防工业改革、国家军工集团重组，通过关键性科技发展计划和高新工程实现了导弹武器装备向美俄欧的代差追赶；时至今日，我国已经实现了导弹武器装备在技术特征上与世界先进水平的同步，局部领域还实现了领先跨越。目前的导弹创新科研支持和成果转化已经有一套行之有效的支持体系，还需进一步完善国防科技协同创新体系，进一步激发行业的创新活力。

创新人才的培养和会聚。导弹创新人才是践行载体，中国航天导弹事业取得今天的成就，离不开以钱学森等为代表的一批杰出科学家的开创引领作用。当今以航天科技、航天科工、中航工业、兵器工业等为代表的军工集团骨干企业的科技群体已经具有相当规模。未来要实现新的导弹创新，本质上需要一代又一代的顶尖科技人才作为科技创新的源头来实现。

基础理论和前沿科技创新支撑。过去数十年，中国导弹武器系统研制基本遵循着美俄欧军事强国的发展技术路线跟随仿研，通过几代人不懈努力实现了在导弹领域整体上的无代差。导弹武器系统要实现创新，特别是实现颠覆性创新，还需要强有力的基础理论和前沿科技突破，我国的基础理论、特种材料、关键元器件、精密加工制造工艺等基础研究已经成为制约导弹协同创新的关键因素，必须在国家层面加以统筹规划和加大投入。

不能为创新而创新，一定要以带来实效为目标；创新不能光靠“脑洞大开”，需要提前布局，突破某些卡脖子的技术瓶颈，为创新奠定基础、带来更多机遇。构建“创新光荣”的研发氛围。加强创新技术产权的保护和奖励。

认真研究分析作战需求，充分关注科技前沿及在导弹武器中可能的应用，聚焦新科技手段的应用和集成方式创新提高导弹作战效能，推进导弹创新发展。

单位内，需要宽容与激励并存的氛围；单位间，要跨界、融合，要利益共享。要扩大创新发展的“朋友圈”，建立开放协作、共赢创新协作群体。现在的创新一定是跨界的、新技术的应用，很多是传统单位不具备的，或者说是要专门寻找传统外的创新点。我们可以发布需求、课题，借助学校、传统外单位的能力，助力我们创新，满足对方“名”或“利”需求，共赢发展。

导弹创新需要营造一个良好的组织氛围。需要大张旗鼓宣传创新、鼓励创新、激发创新，形成一种人人谈创新、时时想创新、无处不创新的组织氛围；搞导弹创新需要不断扩大“朋友圈”。光靠一家单位开展创新是眼界狭隘的，成果也可能是局部片面的，需要有开放包容的态度，在开展导弹创新过程中让“朋友圈”不断扩大，互利共赢。

导弹创新需要类似“臭鼬”工厂那样的环境，需要企业家、科学家、工匠三类精神的结合。导弹创新需要技术创新、战斗力生成模式创新、战术战法创新的综合。

需要减少创新失败带来的负面影响，使人敢于创新。现有的文化使得不敢创新，创新失败的代价太高，保守式工作的负面代价最小，于是保守设计成风。

当前国家正在推进构建协同开放的科技创新体系，军工行业之间的分工界限日益模糊，业务之间互相渗透日益增加。在此背景下，导弹创新需联合高校、军方需求部门，在理论基础领域发挥高校资源优势开展创新，在作战概念领域发挥军方需求部门优势开展创新。此外，与其他工业部门之间建立协同创新生态，协同推动武器装备呈体系化发展。

倡导敏锐、激情、专注、求实的科学家精神，创新、担当、执着、诚信的企业家精神，热爱、坚韧、精致、严谨的工匠精神。

要有鼓励创新、奖励创新的机制和办法。办法要定量，如形成的发明专利、完成的技术设计等，完成人记录在册，作为年终奖励和利润分红的依据；

要引导设计人员解放思想，学会从需求和原点考虑解决方案，从跨专业角度找到解决办法，减少专业细分带来的封闭和闭塞；在强调集体作用的同时，要避免“大锅饭”导致的平均主义，要保护技术领头人的积极性，少数先驱者在技术进步中的作用是巨大的。

知识产权保护。创新方法的知识产权具有独享性，要建立军工知识产权的有偿、授权使用生态；首创保护：对首倡、首创单位、个人进行保护，在一定保护期内主要支持首创者的创新研发活动；竞争文化：鼓励、支持、打破传统行业壁垒，打破传统配套、配属关系；奖励激励：在多劳多得基础上，形成创新多得机制。

创新需要技术功底的培育，需培育从业人员良好的敬业精神，能耐得住寂寞，能经得住挫折，有坚忍不拔的毅力、持之以恒的精神；单位要有鼓励员工积极创新的考核引导机制，能引导员工更加热心从事科研创新，而非更多关心升迁、权力等问题，合理的利益导向机制很重要；给员工更多的科研活动自主权，要更多地鼓励员工探索、试错。

需要的生态和文化主要体现在以下四个方面：一是实战化，要注重研究作战，创新作战理念，才能牵引出导弹创新需求；二是颠覆性，鼓励原始创新，不要画延长线；三是平等观，各个专业、各级人员只要提出创新思路，都应该鼓励，并适度支持；四是容忍失败，创新难，导弹创新更难，且需要试验验证，因此要有失败的预期和准备。

从先进国家的发展经验看，科技创新能力的形成依赖以下因素：一是良好的创新文化环境，包括尊重知识、尊重人才的氛围，热爱科学的风气，百家争鸣的态势，追求真理的学术教养；二是较强的基础条件，包括教育体系、专业设置和实验室设备条件；三是有效的制度支持，包括项目评估和资金支持体系、合理的知识产权制度等。上述三个因素中，人是第一位的因素，不仅包括个人的才智，要把人才的创新潜力发挥出来，环境和制度也至关重要，也就是这里所说的文化和生态。现行军工体制是以复杂系统工程的集成设计与验证为运行主体过程而建立的，采用了“两总”项目团队的人才组织形式、计划调度驱动式的任务推动机制、依照行政重视程度决定资源调配的运行机制，这和科技创新具有明显的不适应性。要点燃导弹创新的星星之火，需要解决以下问题：一是创新项目的遴选、资助和评估体制，如何在国家或军队大型号、大项目的研发、生产中，让众多具有成果不确定性的创新课题生根、发芽、成长；二是尊重知识、尊重人才的氛围，要增强创新项目负责人的科研自主权，包括人、财、物权，而不能处处受行政资源的调配和约束；三是设计创新项目的效能评价机制，不能经济效益第一，也不能纯粹追求科技奖励。

第四节　导弹创新的困惑、阻力和挑战

创新是一个艰苦的群体探索，需要强大的资源、发达的智力和长时间的努力，需要明确的需求牵引和愿景描述，需要环境和体制机制的保障，希望可以明确目标、广开言路、鼓励创新、实体保障，在现有的体制条件下构建起独立的“臭鼬”模式。

现行体制下，型号研制人员并不参与预研工作，因而导致在型号研制过程中往往仅能在前期预研工作的技术研究基础上选择相关技术开展论证工作，因而可能出现预研项目技术与实际型号研究脱节的情况。

国有企业支持创新发展的体制、机制尚不健全。

目前导弹是按照功能和舱段划分的，每个部件都可以独立成为一个产品，很难进行集成化设计。设计者有惯性思维，不愿意去尝试新的设计方法和思路，或者不具备创新设计的水平和能力。

现行的机制侧重于型号的研制，所有的制度都是围绕型号的运行制定的，资源是向型号倾斜的，型号也是更容易出业绩的。而型号对新技术的应用是有限制的，因为未经充分验证的新技术会给型号研制带来巨大的风险，靠型号来促进创新与型号的成熟性要求是矛盾的。激励机制缺乏，对预研等创新性工作的考核方式对从事创新工作的人员积极性提升是不利的，甚至会严重打击创新的积极性。首先，创新很难、很累，出成果、出成绩也难，需要长期的投入和付出，需要相关人员守得住初心、耐得住寂寞、抵得住诱惑。而现行的考核机制需要快速地出成果、出业绩、出产值，预研、创新很难快速产出这些，而且存在很高的失败风险。其次，没有退出机制，调整机制僵化。项目初期确定的目标即是最终目标，哪怕初始论证有误差，如果报批确定了，随着研究的深入和认识的提高发现偏差也很难对目标纠偏，“硬凑”也得把目标给圆了，未完成目标是不可承受的，也是不可接受的。结局是每个预研都能圆满结题，都取得了重大进展，但是实际效果是要打折扣的。需要应付的事务性的任务大量侵占技术性工作的时间。

工程要求的成熟性与技术的先进性是矛盾的。

现行体制以型号研制为主，创新基本局限在型号范围内，考虑到可靠性要求，新技术的应用受到较大限制。预研对创新的包容性相对更强，但存在支持力度偏小、经费筹措困难、考核机制激励不够等问题，导致部分创新活动无法开展。

创新的维度、周期、高度不够，从作战体系的建设提出导弹的创新，牵引

个别组件技术的创新，形成创新合力。

不求有功，但求无过的思想；不合理的分配制度；低效的工作方法；责权利不对等。

创新的主体和关键因素是人，但目前科研人员的主观能动性远远没有得到充分发挥。

军地沟通不畅、资金支持有限、重视程度欠缺、奖励分配不均、创新动力不足、知识储备匮乏。

现行体制下导弹的研制，要经历方案论证、方案设计、工程研制、产品定型等研制阶段，在这些研制阶段中都强调研制过程的可控性，包括技术成熟度、方案继承性、研制进度等很多方面，这些方面是与创新的特点不相容的。因此，现行体制下导弹创新只能开展一些小范围的局部创新。在预先研究方面，是鼓励创新的，但目前承担预研任务的相关研究人员素质与创新的要求还有差距。

竞标或争取立项项目的经费投入没有保障，导致研制进度滞后于竞标需求；现有考核机制下，没有课题经费就没有任务计划，没有任务计划就没有奖金激励，导致专业基础研究和技术进步项目的人力投入不足；由于保密要求对知悉人员范围的限制以及研发人员自身的惰性，导致型号间的交流不足、型号对预研的成果转化不足，未能杜绝重复走弯路的现象。

创新九死一生，从创新技术或算法提出到在导弹上的工程化应用，经历的时间漫长、过程复杂，需要长期的潜心研究，难免会受社会上的浮躁风气影响；鼓励创新的激励机制和强度不够，保护尊重创新者的知识产权等的措施和风气尚未形成。

管理简单粗放，没有分类管理，一切工作流程都按照型号或准型号管理，烦琐的审批流程，让技术人员对创新活动望而却步。

对新技术的追踪与转化力度不足（不先进）；对新技术的预先研究脱离工程实际（不成熟）；对新技术的应用缺乏成熟严格的标准流程（不规范）；对新技术的创新赶不上军方需求的提升。

创新的困惑主要是用户的需求不明确，在不明确导弹使用条件和使用方法的情况下，要求导弹更远、更快、更准，导致技术难度和成本剧增，而用户满意度不高。阻力主要是国企运行效率低、决策周期长、重效益轻投入。

现行体制下缺少开展导弹创新的平台，缺少容忍失败的宽容氛围，更缺少保障创新的资金、资源和人力投入。

在创新过程中，遇到经费、工业基础和创新理念等的限制和挑战。

目前各类预研课题，课题中期检查和结题考核均要求性能指标全面满足要求或一次成功，否则就警告或撤销资金支持。这样就造成大家缩手缩脚，不敢大胆开拓思维，开展太过超前的技术研究，很难取得颠覆性创新成果。

各种程序化、制度化的程序过多，用于技术研究的时间过短；考核体制以完成任务为主，对于创新支持力度不大。

受制于硬考核、研究成果考核的压力，创新技术管理不灵活，创新工作不能充分体现工作量。

真正的创新是一件具有较高风险的事情，大多数创新活动是以失败的结果告终的，成功是少数。而我们现行的体制和各种管理制度均是以“保成功”为出发点，层层评审把关，掌握话语权的人的口头禅是“要做事，先说服我”，一旦有说不清楚的就会给出否定的结论，不会给你“试错”的机会。新的东西又往往是在实践过程中逐步清晰和完善的，最后才能证明是错还是对，对了皆大欢喜，错了谁对投入的时间、人员、物资负责？马斯克能创新，是因为“钱是我的，我说行就可以干，错了我负责”。我们目前没有类似的机制，设计人员一旦干错了一件事情，没有成果，后续的影响是个人难以承受的。创新工作缺乏一种自由创新的机制，所有的事情都有各种机关和规章制度管着，自由的思想穿上制度的外衣不可能高飞。

创新的关键问题是可拓展的面太窄，创新牵引力不足。有限的创新面上存在不允许失败、技术成熟度要求过高的问题，不利于前瞻性或技术上尚不完全成熟的项目研究。

导弹技术创新伴随着元器件等零件的性能提升，某些技术创新受限于器件性能指标无法实现设计意图。

目前体制下，创新要处理好创新和技术成熟度之间的关系，处理好新技术和成熟技术之间的比例关系。面临的挑战主要是需要在有限的研制周期内如何实现创新，特别在目前我国在多个领域处于领跑的情况下，必须进行创新。

闭门造车、闭关锁国必然导致落后，创新首先要有广泛的涉猎，必须睁眼看世界。此外，在创新过程中，思绪往往突发而至，往往不拘一格，有多重想法需要及时、反复验证，且可能失败。而现有的管理体制出于各方面的原因，导致多数人员对外界甚至本行业的了解知之甚少，很多情况下处于闭门造车状态；在配备创新所需要的各种资源时，管理程序烦琐，周期冗长；更主要的是，缺乏创新的激励机制，难以容忍失败，让人有畏惧的思想。

导弹创新由于其行业特殊性，基本上是实现由无到有的创新，创新难度大，创新实现过程复杂，失败率高，而导弹创新活动往往需要投入较多的人力、物力，所以往往会出现不敢创新、害怕失败的情绪。

体制僵化，流程束缚，对创新缺乏信任。

企业的绝大部分投资着眼于满足军方客户当前的需求，对破坏性技术创新的投入不足；创新团队与用户和市场分离，不能及时有效地将用户和市场需求转换为研发目标；采用复杂的管理流程，使得技术创新进展缓慢；给予创新团队的试错空间不足。

目前对创新人员的要求过高，激励措施难以有效调动积极性。科研人员总抱着不出错的想法是难以形成有效创新的。

困惑是何时将新技术引入产品研制，是稳妥不变还是冒险求变。阻力是创新的未知风险可能会影响型号的研制周期，甚至反复。挑战是新的项目提出新的需求，新技术可以进行工程化应用。

顶层规划牵引力不够，奖励机制不给力。

军方与工业部门间的使用需求沟通暂无畅通渠道，对创新方向的引领作用较弱。

目前国家非常重视技术创新，大力推进预研和探索，机遇大于挑战，但是创新并不总是能够保证成功，目前的绩效考核制度可能会存在一些不适应的地方。

预先研究不够，基础理论研究不够，各层级在研制中并行存在，受研制周期、成本等各种因素制约。

要把从事创新工作的科研人员从繁重的事务性工作中解放出来，要真正形成技术至上的科研氛围，释放科研人员原始的兴趣，要研究适合创新工作的考核激励体制。在创新项目需要的研制经费、需要的各种资源上，简化审批手续，让科研人员的工作集中于创新活动中。

对创新项目经费支持力度不够，大多数情况下只开展理论研究，仅限于报告编写、虚拟建模、仿真分析及理论分析阶段，往往不支持实物研制，尽可能少的经费支出，往往忽略了创新需要实践检验和验证。由创新到成熟是一个漫长的过程，没有真正认清理论研究与工程实践之间的区别与联系，理论可行，不见得工程实践方案就能够一次做到完美无瑕，建议在理论成熟可行的条件下，适当增加实物研制经费。要对创新工作者所从事的研究工作给予肯定，创新研究可能持续多年才能够有成果，研究期间，应保障研究人员衣食无忧，安心于研究工作。

创新不是目的，是结果，是方法，但很多时候变成了一句口号，变得本末倒置；创新是有方法和规律的，同时也需要人员具有开阔的视野和较高的站位，从这个角度上说，综合型的人才和高技术的专才还略显不足；创新和效益在某些方面会产生冲突，如何调和它们的矛盾，使其形成合力仍是一个未解决的课题。

创新型人才不足；型号研发、生产等任务与创新对资源的需求矛盾，创新缺乏足够的人力、物力和财力的支持；科研人员创新的动力不足。

对创新的重视程度不够，创新成果的应用及收益均得不到保障。

有继承才能更好地创新，知识共享做得不够；太怕出错一定程度上束缚了大家的手脚。

创新者要有创新的动力，单位创新的动力是效益和未来，创新者的动力除了社会认可、个人激情外，还有基本生活环境的要求；待遇问题解决不了，还是留不住人才；导弹不像民用产品，军队订货没有增长率要求，单位要完成集团的经营指标困难重重；创新需要投入，但前景估量困难，不可能所有项目都能继续实施下去。

统一高效与灵活创新的矛盾。需要打破机制束缚，组成独立的、自由灵活的、无利益导向的团队和机构，实现统一高效团队和灵活创新团队在实际管理中的相辅相成；考核压力大，需要改变考核观念，特别是对于创新要求比较高的项目，要容忍失败，关键看从中得到什么有价值的东西。

军工企业现行体制保留有较多的计划经济体制下的管理痕迹，管理方面不够灵活、束缚太多，不利于创新。此外，在考核方式方面，用经济杠杆考核、用型号任务考核难免会造成自上而下的急功近利倾向，也不利于创新。

由于保密等原因，目前军工单位基层科研创新者获知与导弹有关的武器装备体系能力（包括现有能力和未来发展出的新能力）方面的渠道还不多，能知道的信息有限，因此实现导弹创新工作与装备体系的优化结合成为一个挑战性工作。

从国家方面看，若大家都将注意力放到经济利益上，谁还能静下心来开展导弹创新？从企业文化方面看，打弹文化、交付文化、绩效文化、效益等一直制约导弹创新。当前的决策体制下，军工单位主要领导的态度直接影响到导弹创新的效果，而导弹创新是个“长线工程”，所以主要领导更愿意将精力、资源等放在装备生产交付、型号研制等方面，难免会忽视对导弹创新各个方面的投入。从方向选择看，导弹创新的方向千千万万，都去投入精力开展研究显然不行。这就要决策层担当起责任，经过小范围研讨后，大刀阔斧地砍去90%的方向（项目），仅留很少的主要方向去“努力开拓、深耕细作”。从宽容失败方面看，导弹创新失败的概率远远大于型号研制，项目失败的风险应当由企业或者国家来承担，而不是让技术人员承担。

长期的跟随发展，使得我们的需求论证和分析相对薄弱，而需求分析是未来高效率创新的基点，因此将会对未来创新效率产生影响。对未来技术发展投入相对不足，基础储备薄弱；在核心技术领域，缺乏具有自主知识产权的关键技术，难以支撑未来产品发展。高效统一和活力创新在管理体制上实现十分困难；独立的、无利益导向性的、有活力的创新团队建立困难；现行体制主要针对产品研制，没有针对创新研究进行优化。

导弹是个系统集成产品，涉及各领域，目前由于各行业市场化趋势，不能像以往那样，对技术开诚布公，这样就导致技术领域的先进想法融入不到导弹领域。

一般创新肯定会伴随着阻力，尤其是在导弹研制这种多系统的综合工程上更是如此，首先是创新的方法或技术或许可以解决某一关键问题，但同时很可能对其他系统造成影响；另外，新方法提出后也不太可能被所有人都接受。

为了追求高可靠度，不能在新型号的设计中采用新技术、新理念、新突破，而这些新的技术突破无法得到有效的验证，这就阻碍了更进一步的创新行为；部分军工设计人员缺乏创新意识，难以突破常规；当前阶段某些技术缺陷，导致新的理念难以变为现实，阻碍了新理念尽快应用于实际中，从而延缓了新技术、新理念的出现。

缺乏对原创知识产权的足够尊重。对原始创新知识产权不够尊重已经成为导弹创新的最大桎梏。目前军方在导弹科研采办中，没有制定对科研单位原始技术创新产权保护的制度和政策，科研单位的原始创新成果可能被其他单位获取复制，其恶性结果导致行业弱势单位不敢轻易抛出原创知识成果；而行业强势单位不需要深耕原始技术创新，只需根据行业动态信息，利用行业既有优势跟进仿研，实现创新的抢先落地，最终导致全行业丧失对原始技术创新的追求。

强化军工单位的创新设计主体地位。导弹创新，一方面是军方对导弹作战使用及战术技术指标的外在需求牵引，另一方面是导弹科技发展的内在驱动。目前的导弹科研采办制度凸显了军方用户在导弹装备研制上的话语权，如以竞争研制、“联合设计”模式要求竞争参研单位实现装备研制一张图纸，极大弱化了导弹武器系统总体设计单位的技术决策话语权，在产业竞争环境、知识产权保护意识下必然制约导弹创新。

重塑产学研创新合作，打破“利益篱笆”的羁绊。做好产学研相结合，将科研、教育和生产不同社会分工在功能与资源优势上协同与集成化，使技术创新上、中、下游对接和耦合。以新时代军民融合为战略引领，增强民企和各个行业投入军工国防科技协同创新的积极性，重塑产学研协作创新机制，打破利益链条，将显著提升国防科技协同创新的体系效能。

概念太多，对科技前沿的深入分析和应用可能及方式的研究不够。很多设计师习惯于工程集成实现，缺少综合分析、思考习惯，创新的主动性不足。

官僚意识、立场不同、对创新是否认可，都会给导弹创新带来阻力。总体部门作为牵头单位，本身有更多的机会、最新的信息、更好的资源来创新，但实际收获的创新成果与目标还有很大差距。

失败后代价太大，创新需要长期积累，与现有短期成绩要求形成矛盾。

“允许失败、宽容失败”的创新文化尚未建立健全，尤其以飞行试验为检验的创新，现行体制下是不允许失败的。此外，目前国防体制改革尚未完全完成，创新方向尚未从国家层面聚焦，创新力量投入有所分散。

主要困惑是如何做好设计战争这篇大文章，显然大家都在说设计战争引领装备发展并有强烈的意愿，开展了较多尝试，但在战略思维上、方法工具上、工作机制上存在很多障碍，造成了认识上的困惑、行动上的阻力，这也是在美国视我国为竞争对手的形势下我国建设面临的最大挑战。

管理层级多，导致积极性过滤层次多，很多创新会被滤掉，只有高层领导加持的想法才能脱颖而出；专业划分过细，每个细分的专业及组织都会全力扩展自己的作用和提升自己的地位，导致跨专业的系统综合能力被削弱。采用按项目管理的 IPT 组织形式能一定程度上消解矛盾。竞争火力不足，不创新就被淘汰的压力不够，只有适当的竞争和淘汰，才能激发创新的活力，否则就只是口号而已。

过分追求飞行试验成功率，一定程度上造成创新技术采用和选择上的困境；过于烦琐的审查，过于稳妥求全，有可能使好的创意难以脱颖而出；故步自封，缺乏开放包容，难以吸纳外部创新成果。

创新成绩的重要性在单位得不到应用的认可，客观上必然冲击科研人员的创新热情，长期如此，也就自然引导科研人员逐渐选择离开科研一线工作，转换岗位。这是面向国家申请项目还是面向市场出成果的价值比较。知识产权的价值得不到有效认可与保护，必然制约创新成果的价值体现。另一种附加现象就是许多单位在不断地进行低水平的重复科研，这种对单位是不断的“创新”，但对国家而言是大量的浪费，也降低了原创知识的价值。

现行体制以完成国家和军队重大型号任务为目的构建的组织架构和考核机制，与开展导弹创新工作存在诸多不适应之处，这是在管理制度上面临的最大阻力；目前缺乏导弹分系统或设备级的技术创新。这些项目军方支撑力度有限，军方预研课题更关注应用或集成创新，要形成标志性的成果形式，且从“十三五”情况看，立项时间长，一项课题从申请到批复获得资助常常需要 2 ~3 年。如果是单位自筹资金，又会受到单位经济运行各项考核标准的限制。要从政策上鼓励军工企业资助研发投入，如免税或计入单位的效益。要释放外部对单位领导产生急功近利思想的各种动因或压力，真正从对军工单位的考核机制上引导单位领导乐于关注效益和成果都具有不确定性的创新；根据导弹产品的创新程度，宽容失败，不一味追求飞行成功率。

第五节 导弹创新者应具备的思维和素质

导弹创新者首先要具备深厚的理论基础、丰富的工作经验，要具有发现关键问题的敏锐性；要具备开阔的视野，跳出自己的专业领域，从用户的角度看待自己的产品。

创新不是无源之水，创新者必须具备深厚的专业技术知识和丰富的工程经验，必须对行业的发展脉络有明晰和深刻的认知与理解，对新技术有探索和研究的热情。

要有开阔的眼界、敏锐的目光、坚定的信念、执着的勇气。

对新鲜事物感兴趣，喜欢做创新性尝试，不怕担责任，不怕失败。

系统思维和发散思维都需要。需要扎实的专业知识和广博的知识面，有丰富的想象力、知识综合能力和丰富的经验；需要很强的知识获取能力和信息收集能力。

要具备扎实的基础知识体系，并有强烈的意愿对其进行改进、革新。

要具有扎实的专业知识功底，同时要时刻关注相关专业的最新进展，保持对最新科技发展的敏锐性，思索新技术在导弹领域应用的可行性，实现跨界创新。

系统思维，要保证系统的可实现性；创新思维，能拔高技术创新的思维，把控技术创新的方向和可实现性；前瞻思维，具有前瞻性，带动技术的进步。

对新生事物敏感，乐于接受新知识；关注科技发展，除了关注与本行业强相关的科技发展，对相关行业科技发展也要足够关注；熟知行业动态，行业内人脉资源丰富；英文水平要高，有利于吸收新知识；数学水平也要高，方便深入浅出解决问题。

要善于发现矛盾、解决矛盾，在自我否定中实现更新、创造、改变。

要有主动创新意识，碰到问题敢想、会想，思路开阔，知识面宽广；要有深厚的专业知识，具有敏锐地发现问题的能力，深刻理解问题的本质和传统解决方法的不足。

导弹创新者首先应既有科学家的严谨思维，又有艺术家的发散式思维；其次要有沉下来的心态，耐得住寂寞；此外，要有承受失败、一直失败的心理素质。

要有爱国奉献意识、军工产品质量第一意识、自信心和激情、敢于领先意识；掌握科学思维（联想、发散、逆向、侧向、动态等）和创新方法，这方面需要加强培训；要有成本意识和风险意识。

能够长期潜心于创新研究；有不怕挫折、百折不挠的精神，刻苦钻研、敬业爱岗、献身导弹事业的奉献精神。

要知识面广、兴趣广泛、数学功底扎实、动手能力较强，懂一些关于创新思维导图的知识。

要有扎实的基础理论知识，具有系统思维和持续的学习能力，有开放的态度、敏锐的洞察能力、明智的选择能力、良好的沟通交流能力。

有爬上巨人肩膀的实力，对自己的领域精通或熟知；具有望向远方、展翅飞翔、承担落地风险的勇气；有重新站起来的百折不挠的坚持和韧性。

创新者需要有大系统化的思维，不能局限于本单位、本行业，应充分了解国家战略需求和最新技术发展，应具备博学、创新的素质。

导弹创新者需要具备开放的思维、包容的态度以及兼容并蓄的能力，还要有不惧失败、甘于寂寞的勇气。

更有广度和深度地观察和思考世界，要具有批判性思维，不断地否定、肯定，再否定。多学科交叉更容易碰撞出火花和灵感。

导弹创新者需要扎实的技术、敏锐的洞察力、迎难而上的勇气和刻苦奋斗的精神。

导弹创新者应具备多向思维或颠覆性思维，敢于打破传统观念和惯性思维，能够激发团队创新热情与意识，勇于承担创新失败的后果。具有坚强的意志、坚持不懈的作风，不怕失败，不会被创新失败击垮，沿着自己认为对的创新思路一往无前。

应具备创新理念，以及跳出思维定式、经验定式、传统定式的素质。

要有联想性，能够根据已有的经验举一反三，触类旁通；要有求异性，敢于怀疑一切，否定权威，以怀疑和批判的态度看待问题；要有发散性，发散性思维能够提出很多可供选择的方案和见解。

要有良好的技术积累，良好的团队意识，强烈的好奇心，强烈的成长欲望。

创新者不仅对本专业要“专”，对本行业的技术现状、发展趋势有较深入的了解，而且专业面还要“广”，对关联专业也要有所了解，这样才能专业间互相借鉴，相互碰撞出“火花”。创新者还应该具有较强的技术敏感性和前瞻性，一旦听说一个新的事物，就能够迅速联系到自己的专业领域，要善于借鉴；创新者应具有较强的逻辑分析能力和综合分析能力，能够从大量新技术和新鲜事物中，找出有发展前景的或者对自己有用的理论和技术。创新者应具有开拓精神，具有求新求变的探索精神和积极性，能够“不计得失”，把创新进行下去。创新者还应具备持之以恒的精神、严谨的科研态度，敢“啃硬骨头”，具备百折不挠的心理素质，不因为短时的挫折轻易放弃。

创新者必须具备敏锐、灵活的思维能力，必须具备丰富的实际工作经验和丰富的知识，必须具备良好的个人素质。

要善于观察、善于学习、善于积累，能够独立思考，有技术细节敏感性。

应当具备开放性、跨越性、全局观等思维形式，并对某领域及相关领域的前沿技术具备一定的了解。

要有行业认知、综合思维、群体思维、新知识获取能力、新技术灵活应用能力，以及人工智能知识应用能力。

要具备广阔的眼界，不能仅限于单项技术的创新，要能从新的作战方法、使用需求来进行根本的创新；要敢于质疑技术权威，勇于、善于表达自己的观点。

要有敢于创新、勇于创新的意识；要有实事求是的态度，针对解决具体问题进行创新，而不是为了创新而创新；要有长期的学习意识和自我提升的能力，以支撑技术创新的实现。

要有敢于打破现状束缚的思维和坚毅、不服输、勇于面对质疑的素质。

要具有技术的前瞻性，关注导弹装备的发展方向，了解相关技术的关联性和实用性；要具有超前设计、综合平衡的理念；要能够突破认知局限，具有开放和包容的心态，积极拓展技术知识领域。

要具备开放性思维、较强的想象力，思维敏捷，对新技术学习接受能力强，相关专业的基础知识扎实，具备一定的工程经验。

要具备发散思维、多学科交融思维，善于从另外一个角度思考问题。对相关专业有一定了解，既要有知识面的广度，也要有一定的深度。

要具备开放的思维，包容的心态，前瞻的眼光；要敢于行动，能承受失败，善于从失败中总结教训，继续进行创新。

要对现代战争的战法有一定的了解，并了解多个领域的最新发展趋势，能够提出打破思维惯性的解决办法。

要有开放的思维能力，扎实的专业能力，严谨的工程素养。

要有一颗赤子之心，要有技术至上的工匠精神，不能圆滑世故，要保持天真的本性，保持敏锐的感性，具备开放的心态。

要具有开放、包容、辩证吸收的思维，具备善于倾听、思考，接受新事物、新思想、新方法的素质。

要敢为天下先，逆向思维能力强；敢想敢干，执行能力强；执着，不怕失败，具有不达目标决不放弃的坚韧。

对导弹具有一定程度的了解，具有较强的专业能力，具有较宽的知识面，思维应具有发散性、跳跃性，要有灵感。

要有对航空事业的热情，刻苦钻研的学习能力，敏锐的洞察力和全局观，良好的人际关系。

要善于学习、刨根究底，敢于担当，作风严谨。

要有对现有产品的不断反思和不满足；大量学习和吸取国内外不同导弹的设计形式，习惯多问几个为什么；要有相当的工程经验，有型号研制、生产、使用全过程的积累。

具有较宽的知识面，利于实现跟踪创新和集成创新；善于多角度多方位思考问题，利于进行原始创新。

无论是导弹的改进、升级、换代，还是设计全新的导弹，对于创新者来说，都是一个从认识到问题的存在、总结现存问题，到找出解决问题的办法、实施具体方案的过程。由于导弹的复杂性和特殊性，创新者要认识到问题的存在并找出解决的办法，就必须有扎实而渊博的知识，同时要敢于突破传统、不迷信专家；另外，要有创新的激情和灵感，灵感是激情的升华，要能够保持创新的激情，并在深入了解需求和新技术发展的过程中寻找创新的灵感。

要具备科学思维、逻辑思维、底线思维和积极应用创新方法论的思维。

要有强烈的创造愿望、良好的分析能力和实践技能、面对失败的心理承受能力、坚定的自信、深厚的理论基础和广博的知识面、正确的研究方法；对导弹作战需求、作战方式和发展方向有较深入的理解；对导弹总体技术及导弹核心组件（如导引头、飞控组件等）技术有较充分的掌握；对国内外新技术发展趋势和动态进展敏感，能从中筛选出与导弹技术创新有关的新技术，并适时提出新技术与导弹技术结合的概念性方案，开启导弹创新研究工作。

导弹创新者一定要概念清晰、专业能力强，才能在创新中游刃有余。

创新的前提是对当前整个导弹系统的技术、研制流程、各分系统之间的配合工作都有较为清晰全面的了解和认识，同时对相关技术的发展动态也有及时的关注，知道哪些是要进行改进的，哪些是目前要继承的。

首先，需要具备导弹设计方面的扎实理论知识，并对导弹设计的流程具有足够深的理解；具备敢于打破常规的思维，不囿于成熟理念；保持对行业技术动态的了解，以探寻某些新的理论突破是否可用于导弹设计；要敢于否定自己的工作，这样才能做出创造性的工作。

始终坚信“创新是装备发展第一动力”。习总书记在世界公众科学素质促进大会上指出，“科学技术是第一生产力，创新是引领发展的第一动力”，这句话也适用于导弹创新领域。两次世界大战，正是坦克的发明与作战应用打破了机枪沟壕的战略僵持、原子弹的发明与实爆浇灭了日本法西斯负隅顽抗的信心，作为导弹武器系统装备总体设计的从业者，应深刻认识到导弹武器创新对于夺取军事斗争胜利的关键价值与作用。以 1942 年德国成功研制的 V－1 飞航式/V－2 弹道式导弹为起点，导弹经过近 80 年的发展，已经发展到“网络化、体系化作战概念”的第四代，成为以导弹战为特征的未来军事斗争进攻与防御的核心利器，还远远没有到退出历史舞台的时候，导弹技术与系统创新大有可为。

导弹创新者要具有扎实的导弹系统理论知识。导弹作为一种携带战斗部、依靠自身动力装置推进、由制导系统导引控制飞行航迹飞向并摧毁目标的飞行器，涉及非常广泛的科学体系和工业门类，是一个高度集成的系统产品。对于导弹创新者而言，要具有扎实的导弹系统理论知识素养、不断积累的工程实践经验，才能在本职岗位上践行创新探索。

要有对广博知识领域的涉猎和不断学习提高。正是由于导弹系统工程涉及非常广泛的知识领域，每一个导弹创新者都客观存在着对相关领域知识和理论的认知空白，应当有意识地广泛涉猎新领域知识，结合工作岗位需要不断加强学习，全面提升对导弹武器系统的认识深度，从而为导弹创新奠定基础。

要有对跨界技术创新的高度敏感。狄更斯有一句名言，“天才就是处处留意琐碎的事情”。人类历史上有许多因为一瞬间灵感触发促进了新发明诞生的案例。作为导弹创新者，应当始终保持对导弹系统工程技术问题的深度思考，特别是善于把握跨界技术在导弹创新上的集成应用机遇；要有开放合作创新的胸襟，摒弃“利益篱笆”意识。“小核心、大协作”是导弹武器系统集成创新研究与工程研制的一种模式探索，历经多个在役、在研导弹武器系统的实践检验，代表了一种导弹创新发展方向。要始终坚持为军方提供“好用、管用”的导弹武器装备为终极目标，以技术创新为原动力，联合创新优势单位，摒弃“利益篱笆”意识，开放合作，实现导弹武器系统的集成创新。

除了传统思维，创新者可以发展逆向思维、博弈思维，但重要的是自身应具备一定的计算分析能力，必须能够求证自己的创新想法是否正确有用，才不至于陷入空谈。

要有洞察的眼光。导弹创新者要有一双善于发现的眼睛，善于寻找导弹研发过程中存在的矛盾点和不协调之处。

要有科学的方法。导弹研发是一项典型的系统工程，解决系统工程问题需要有系统的解决方法和途径。

要有良好的心态。创新意味着风险，导弹创新活动最终不一定都能取得成功，即使通过实践验证此次导弹创新活动是失败的，也应该保持良好心态，将其作为一次经验教训。

要有海纳百川的肚量。导弹研发工作不可能依靠一个人来实现的，需要多个专业多人参与。创新活动的实施首先需要统一创新团队的思想，过程中需要经历团队成员的头脑风暴和思维碰撞，需要有接受不同意见的肚量。

要有坚持不懈的毅力。导弹创新工作不可能一帆风顺，过程中不免经历挫折和磨难，需要导弹创新者要有坚持不懈的毅力。

要有打破砂锅问到底的思维和素质，要敢问、不留疑问。

要具备灵敏的思维和敏锐的洞察力，能够捕捉工作中迸发的创新灵感，并将其快速转化为创新成果；要具备扎实的基础理论知识和丰富的实操经验，能够根据需求开展创新，并推动工作扎实开展；要有战略性思维和大局观，能够确保创新方向的正确性和前瞻性。

战略上要有高度、认识上要有深度、行动上要有强度、交流上要有广度、立场上要有实度，求是才能创新。

要不断学习和补充新知识，善于发现问题，有自己的判断和分析，不盲从，坚持自己认为正确的思考不轻易放弃。

要敏锐，对新技术发展方向有准确把握，对新技术可能带来的颠覆性效果有敏锐的洞察；要开放，不断吸纳新知识，保持与外部的经常性交流和沟通，对与其他创新者的合作、协作持开放态度；要坚持，认准创新方向持之以恒、攻坚克难。

要有扎实的理论和工程知识；要深入一线，在实践中去认识对象，发现问题；要有创新思维和意识，尤其是跨学科的知识积累和联想；要多听多看，从中可以获得许多启发性的思路。

要关注武器装备发展前沿，对武器装备发展具有全面准确的把握；具有广博的知识，能吸纳前沿技术；具有敏锐的洞察力和顶层策划能力。

要有实战化思维、系统工程思维、扎实的理论基础、坚强的意志。

具有工程实践经验，了解和掌握现有程序、方法、痛点、制约与瓶颈；勇于面对挑战，信念执着，不畏艰险；具有逆向思维的方法，常常思考为什么要这样做，能够时常突破惯性思维的约束；具有多专业的综合知识。

第六节 适应导弹创新发展的管理方法和要求

在管理层面，要充分调动研发人员创新的积极性，鼓励创新。

创新发展最重要的管理是人的管理，构建起创新实体和用人体制是颠覆式创新中最为重要的管理工作。

项目制管理，以及相对固定的人员配置。

信任所选择的人和团队，明确任务目标、周期，赋予其资源，减少行政干预、缩短业务流程，管理者、投资者保持良好的耐心。

允许失败，允许挑战权威，加大奖励。

激励创新，提高成果转化报酬。鼓励自投创新，采取后补贴模式。放权给创新者，减少考核和模式限制，加强事后审计，加大舞弊处罚力度。

对创新小组应有一套新的评估考核办法，而不是唯 KPI（关键绩效指标）、EVA（经济增加值）考核。

评价机制要灵活，经费管理要适应创新活动需求。

要加强基础技术的创新和新技术集成的创新，在管理上以技术创新和提升为目标，不以成败论英雄。

要责权利对等，减轻设计人员烦琐的、程序化的工作内容，将创新的奖励工作落到实处。

既然追求技术创新，那么管理方法也要创新。要放权给创新主体，赋予创新主体足够的资源，要想马儿跑得快，就得给马儿吃草。管理的本质是服务，管理是要为创新提供便利，不是施加约束。创新不等同于头脑风暴，创新有套路，有一整套理论和方法，要重视创新的方法论。

要领导重视、计划保证、舆论鼓励、政策保障、长久持续。

要建立创新光荣的文化氛围，鼓励创新，建立创新项目的绩效考核方法；创新项目要与传统的研制过程相结合、相融合，创新项目也不局限于大项目，传统设计过程中局部内容的创新更值得重视；要引进并重用创新能力强的人才。

要持续探索和建立效能更强、效率更高的科研生产经营体系，对科研生产要素和保障条件进行新的组合，使新产品的推出更为高效。不要拘泥于导弹新品的技术创新，还应重视文化创新、战略创新、管理模式和流程创新、标准创新、制度创新、工艺创新、营销创新等，总之，不限定创新于某一狭义的范围。在专利管理上，不要简单追求专利的数量，也要追求专利的质量，更要建立专门的专利分析小组/团队，从他方专利上拓宽我们的眼界，要有站在技术创新制高点的魄力；要以先进导弹的需求、军方需求为导向，引导和鼓励在正确的方向上进行创新。

项目负责人要全局把控方向，明确创新目标；要有灵活管理和多样化创新手段；要有培养“领袖”或“灵魂”带头人，并持续地注入活力。

要制订鼓励创新、保护尊重创新者的知识产权的措施。

要分类管理。总师系统、科研管理系统应关注大项目、重要技术的管理，对基础理论探索类项目和专用技术类创新项目，应该充分发挥课题负责人的作用，在经费使用、设备使用、人员使用方面充分放权，简化审批流程，将事权下放到研究所级，采用事前备案、事后审计的方法，加快科研流程的推进，构建鼓励创新干事的氛围，在职称评定和岗位晋升上给予倾斜，对技术进步给予激励。

针对创新特点，创新管理应遵循张弛有度的原则。工程创新始终结合应用，其实是个长时间的积累。所以创新管理首先应从追踪、转化、选择、研发、验证、评估到应用，建立好时序和规范，及早跟进，严格按流程结题，不至于落后。另外，创新有大有小，应分类区别管理。

应以优秀的总师和专业骨干组成高效团队，密切跟踪用户需求和基础技术发展，开展充分的调研和论证。不能仅以经济效益为考核指标，应能在一定程度上接受探索性项目的失利。

适应导弹创新发展的管理方法一定不能急功近利，要制定长远的规划，分阶段分层次管理考核，不能以成败论英雄，创新不论成败都是宝贵的财富。

目前军工企业各种繁杂的管理流程、措施和唯型号论、唯节点论、唯产值论的考核制度，以及各种创新预研课题唯成功论的结题考核措施，极大束缚了科研人员的创新热情。为适应导弹创新发展，应简化管理流程，调整唯型号论、唯节点论、唯产值论的考核制度，给予技术创新活动宽松的环境。对创新失败，应宽容对待，不要一棒子打死，营造支持尝试、允许失败的环境。要建立合理的创新奖励制度，不应将创新活动与日常科研活动混为一谈，应区别对待，分别管理。

要改变企业观念，树立创新理念，创新管理制度；知识管理创新，管理技术方法也要创新。

要建立试错机制，创新管理的关注点从关注结果变为关注工作内容，内容研究了，事情就结束了；要建立设计人员自由支配经费的机制，支持设计人员新想法的落实，只要是合理的，不违反制度的，就不需要审批。思考一项最终证伪的创新实践，创新者的工作价值和工作能力如何体现，并针对性建立激励机制，落实到对创新者的后续考核制度中。

导弹创新发展的管理方法和要求是适应创新的环境要求，而这些管理和要求本来就是创新，是为了适应导弹创新发展而制定的新的要求，主要是以人为本、管理创造新环境。

要鼓励创新，并形成激励政策，对创新挫折要给予支持及协助。

要灵活管理，从人员、物资、加工、协作、验证等方面革新管理方法。

导弹创新要求管理方法也要进行创新。应该将具体的科研人员从繁忙的事务性工作中解放出来，借鉴美国“臭鼬”工厂的管理方法，“自由而高效”，不需要进行各种不必要的汇报，科研人员可进行平等的技术讨论和交流。

不存在完美的管理方法，只要有一套制度保障就可以。

要设立专项的激励机制，从考核、晋升、岗位、奖励等方面引导、鼓励创新，给愿意创新的同志以更大的发展空间。强化创新意识，营造从小到大、从点到面系统化的、持续性的创新平台；要建立完善的导弹行业知识管理平台，对知识系统进行有序的获取、积累、共享，支撑创新技术的实现；要形成长效的创新人才培养机制，营造人人皆可成才，人人能尽其才的良好的人才培养氛围。

要注重管理流程效率，制定特事特办的方法。

要成立独立的创新研发团队，采用不同于经营团队的考核和激励机制；不仅着眼于满足用户当前的需求，还要积极发掘潜在需求，增加产品新价值；当产品结构发生改变时，企业的价值观念、组织结构、管理流程也要随之相应变化。

导弹创新应将继承性与预研工作相结合，以预研促进创新；重视创新及预研工作，在顶层设计中应将其与型号研制视为同等重要。

管理者应顶住压力，给创新团队宽松的工作环境；要制订适当的激励措施，让创新者卸掉包袱轻装上阵，全身心投入创新活动中。

管理上要尊重科学、允许失败，给予创新者足够的尊重和理解，同时给予扶持和奖励。

对于导弹创新发展，管理上需要从立项、项目过程管理及成果转化几个方面进行统一规划。

型号研制要追求质量和进度，严控风险，而技术创新则要有一定的冒险精神，其存在一定的风险和不确定性，因此在管理上应区别对待。

要能够引导新技术应用，并减少新技术应用产生的风险。

要研究将从事创新工作的科研人员从繁重的事务性工作中解放出来的方法，研究适合创新工作的考核激励体制，研究简化科研工作审批手续的方法，扩大科研人员的自主性。

首先，要放眼看世界，要有走出去、引进来的理念；其次，要形成研讨之风，丢掉权威思想，允许大家畅所欲言，多鼓励，少打击。加大创新工作在日常业绩考核中的分值占比，让大家甘于从事创新工作。

要做好激励政策，对通过创新解决实际问题的人员进行奖励；集思广益，广泛调研和学习，鼓励不同意见和不同思想；动态调整，允许失败，为实现目标不断自我修正；做好技术储备，做好基础工作。

要创造导弹创新需要的包容、宽松的文化环境；细化鼓励、支持创新的规章制度；加强创新型人才的培养；制定合理的创新机制，成立创新专家评委团队对创新项目进行把关，创新不能脱离实际。

创新不能以多少份报告、多少个 A4、多少产值来考核，创新是单位的未来，产值和利润只是在享受以往创新的红利，没有创新的企业是没有未来的；在一个单位里，政策要向技术创新部门倾斜，考核方式应要与其他部门不一样，如果按华为生产部门的考核方式，海思可能早就人去楼空了，只有决策者（管理者）眼光放远些，才会走得更好、更远。

在技术管理方面，不论是型号专用技术，还是共用/基础技术，采取开放式的合作策略和长远的战略布局，不断掌控前沿技术，并操控它们的应用时机；在项目管理方面，采取灵活的管理方式。

创新需要发散思维，而型号研制是一个收敛过程，显然不能用管理型号的方法管理创新。从这方面来说，导弹研发生产单位应该进行管理创新，创造有益的变化，针对不同的业务采用不同的管理和考核机制。特别是对于导弹的原始创新，在管理上尽量松绑，实行人本管理。此外，在制度上也需要创新，建立导弹创新的激励制度，建立有利于创新的分配制度和人员晋升制度。

要采取“以人为本”的管理方法，实施对人的知识、智力、技能和实践等方面进行持续提升的创新管理，通过采取有效方法，最大限度地发挥人的能力。管理要求方面，要注重进行组织机构创新，对责、权、利关系进行优化调整，通过管理协调提高团队合作效率，合理配置资源，提升整体竞争力。

从国家层面，必须保留部分事业编制，解除导弹创新人员的后顾之忧；从企业层面，领导者要有战略眼光，在“打弹文化”“交付文化”的企业里面，导弹创新是不符合主流价值观的。领导者要看到导弹创新的长远意义，不能片面追求短期的“政绩”；在评价定位上，从国家战略、企业战略层面去看待导弹创新，对创新人员科学、准确定位，不要为短期的“各种东西”浇灭了“创新的思想火花”；在考核机制方面，要适应创新的考核办法，不拿短期效益来说事，不与型号研制去比拼，因为工作特点不一样，难点不一样，继承性不一样，压力不一样，不可急功近利；在经费支持方面，舍得了孩子不一定就能套得了狼，但舍不得孩子“永远”套不了狼。“不见兔子不撒鹰”不适用于导弹创新；在方向决策方面，创新、突破的方向千千万万，必须选定有限的几个下劲猛干。

从教育培养、竞争择岗、评价使用、薪酬待遇等各个方面，给创新型人才以肯定、尊重和激励，多一分支持，少一些指责，多一些宽容，多一些保护，让潜心研究者心无旁骛，为创新者铺平道路。

为适应导弹创新发展，在日常管理中，既要提高管理要求，又要给予广大设计人员一定的灵活度，在管理中留出创新的空间；要提高管理效率，略去不必要的办事流程，鼓励创新；不仅要寻求技术、设计理念上的创新，还应寻求管理方法上的创新，以提高工作效率为最终目标。

适时调整装备科研采办制度，落实国家创新驱动战略。在制度体制上始终支持导弹研发企业科技创新，在导弹装备采办制度上有针对性政策，从导弹装备科研源头实质加大对原始自主创新的支持，落实国家科技创新驱动战略。

要出台知识产权保护制度，有效保护知识产权。出台有关导弹军工科技创新的知识产权保护制度，有力保障科技创新知识产权所有人权益，切实落实包括国防专利等在内的知识产权实质性保护，做好知识产权所有人的权益保护。

要明确军工企业装备研制主体地位，给予竞争参研合理补偿。明确落实军工企业等武器装备研制主体地位，给予企业导弹武器系统集成创新设计的空间，以导弹武器装备战术技术指标性能、采购使用维护成本综合效能为竞争装备评价准则，不强加干涉导弹武器系统总体设计方案及单机选择。对于自主投入参加竞争性科研创新且未中标的单位给予合理补偿，包括直接经济补偿、后期项目采办优先权等多种形式。

要营造适度竞争的行业环境，保持科技创新活力。在导弹武器装备研制行业，营造适度竞争的行业环境，始终保持2～3家核心导弹装备科研生产企业，避免形成单一企业对行业的强势垄断地位，从而丧失行业原始科技创新的活力，要出台特殊政策扶持坚持原始创新的弱势单位。

要政策鼓励军工企业军贸出口，利用贸易支持自主创新。在常规科研项目经费普遍亏损、批量生产产品定价受限的实情下，出台政策鼓励军工企业军贸出口，利用对外贸易盈余夯实企业经营资本，加强企业自主科技创新的能力。

要选择合适的人做创新。在研制型号中发现培养有兴趣和工作热情的、具备培养潜质的人才。组建“小而精”的创新队伍完成产品定义和关键技术突破。常规性的程序研制工作可以交给更多的工程团队实现。创新领域和团队实施“特区”制度，严格选拔培养，完成高价值工作，给予高薪酬待遇。创新中心有进有出。

要多推荐单位人才去各个专业组、委员会当专家，要求把其他单位或行业的新事物、发展情况等信息传递回来。支持单位对创新者的奖励措施，这是“双赢”。管理上应该在制度规定范围内更加灵活，加强主动性，尽快落实创新成果，为创新者提供好条件。

项目管理机制：培育项目、争取外部项目要有规划。要制度化、长期化。

型号科研要与预研创新并重。要将预研创新工作放在预研型号的研发同等重要的地位上，预研型号的研发是保住现在的饭碗，预研创新是争取未来的饭碗。

要制订有弹性的计划。创新要求组织的计划必须具有弹性，一旦通过严密的计划让每个人在每时每刻都实现满负荷工作，必将失去很多的创新机遇，创新的构想也就无条件产生。为了让员工有时间去思考、去尝试，组织制订的计划必须具有一定的弹性。

要建立合理的奖酬制度。要激发员工的创新热情，必须建立合理的评价和奖惩制度。一旦创新的努力得不到公正的评价和合理奖酬，持续创新的动力会渐渐削弱甚至消失。

要解放思想，去行政化；充分引入高端人才，留住现有人才，让最强的人去创新；允许其折腾，不进行过多的技术审查、把关；要目标导向，严格考核，最好是实物、样机考核，不要报告和模型，一切按照实战考核，消灭弄虚作假。

管理方法和要求是尽量扁平化管理，减少额外的约束对创新工作的影响。

要建立一套较为宽松的创新管理机制，允许创新失败，同时对于创新尺度有一定的约束；建立一套以需求牵引的创新管理方法，以需求为牵引，从顶层牵引创新方向，按基础性、关键性和前瞻性三个不同维度布局创新，避免“闭门造车”式创新；建立一套以成果转化应用为导向的创新管理办法，以实际应用为导向，避免为了创新而创新；建立一套从基础研究创新到工程应用创新再到作战概念创新的创新链管理方法，避免各层面创新之间相互割裂，发展不协调，不成体系。

要形成尊重专家、敬畏技术的行业风气；建立首席负责制的工作机制；强化知识产权、创新创意的管理；形成有序竞争的科研生态。历史已经证明，自由化是不对的，现在要防范的是高举军民融合大旗的无序竞争；要建立科学的需求生成机制、国防工业能力评价机制和实战化评价机制。

要发挥科技委和资深专家的作用，以学术沙龙、专题交流等多种灵活的形式，引发思考，交流心得；以项目管理和 IPT 组织形式，代替现在的多层级行政和细分专业的条块化管理，实现总体牵头的跨专业融合一体化设计；要把创新工作量化记录，提高设计人员的责任感和荣誉感，并在年终奖励或利润分红时予以兑现。

创新项目的遴选方法分类设置有利于原理创新；技术创新等不同类型的创新可以获得相应的及时支持；根据创新的特点，规定相应的原创者、知识产权保护办法；制定鼓励创新的激励办法，使创新者所得与创新者带来的效益挂钩。

要健全知识产权保护机制，加强创新成果的普及应用；完善创新工作导向机制，使研究人员长期从事研究工作，干一行精一行，熟能生巧，有所创新；全国从事导弹研究的单位和机构行业分割太严重，力量分散，资源分散，应该适度集中，鼓励跨行业资源融合。

现行总体部分专业室的组织方式不利于导弹创新，因为过去导弹创新往往源于某个支点，如结构、动力、控制等，导弹总师级人才也往往源于上述分系统。现在的导弹技术在现行总体架构下已经发展到极致，单靠某个支点技术创新已无太大潜力，需要从作战出发，从总体概念、架构进行颠覆性创新。因此，采用 IPT 团队的方式进行组织管理更有利于导弹创新。

要鼓励创新，避免急功近利的评价机制；要建立符合单位整体发展战略和愿景前提下的课题立项与投入机制和充分发挥科技人员自主性、创造性的运行机制。

参 考 文 献

[1] 目光团队．导弹时空特性的本质与表征 [M]．北京：中国宇航出版社，2019.

[2] 目光团队．武器装备实战化——需求生成、设计实现与能力评价 [M]．北京：中国宇航出版社，2019.

[3] 目光团队．技术五维度评价方法 [M]．北京：中国宇航出版社，2019.

[4] 包晓闻，宋联可．中国企业核心竞争力经典：企业文化 [M]．北京：经济科学出版社，2003.

[5] 陈朝武．苹果：创新是企业文化的灵魂 [N]．教育时报，2011－08－06 (4).

[6] 陈伟．日本企业为何坚守“改良” [J]．支点，2012 (8).

[7] 成海清．华为傻创新 [M]．北京：企业管理出版社，2016.

[8] 李信忠．华为非常道 [M]．北京：机械工业出版社，2010.

[9] 李瑞秋．技术创新：企业获得竞争优势的必然选择 [J]．改革与开放，2005 (4).

[10] 任正非．扛起责任　坚持创新 [J]．现代企业文化，2016 (8).

[11] 万斯．硅谷钢铁侠 [M]．北京：中信出版社，2018.

[12] 一条和生．井深大——索尼精神的缔造者 [M]．北京：新星出版社，2019.

[13] 彼得蒂尔．从 0 到 1 开启商业与未来的秘密 [M]．北京：中信出版社，2016.

[14] 王洪光．血色财富——我军失利战例评析：上 [M]．北京：长征出版社，2013.

[15] 王洪光．血色财富——我军失利战例评析：下 [M]．北京：长征出版社，2013.

[16] 日本科技创新态势分析报告课题组．日本科技创新态势分析报告 [M]．北京：科学出版社，2014.

[17] 罗斯费德．驱动本田——本田制造的三大核心法则 [M]．北京：北京时代华文书局，2017.
[18] 吉村慎吾．日本的创新——日本企业如何迎接第四次工业革命 [M]．北京：人民邮电出版社，2018.
[19] 刘湘丽．日本的技术创新机制 [M]．北京：经济管理出版社，2011.
[20] 施密特．重新定义公司——谷歌是如何运营的 [M]．北京：中信出版社，2015.
[21] 冷力强．制胜：航天与华为创新管理 [M]．北京：经济管理出版社，2012.
[22] 黄伟芳．创新与颠覆——埃隆・马斯克的跨界传奇 [M]．北京：群言出版社，2017.
[23] 拉斯洛博克．重新定义团队：谷歌如何工作 [M]．北京：中信出版社，2015.
[24] 罗庆朗．钢铁侠是怎样炼成的——伊隆・马斯克的跨界创新人生 [M]．北京：中国宇航出版社，2014.
[25] 索姆．德国制造业创新之谜 [M]．北京：人民邮电出版社，2016.
[26] 周锡冰．任正非谈华为创新管理 [M]．深圳：海天出版社，2018.
[27] 李慧群．华文的管理模式 [M]．深圳：海天出版社，2012.
[28] 周留征．华为创新 [M]．北京：机械工业出版社，2016.
[29] 陈广．华为之企业文化 [M]．深圳：海天出版社，2018.
[30] 克雷纳，狄洛夫，创新的本质 [M]．北京：中国人民大学出版社，2017.
[31] 施密特，罗森伯格．重新定义公司：谷歌是如何运营的 [M]．北京：中信出版社，2015.
[32] 戴尔，葛瑞格森．创新者的基因 [M]．北京：中信出版社，2013.
[33] 克里斯坦森，霍恩．创新者的课堂 [M]．北京：中国人民大学出版社，2015.
[34] 弗尔，戴尔．创新者的方法 [M]．北京：中信出版集团，2016.
[35] 舒尔茨．Google 未来之镜：全球创新巨头真正的工作、思索与规划 [M]．北京：当代中国出版社，2016.
[36] 席林．奇才：连续突破性创新者的创意启示录 [M]．长沙：湖南文艺出版社，2019.
[37] 翟本乔．让创新野蛮生长 [M]．合肥：时代出版传媒股份有限公司，2019.

[38] 基尔迪. 谷歌方法 [M]. 北京：中信出版社，2019.
[39] 伊格曼，布兰德. 飞奔的物种 [M]. 杭州：浙江教育出版社，2019.
[40] 黄伟芳. 创新与颠覆 [M]. 北京：群言出版社，2017.
[41] 侯光明. 创新方法系统集成及应用 [M]. 北京：科学出版社，2012.
[42] 陈光. 创新思维与方法——TRIZ 的理论与应用 [M]. 北京：科学出版社，2019.
[43] 张泰. 美国创新生态系统启示录 [J]. 中国经济周刊，2017 (8).
[44] 那子纯. 思维创新 [M]. 北京：中国人民大学出版社，2014.
[45] 贾金斯. 会创新——创新思维的方法和技巧：互联网时代不能不学的创新思维方式 [M]. 北京：中国人民大学出版社，2017.
[46] 布伦纳. 创新设计思维——创造性解决复杂问题的方法与工具导向 [M]. 北京：机械工业出版社，2018.
[47] 王亚东. 创造性思维与创新方法 [M]. 北京：清华大学出版社，2018.
[48] 迪德，赫尔. 服务创新：对技术机会和市场需求的组织响应 [M]. 北京：知识产权出版社，2010.
[49] 库珀，埃迪特. 服务创新架构：优化新服务开发流程 [M]. 北京：企业管理出版社，2017.
[50] 张海军，许晖. 制造业企业服务创新——基于跨界搜索、知识整合能力的影响 [M]. 北京：中国经济出版社，2018.
[51] 维甘提. 意义创新 另辟蹊径创造爆款产品 [M]. 北京：人民邮电出版社，2018.
[52] 尤德尔. 向内创新：如何释放你的创造性潜能 [M]. 北京：机械工业出版社，2017.
[53] 伽斯柏. 开放型商业模式 [M]. 北京：商务印书馆，2010.
[54] 阿什顿. 被误读的创新 [M]. 北京：中信出版社，2017.
[55] 李寿生. 企业创新方法论 [M]. 北京：机械工业出版社，2016.
[56] 梁正，邓兴华，洪一晨. 从变革性研究到变革性创新：概念演变与政策启示 [J]. 科学与社会，2017 (7).
[57] 李京文. 中国在 21 世纪全新环境下的管理创新 [J]. 管理科学文摘，2002 (11).
[58] 张婧，何勇，段艳玲. 渐进式创新与激进式创新：前因变量、绩效结果和交互作用 [J]. 中国科技论坛，2014 (5).
[59] 索姆，伊娃. 德国制造业创新之谜 [M]. 北京：人民邮电出版社，2016.

[60] 波尔斯特．博朗设计卓越创新 50 年 [M]．杭州：浙江人民出版社，2018.
[61] 德国科技创新态势分析报告课题组．德国科技创新态势分析报告 [M]．北京：科学出版社，2014.
[62] 赵振勇．创新与管理 4.0 德国企业经营及实体经济成功之路 [M]．北京：人民邮电出版社，2019.
[63] 裴钢，江波，辜学武等．德国创新能力的基础与源泉 [M]．北京：社会科学文献出版社，2016.
[64] 艾思曼．应用故障诊断学——基于模型的故障诊断方法及其应用 [M]．北京：国防工业出版社，2017.
[65] 韩祖南．国外著名导弹解析 [M]．北京：国防工业出版社，2013.
[66] 李延杰．导弹武器系统的效能及其分析 [M]．北京：国防工业出版社，2000.
[67] 樊会涛，吕长起，林忠贤．空空导弹系统总体设计 [M]．北京：国防工业出版社，2007.
[68] 杜黑．制空权 [M]．北京：解放军出版社，2014.
[69] 钱学森．导弹概论 [M]．北京：中国宇航出版社，2009.
[70] 黄纬禄．弹道导弹总体与控制入门 [M]．北京：中国宇航出版社，2006.
[71] 傅全有．中国军事百科全书：增补版 [M]．北京：军事科学出版社，2002.
[72] 孙连山，杨晋辉．导弹防御系统 [M]．北京：航空工业出版社，2005.
[73] 王克强．防空概论 [M]．北京：国防工业出版社，2012.
[74] 张蜀平．新概念武器与信息化战争 [M]．北京：国防工业出版社，2008.
[75] 周国泰．军事高技术与高技术武器装备 [M]．北京：国防工业出版社，2005.
[76] 郭修煌．精确制导技术 [M]．北京：国防工业出版社，2002.
[77] 张鹏，周军红．精确制导原理 [M]．北京：电子工业出版社，2009.
[78] 王建华．信息技术与现代战争 [M]．北京：国防工业出版社，2004.
[79] 国防大学科研部．高技术局部战争与战役战法 [M]．北京：国防大学出版社，1993.
[80] 于本水．防空导弹总体设计 [M]．北京：中国宇航出版社，1995.
[81] 袁军堂．武器装备概论 [M]．北京：国防工业出版社，2011.

[82] 刘兴堂. 信息化战争与高技术兵器 [M]. 北京: 国防工业出版社, 2009.

[83] 总装备部电子信息基础部. 导弹武器与航天器装备 [M]. 北京: 原子能出版社, 2003.

[84] 李荣常. 空天一体信息作战 [M]. 北京: 军事科学出版社, 2003.

[85] 潘教峰, 李成智, 周程, 等. 重大科技创新案例 [M]. 济南: 山东教育出版社, 2011.